ベーシック
電気化学

大堺利行・加納健司・桑畑 進 著

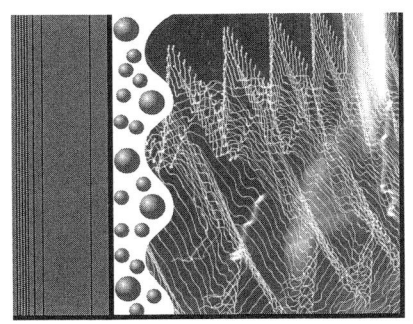

化学同人

まえがき

　電気化学はエネルギー問題や環境問題の解決に向けた社会的要請により，近年ますますその重要性を増しつつある．しかし，電気化学は熱力学・反応速度論・物質移動論・電磁気学・量子力学・電子工学など，多くの学問分野に基礎をおいているため，しばしばほかの化学の分野に比べて難しいといわれる．これまで，厳密に書かれた立派な教科書や参考書が出版されているが，分厚い大書であったり，洋書であったりで，著者ら自身も電気化学の習得にはたいへん苦労したものである．

　本書は，著者らのこうした経験も踏まえ，大学・高専・大学院の学生ばかりでなく，電気化学に携わる研究者や技術者にも，電気化学の基礎概念を系統的にマスターしていただくことを目的としている．また，内容は厳選し，できるだけ容易に学習できるように配慮したつもりである．

　とはいえ，本書の頁をめくっていただくとすぐにお気づきのように，数式が多い．電気化学で用いる数式の多くは相互に密接に関係しており，ひとつの緻密な学問体系を形成している．したがって，電気化学を習得しようとする者は，いくつかの重要な数式（それほど多くはないが）をきちんと把握できて，初めて電気化学をマスターできたことになる．このため，数式の導出にかかわる条件，あるいは仮定，ならびにその導出法に関してはできるだけ省略しないようにした．おそらく読者は，高校程度の簡単な数学の知識だけで，容易に理解できるはずである（ラプラス変換などのやや高度な数学は別途注釈をつけた）．さらに，数式の理解を助けるための図をできるだけ取り入れるように配慮した．そしてとくに重要な数式は四角い枠で囲んである．こうした数式の導出過程を自ら経験することにより，その適用範囲が理解できるとともに，今後遭遇するであろういくつかの問題に対しても，適切な対応ができるようになると信じている．

　本書では，電気化学の基礎概念として不可欠な液間電位（4章）や電気二重層（5章）の理論など，少々高度な大学院レベルの内容も取り上げた．また，サイクリックボルタンメトリーなど，理論的解釈が困難な電気化学測定法（7章）についても，視覚的にわかるように，やや詳しく解説した．これは，本書が教科書としてだけではなく，電気化学の研究者・技術者も対象としたからである．教科書として本書を利用される場合，適宜，内容を取捨選択していただければ幸いである．

また，各章ごとに章末問題を設けた．多くの設問は読者の理解を助け，本文の内容を補う重要なものである．ぜひ積極的に活用していただきたい．また，欄外説明やコラムもできるだけ多く取り入れた．内容の理解を助けるとともに，電気化学への興味を膨らましていただけるように配慮したつもりである．

　近年，電気化学測定の対象が急速に広がってきた一方で，電気化学の基礎概念の習得がおろそかになってきている風潮があることも否定できない．本書が，一人でも多くの方がたに電気化学という美しい学問体系をじっくり味わっていただくきっかけとなり，かつ電気化学を志す勇気を与え，電気化学の学問としての発展と社会的貢献の一助となることを願ってやまない．

　最後に，本書の出版にあたり，平　祐幸編集部長および稲見國男氏，松井康郎氏をはじめとする化学同人の方がたにたいへんお世話になりました．記して感謝の意を表します．

平成12年　初秋

著者一同

目　次

1章　電気化学への招待 …………………………………………………………… 1
- 1.1　電気化学の歴史 ……………………… 1
- 1.2　電気化学の未来 ……………………… 5
- 【章末問題】 ……………………… 8

2章　電解質溶液 …………………………………………………………………… 9
- 2.1　アレニウスの電離説 ……………… 9
- 2.2　電気伝導 ……………………………… 10
  - 2.2.1　溶液の電気伝導率 ………… 10
  - 2.2.2　イオンのモル電気伝導率 … 11
  - 2.2.3　イオンの移動度と輸率 …… 14
- 2.3　希釈律 ……………………………… 17
- 2.4　イオンの活量 ……………………… 17
  - 2.4.1　化学ポテンシャル ………… 17
  - 2.4.2　イオンの平均活量係数 …… 19
  - 2.4.3　デバイ・ヒュッケルの理論 … 20
- 2.5　溶媒和 ……………………………… 25
  - 2.5.1　ボルン式 …………………… 26
  - 2.5.2　溶媒パラメータ …………… 27
- 【章末問題】 ……………………… 29

3章　電気化学系とポテンシャル ……………………………………………… 31
- 3.1　電子の化学ポテンシャル ………… 31
- 3.2　イオンの電気化学ポテンシャル … 33
- 3.3　平衡電極電位 ……………………… 33
  - 3.3.1　ネルンスト式 ……………… 33
  - 3.3.2　溶液内平衡の影響 ………… 34
  - 3.3.3　電極自体が酸化還元活性の場合 … 36
  - 3.3.4　標準水素電極 ……………… 37
- 3.4　電池の起電力 ……………………… 38
  - 3.4.1　液々界面を含まない電池 … 38
  - 3.4.2　液々界面を含む電池 ……… 41
- 3.5　実用電池 …………………………… 42
  - 3.5.1　電池特性 …………………… 43
  - 3.5.2　一次電池 …………………… 46
  - 3.5.3　二次電池 …………………… 49
  - 3.5.4　燃料電池 …………………… 51
- 3.6　ポテンシオメトリーと
        イオン選択性電極 ……………… 55
- 【章末問題】 ……………………… 57

4章　液間電位 ………………………………………………………………………… 59
- 4.1　ネルンスト・プランクの式 ……… 59
- 4.2　液間電位 …………………………… 61
  - 4.2.1　ゴールドマンの式 ………… 62
  - 4.2.2　ヘンダーソンの式 ………… 63
- 4.3　生体膜電位 ………………………… 66
- 【章末問題】 ……………………… 67

5章　溶液と電極の界面 … 69

- 5.1　熱力学基本式 … 69
  - 5.1.1　ギブズの吸着等温式 … 69
  - 5.1.2　電極系への適用 … 71
- 5.2　電気毛管曲線 … 74
  - 5.2.1　測定法 … 74
  - 5.2.2　電極の表面電荷密度 … 74
  - 5.2.3　相対表面過剰量 … 76
  - 5.2.4　電気二重層の静電容量 … 76
- 5.3　電気二重層のモデル … 77
  - 5.3.1　ヘルムホルツのモデル … 77
  - 5.3.2　グイ・チャップマンのモデル … 78
  - 5.3.3　シュテルンのモデル … 80
  - 5.3.4　特異吸着を考慮したモデル … 82
- 5.4　界面動電現象 … 83
  - 5.4.1　電気浸透 … 83
  - 5.4.2　電気泳動 … 83
- 【章末問題】… 85

6章　電極反応 … 87

- 6.1　電極反応の基本過程 … 87
- 6.2　電荷移動過程 … 88
  - 6.2.1　電極反応速度 … 88
  - 6.2.2　電極反応速度定数 … 89
- 6.3　物質移動過程 … 95
- 6.4　電極反応系の可逆性 … 96
- 6.5　拡散方程式 … 96
- 【章末問題】… 99

7章　電気化学測定法 … 101

- 7.1　電気化学測定法の分類 … 101
- 7.2　測定システム … 103
  - 7.2.1　電解セル … 103
  - 7.2.2　作用電極 … 104
  - 7.2.3　参照電極 … 105
  - 7.2.4　測定装置 … 106
- 7.3　ポテンシャルステップ・クロノアンペロメトリー … 108
  - 7.3.1　測定原理 … 108
  - 7.3.2　可逆系の電流-時間曲線 … 108
  - 7.3.3　準可逆系および非可逆系の電流-時間曲線 … 110
- 7.4　ノーマルパルスボルタンメトリー … 111
- 7.5　微分パルスボルタンメトリー … 112
- 7.6　ポーラログラフィー … 114
- 7.7　サイクリックボルタンメトリー … 115
  - 7.7.1　測定原理と特徴 … 115
  - 7.7.2　可逆系のボルタモグラム … 116
  - 7.7.3　準可逆系および非可逆系のボルタモグラム … 119
  - 7.7.4　多電子移動系のボルタモグラム … 120
  - 7.7.5　化学反応を伴う場合のボルタモグラム … 121
  - 7.7.6　吸着系のボルタモグラム … 123
- 7.8　クロノポテンシオメトリー … 124
- 7.9　バルク電解法 … 128
  - 7.9.1　特徴 … 128
  - 7.9.2　カラム電解法 … 128
  - 7.9.3　薄層電解法 … 129
- 7.10　交流インピーダンス法 … 130
  - 7.10.1　測定法 … 130
  - 7.10.2　複素平面プロットの基礎 … 131
  - 7.10.3　電極反応の複素インピーダンスプロット … 133
- 7.11　イオン移動ボルタンメトリー … 136
- 【章末問題】… 138

8章　電極の化学　　141

- 8.1　金属の腐食と混成電位　141
- 8.2　pH-電位図　145
- 8.3　金属の防食　147
- 8.4　金属の析出　149
- 8.5　電極触媒　150
- 【章末問題】　153

9章　光エネルギー変換　　155

- 9.1　半導体の基礎　155
  - 9.1.1　バンド理論　155
  - 9.1.2　半導体と金属との接合　158
- 9.2　半導体光電極　160
  - 9.2.1　エネルギー準位と電位　160
  - 9.2.2　電解液中の半導体　161
  - 9.2.3　光電極効果　163
  - 9.2.4　光電気化学電池　164
  - 9.2.5　色素増感光電流　165
- 9.3　半導体光触媒　166
- 【章末問題】　167

10章　生物電気化学　　169

- 10.1　生体エネルギー　169
- 10.2　呼吸鎖電子伝達系　172
- 10.3　光合成電子伝達系　175
- 10.4　酸素電極　177
- 10.5　酸化還元タンパク質の電気化学的特性評価　178
- 10.6　メディエーター型酵素触媒機能電極　179
- 【章末問題】　181

- 章末問題の解答　196
- 参考図書　183
- 索　引　201
- 付　録　184

コラム

- ● ファラデーの業績　4
- ● オンサガーの理論　13
- ● 伝導度滴定　16
- ● 電気自動車　50
- ● キャピラリー電気泳動法　84
- ● マーカス理論　92
- ● 電気二重層効果　94
- ● 対流ボルタンメトリー　112
- ● ストリッピングボルタンメトリー　115
- ● 充電電流の寄与　119
- ● デジタルシミュレーション　126
- ● 複素平面　133
- ● 水溶液中のH$^+$　152
- ● ミトコンドリアと葉緑体　172
- ● パッチクランプ法　180

1 電気化学への招待

電気化学(electrochemistry)は荷電粒子(電子とイオン)が関与する化学現象を扱う学問である．したがって，物理化学，無機化学，有機化学，分析化学，生化学などのあらゆる化学の諸分野と密接なかかわりがある．また，図1.1(次頁)に示すように応用範囲も広く，電池，めっき，工業電解といったオーソドックスな分野から，半導体，センサー，新素材などの最先端の分野まで多種多様である．人類の将来を左右するキーワード「エネルギー・エレクトロニクス・環境・生命」に深くかかわっているのが電気化学である．

まず本章では，電気化学の歴史と未来について概説する．

1.1 電気化学の歴史

電気化学はイタリアのボルタ (A.Volta，イタリア，1745～1827) による電池の原型(電堆)の発見 (1800年) に始まるといわれている (図1.2)．そして，

図1.2 イタリアで使用されていた1万リラ札
表(左)には電気化学のパイオニアといわれるボルタの肖像と電堆が，裏にはボルタ記念館が描かれている．

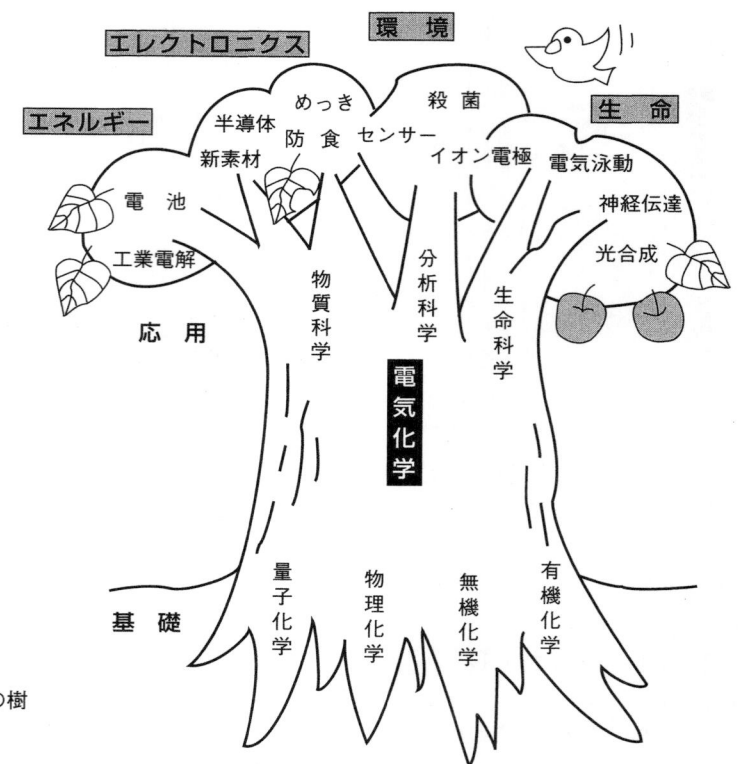

図1.1　電気化学の樹

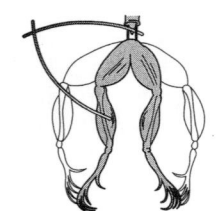

ガルバニのカエルの実験

この発見はボルタの友人の生理学者ガルバニ（L. Galvani, イタリア, 1737〜1798）が論文をボルタに送ったことに端を発している．ガルバニは解剖した頭のないカエルを避雷針のコードにとりつけ，遠くで稲光が光るたびに，その電気的刺激によってカエルの足が痙攣することを発見した．さらに，カエルを鉄製の手すりにかけた真ちゅうのかぎ針につりさげ，カエルの足を手すりに接触させても筋肉が収縮することを発見した．そしてガルバニは，その電気のもとがカエルの組織のなかにあるとする動物電気説を提唱したのである（1791年）．しかし，ボルタはその追試を行い，電気のもとはカエルのなかにあるのではなく，二つの金属を接触させたことが原因と考え，**ボルタの電堆**（voltaic pile）を作製してこの考えを〝実証〟した（図1.3）．

　ボルタの電堆の構造は，銅，または銀をかぶせた銅の円盤と亜鉛またはスズの円盤を張り合わせ，塩水で湿らした布か紙をはさんで何層にも積層したものである．一番下の金属と一番上の金属をワイヤーでつなぐと連続的に電気をとりだすことができた．ボルタはこの電気の発生源が金属の接触部分にあり，塩水で湿らした布は単なる電気の導体と考えていた．現在ではこの考えは誤っていて，電気の発生源は金属が水に溶けだす際の化学反応であることがわかっている．しかし，ボルタが人類史上初めて化学物質から電気という新しいエネルギーを得たことは，間違いなく世紀の大発見であった*．今

---

*　いまから約2千年も前にイラクの首都バグダッドでボルタの電池と同様の電池が使われていたとする説もある．1938年に発掘されたこのバグダッド電池は，花瓶様の土器の壺で，その内側に銅製の筒で囲まれた鉄棒が入っていた．メッキ用に使われたといわれている．

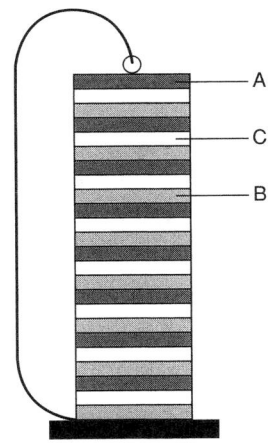

図 1.3 ボルタの電堆
ボルタの電堆（パイルともいう）の原形で，Aは銅，または銀をかぶせた銅，Bは亜鉛またはスズ，Cは塩水で湿らせた布または紙．

日，ボルタの功績を称えて，電位の単位をボルト（V）としていることは周知のことである．

ボルタの電堆はたちまち関心を集め，イギリスのカーライル（A. Carlisle）とニコルソン（W. Nicholson）はボルタの電堆を使って水を電気分解し，分解生成物と認められる水素と酸素を得た（1800年）．これは，電流による化学変化を示した最初の実験である．英国王立研究所のデービー（H. Davy，イギリス，1778～1829）はこの電気分解に着目し，電流が化合物中で元素を結合させている化学親和力に打ち勝つのであれば，この親和力は当然電気的でなければならないとする「結合の電気化学的仮説」を発表した（1806年）．さらにデービーはこの仮説が正しければ，化学結合の電気的引力にまさる電気力を外部から与えれば，化合物を元素にまで分解できるだろうと考えた．そして実際に，融解した水酸化カリウムを電気分解して新しい元素であるKを単離することに成功し（1807年），さらにMg，Ca，Sr，Baも電気分解によってつぎつぎと発見した．メンデレーエフ（D. I. Mendeleev）が周期律表を発表したのが50年以上も後（1869年）であることを考えると，電気化学が近代化学にもたらした役割はきわめて大きかったといえる．

デービーの最大の功績はファラデー（M. Faraday，イギリス，1791～1867）を見いだしたことであるといわれている（次頁，コラムを参照）．デービーによって英国王立研究所の助手に採用されたファラデーは電気分解の研究を進め，あの有名な**電気分解の法則**（Faraday's law of electrolysis）を発見した（1833年）．この法則は二つからなり，現代的に表現するとつぎのようになる．

① 電気分解によって各電極で変化[*1]する物質の質量は流れる電気量に比例する．
② 同一電気量によって変化する物質の質量は，物質のモル質量を関与する電子数で割った値[*2]に比例する．

これらの関係を数式で表現すると，つぎのようになる．

---

*1 変化とは，金属の析出，電極の溶解，気体の発生などの酸化還元反応をさす．

*2 下線部は化学当量（chemical equivalent）と呼ばれていたが，化学当量は同じ物質でも対象となる反応によって変化するという曖昧さがあるため本書では用いない．

$$m = \frac{Q}{F}\left(\frac{M}{z}\right) \tag{1.1}$$

ここで，m は変化した物質の質量（g），Q は流れた**電気量**[*]（C），M は物質のモル質量（原子量，分子量，イオン式量などに単位 g mol^{-1} をつけた量），z は1分子（粒子）の物質の変化に関与する電子数である．なお，定数F は1モルの電子の電気量（96 485 C mol^{-1}）で，電子1個の電気量（電気素量，$e = 1.6022 \times 10^{-19}$ C）にアボガドロ数（$N_A = 6.022 \times 10^{23}$ mol^{-1}）をかけたものである．

$$F = eN_A \tag{1.2}$$

この定数はファラデーの名をとって**ファラデー定数**（Faraday constant）と呼ばれ，また（1/z）モルの物質（1グラム当量ともいう）を変化させるのに必要な電気量（96 485 C）を 1 F（Faraday）という．

また，ファラデーはヒューエル（W. Whewell）と協力して，電極（electrode），陽極（anode），陰極（cathode），イオン（ion），陽イオン（cation），陰イオン（anion），電解質（electrolyte），電気分解（electrolysis）といった電気化学の基本的用語を考えだしている．

ボルタの電堆（電池）の発見から約80年後，電気化学は再び化学に大きな貢献をすることになる．ファラデーによって溶液中で電気を運ぶ粒子とされた"イオン"は電場をかけて初めて生じるものと考えられていたが，アレニウス（S.A.Arrhenius，スウェーデン，1859～1925）は電解質は水に溶かすと電

[*] 電流 I を電解した時間 t_1 から t_2 まで積分して得られる．

$$Q = \int_{t_1}^{t_2} I\,dt$$

I が一定の場合は電解時間 $t_2 - t_1$ をかければよい．

コラム　ファラデーの業績

ロンドン郊外の貧しい鍛冶屋の家に生まれ，13才で製本屋の見習工になった．このときに書物にふれ，科学への興味を深めた．英国王立研究所でのデービーの講演を聞き，講演を筆記したノートをデービーに送ったことがきっかけで，デービーの助手に採用された．電気分解の法則の発見により電気化学の父と呼ばれているが，研究業績は電磁誘導の発見，水，粘土，合金鋼などの分析，塩素の液化，ベンゼンの発見，磁場による光の偏向面の回転（ファラデー効果）の発見など多岐にわたっており，電磁気学，金属学，分析化学，有機化学，磁気光学などの創始者の一人でもある．

社会的野望とか富には無関心で，科学以外に時間をさかれるのをきらった．しかし，英国王立研究所で会員と招待客向けの金曜講演と，子供向けのクリ

ファラデー
（M. Faraday，イギリス，1791～1867）

スマス講演「ローソクの科学」を創設して科学の啓蒙に熱心であった．

場をかけなくてもいろいろな割合で正と負の電荷をもつイオンに分かれるという電離説（theory of electrolytic dissociation）を唱えた．この学説のもとになる重要な論文は 1883 年に学位論文としてウプサラ大学に提出されたが，当時，物質の究極の単位は原子であり，原子から電子を抜きとったり，原子に電子を与えたりすることはできないと考えられていたため，大学には認められなかった．しかし，アレニウスから論文の別刷をもらったオストワルド（F. W. Ostwald，ドイツ，1853～1932）は，解離平衡に質量作用の法則を適用して弱電解質の当量電気伝導率についての希釈律（dilution law，2.3 節）を導出し，アレニウスの電離説を支持した．また，1887年にアムステルダムのファントホッフ（J. H. van't Hoff，オランダ，1852～1911）を訪れたアレニウスは，ファントホッフが見いだした浸透圧（osmotic pressure）の式

$$\Pi = icRT \tag{1.3}$$

の係数 i が電解質の電離に影響されることを明らかにし，電離説に確固たる証拠を与えることに成功した．

アレニウス，オストワルド，ファントホッフの三人は，反応速度，触媒，平衡論などの分野で多くの業績を残し，物理化学の重鎮として化学の発展に多大な貢献をしたのである．

20世紀初頭頃になると，ネルンスト（W. H. Nernst，ドイツ，1864～1941）が，金属電極と金属イオンの溶液との間の平衡条件を解析して，いわゆるネルンスト式（1899年）を提出し，またターフェル（J. Tafel）が電極反応速度と電極電位との関係を示すターフェル式（1905 年）を提出するなど，電極反応の平衡論と速度論に関する基本的な諸法則がでそろうことになる．

1924 年にはチェコのヘイロフスキー（J. Heyrovsky，チェコスロバキア，1890～1967）が，当時留学中の志方益三（後に京都帝国大学農学部教授）とともに滴下水銀電極の電流－電位曲線の自動記録装置，ポーラログラフ（polarograph）を創作した．この装置を用いて測定する電流－電位曲線はポーラログラム（polarogram）と呼ばれ，またこの方法はポーラログラフィー（polarography，7.6 節参照）と呼ばれた．電極界面の分極（polarization）現象に由来するポーラログラフィーという言葉は，いまでは滴下水銀電極を用いる場合だけに限定して用いられるようになってしまったが，その基本概念はボルタンメトリー（voltammetry）に代表される各種電気化学分析法（7 章）に受け継がれ，今日の発展につながっている．

1.2　電気化学の未来

最初に述べたように，電気化学は今後もさまざまな分野で重要な役割を担っていくことが予想されるが，とりわけエネルギーや環境の問題を解決するうえで電気化学に期待されるところは大きい．

アレニウス
電離説によりノーベル化学賞（1903年）を受賞．二酸化炭素による"地球温暖化"（温室効果）を最初に唱えたことでも有名である．

オストワルド
触媒作用，化学平衡および反応速度に関する研究でノーベル化学賞（1909 年）を受賞．
（© The Nobel Foundation）

*1 現在の技術で採掘が可能な確認済の埋蔵量を，現在の年間の全生産量で割った年数．

産業革命以来，化石燃料(石油，天然ガス，および石炭)が急速に消費され，このままエネルギー源を化石燃料に求める限り早晩枯渇することが予想されている．資源エネルギー庁の総合エネルギー統計(平成9年度版)によると，化石燃料の可採年数*1は，石油がわずか43.0年(1997年現在)，天然ガスが61.6年(1996年現在)，最も長い石炭でも231年(1993年現在)にしかならない．

そこで，最も現実的な代替エネルギーとして原子力エネルギーが注目され，ウラン(^{235}U)の**核分裂**(nuclear fission)を利用した原子力発電が先進各国によって強力に推進された．しかし，チェルノブイリ原発事故(1986年，旧ソ連)の大惨事によって安全神話がくずれ，また^{235}Uが天然ウラン中に0.7%しかないため，可採年数は73年(1994年現在)と短く，化石燃料に代わる恒久的な代替エネルギーにならないことが明らかになった．そこで，この従来型の原子炉(軽水炉)に代わって，新しいタイプの原子炉〝高速増殖炉″が開発された．高速増殖炉は，天然ウラン中の存在率が99.3%の燃えないウラン(^{238}U)を含む使用済核燃料を原子炉内の核燃料の周りに配置し，これに中性子を当ててプルトニウム(^{239}Pu)に変換し核燃料化する．これにより，資源量は数十〜数百倍に増大する．日本では，1994年4月に福井県敦賀市で実証炉「もんじゅ」が連鎖的に核分裂が起こる〝臨界″に達し，試運転が始まった．しかし，1995年12月に二次冷却材のナトリウムの漏洩事故が起こり，その危険性が露呈してしまった．「もんじゅ」では一次および二次の冷却材に金属ナトリウムが用いられているが，これは水や空気と接触すると水素を発生して爆発する危険があるため，従来型の軽水炉よりもさらに危険度が増す．しかも，プルトニウムの強い毒性や核兵器への転用の疑惑が問題化されるなど，高速増殖炉をとりまく環境は厳しい．なお，水素のなかに0.015%含まれる重水素(D)を用いる**核融合**(nuclear fusion)*2は，地球上にふんだんにある海水を利用できるため，無尽蔵のエネルギーが得られると期待されている．しかし，一億度以上の高温を保つ必要があるため，いまだに科学的実証段階にあり，実用化のめどはたっていない．

*2 代表的なDD反応は
$$^2_1D + ^2_1D \rightarrow \begin{cases} ^3_2He + ^1_0n + 3.27\text{ MeV} \\ ^3_1T + ^1_1H + 4.03\text{ MeV} \end{cases}$$
である．このほかに$^2_1$Dと$^3_1$Tの反応などがある．

このように，原子力エネルギーはさまざまな難問を抱えているが，太陽で起こっている核融合反応のエネルギーは無尽蔵である．地球に到達する**太陽エネルギー**(solar energy)は，われわれが現在使用しているエネルギーの1万倍といわれている．これを直接電気エネルギーに変換する**太陽電池**(solar battery，図1.4)は，電卓や時計などには早くから応用され，家庭用の発電機も実用段階に入った．太陽光発電は広いスペースを必要とすることや，現段階ではコスト高であるなどの問題があるものの，今後着実に普及していくものと思われる．

太陽光発電は日中だけしか行えないし，気象条件によっても影響される．このため，得られた電気エネルギーは何らかの方法で貯蔵しなければならない．そこで，まず利用できるのが充・放電可能な**二次電池**(secondary battery，

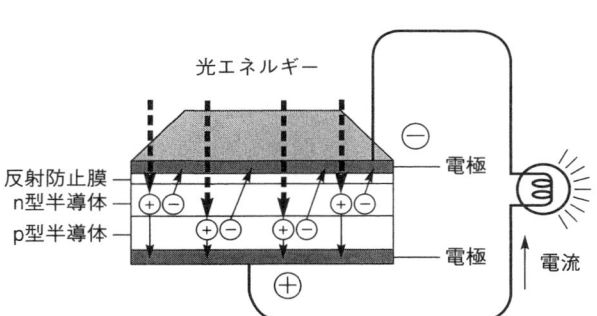

図1.4 太陽電池の構造

p型とn型の二つの半導体からできており，光が半導体に当たると光エネルギーを吸収して電子 ⊖ と正孔 ⊕ が発生する．n型半導体には ⊖ が集まり，p型半導体には ⊕ が集まる性質があるので，二つの半導体を導線でつなぐと電流が流れる．

娯楽施設に使用されている太陽光発電システム
（三洋電機クリーンエナージーシステム㈱提供）

3.5.3項参照）である．近年，二次電池の性能は飛躍的に高まり，電気自動車も本格的な実用化の段階に突入した．今後，さらなる二次電池の高性能化において電気化学者に課せられた責務は大きい．

電池による電気エネルギーの貯蔵に加えて，電気エネルギーを化学エネルギーに変換し，その物質を貯蔵・輸送・供給する手段も検討されている．その物質として最も有力視されているのが**水素**(hydrogen)である．水素は自然界に豊富に存在する水を電気分解すれば得られる．アルカリの電解液を用いた場合，水の電解反応はつぎのようになる．

$$
\begin{array}{ll}
陽極： & 2OH^- \longrightarrow \frac{1}{2}O_2 + H_2O + 2e^- \\
陰極： & \underline{2H_2O + 2e^- \longrightarrow H_2 + 2OH^-} \\
& H_2O \longrightarrow \frac{1}{2}O_2 + H_2
\end{array}
\quad (1.4)
$$

得られた水素は，水素吸蔵合金に金属水素化物のかたちで貯蔵したり，気体のままパイプラインなどによって消費地に運ぶことができる．そして，消費地において熱源として利用するときはそのまま燃焼すればよい．水素を燃焼した際の主生成物は水であり，原理上は大気を汚染しないクリーンエネルギーである．また，水素は**燃料電池**(fuel cell, 3.5.4項参照)によって直接電気に再変換することも可能である．この場合の理論的変換効率は298Kで83.0％（水が液体の場合）であり，カルノーの制約を受ける火力発電（高々40％）と比べて非常に高い．燃料電池を積んだ自動車（電気自動車の一種）も開発中である．

本多と藤嶋は，半導体（n型酸化チタン）の電極と白金電極を水中に入れ，両者をつないで半導体電極に紫外線を照射すると，半導体電極が正極として，

環境との共存をめざす電気自動車
(ハイブリッド車, p.50 コラム参照. トヨタ自動車㈱提供)

白金電極が負極として働いて，水が電気分解されることを発見した（1969年）．この場合，安定な水がエネルギー的に高い水素と酸素に分解されるため，結果的に光エネルギーが化学エネルギーに変換され，なおかつ電気エネルギーも得られるという画期的なものであった（9章参照）．しかし，現在は光→電気エネルギー変換を行う研究と，水分解や二酸化炭素の固定などを光電気化学反応で行う研究は，それぞれ最大の効率を達成するために別べつに研究されている．

うえで述べたように，クリーンで無尽蔵な太陽エネルギーを無公害な水素を媒体にして利用するシステムを**水素経済**(hydrogen economy)と呼んでいる．この理想的なシステムの実現には，乗り越えなければならない多くのハードルが存在しており，それに対して電気化学が果たすべき役割はきわめて大きいといえよう．

章末問題

1.1 電気化学が一般化学の発展にどのように寄与したかを述べなさい．
1.2 電気化学がエネルギーや環境の問題に対してどのように貢献できるかについて述べなさい．
1.3 硫酸銅(Ⅱ)の水溶液に浸した2枚の銅板に1.20 Aの電流を1時間40分流したところ，負極上に2.37 gの銅が析出し，正極では同量の銅が溶出した．この実験結果からファラデー定数を計算しなさい．
1.4 アルカリ水溶液の電気分解によって，1 kgの水を1日かけて分解したい．何Aの定電流を流したらよいか．

2

電解質溶液

　電気化学では通常，電極と電解質溶液との間の界面で起こる電荷移動を取り扱う．したがって，電気化学を理解するためには電解質溶液に関する十分な知識が必要である．本章では，この**電解質溶液**(electrolyte solution)の基本知識について述べる．

2.1　アレニウスの電離説

　アレニウスは，「電解質は電場が存在しなくてもイオンに解離しており，解離の程度は電解質の種類によって異なり，濃度が小さくなるとイオンの割合が大きくなる」と考えた．弱酸を例にとれば，

$$HA \rightleftharpoons H^+ + A^- \tag{2.1}$$

と書ける．HAの初期濃度をc，電離度をαとすると，電離平衡後の未解離のHAの濃度は$(1-\alpha)c$，H^+とA^-の濃度はどちらもαc[*1]である．そして，これらの濃度の間には**質量作用の法則**(law of mass action)[*2]が成立する．

$$K_a = \frac{[H^+][A^-]}{[HA]} = \frac{\alpha^2 c}{1-\alpha} \tag{2.2}$$

ここで，K_aは平衡定数（この場合は酸解離定数）であり，温度・圧力が一定なら一定の値をとる．したがって，式 (2.2) から明らかなように，cが0に近づくとαは1に近づく[*3]．すなわち，濃度を低くするに従って完全解離に近づくことになる．

　序論でも述べたように，当時アレニウスの電離説は容易には受け入れられなかった．しかし，オストワルドは上のような考えに基づいて弱電解質の当

[*1]　ただし，H^+濃度がαcと近似できるのは，K_aおよびcが極端に小さくなく，水の解離によるH^+が無視できる場合に限る．

[*2]　可逆な化学反応 $aA + bB + \cdots \rightleftharpoons lL + mM + \cdots$ が平衡にあるとき，

$$K = \frac{[L]^l[M]^m\cdots}{[A]^a[B]^b\cdots}$$

（平衡定数Kは，温度・圧力が一定ならば一定）

が成立する．ただし，平衡定数は本来，濃度でなく活量(p.18)で定義されるもので，上のように濃度で定義した平衡定数はそれぞれの活量係数（の比）を含み，濃度に依存した値になる．

[*3]　この場合$[H^+]$は，水の解離による寄与が無視できなくなるため，式 (2.2) から評価されるαcより大きくなる．

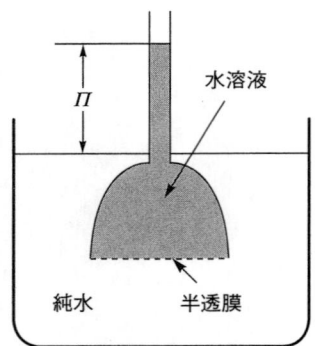

図 2.1 浸透圧をはかる装置
溶媒分子は自由に通すが，溶質分子を通さない半透膜（セロファン紙など）を用いて，図のように中央の容器に水溶液を入れて純水につけると，外側の水が半透膜を通って中央の容器内にしみ込み，管内の水面が高くなる．平衡に達したときの管内と外側の水面の高さの差に相当する水圧が浸透圧である．

量電気伝導率に関する希釈律を導出し，電離説の正しさを示した（2.3節参照）．

一方，ファントホッフは電解質溶液の**浸透圧**（図2.1）を表す式（式1.3）の係数 i（ファントホッフの係数）が，つねに1よりも大きくなることを見いだした．そして，これが式（2.1）の電離平衡の結果，化学種のトータル濃度が $(1-\alpha)c + 2\alpha c = (1+\alpha)c$ のように初期濃度の $(1+\alpha)$ 倍になるためだと考えた．すなわち，

$$i = 1 + \alpha \tag{2.3}$$

このような浸透圧測定から得られた α の値は，以下で説明する電気伝導率測定から得られた値とよく一致した．

2.2 電気伝導

真空中で蒸留を繰り返して得られる純粋な水（伝導度水と呼ばれる）は，水の電離（$H_2O \rightleftharpoons H^+ + OH^-$）によってわずかに生じる H^+ と OH^- しかイオンを含まないため，ほとんど電気を通さない．しかし，一定量の電解質を溶かすとアレニウスの電離説で述べられているように正負の電荷をもつイオンが溶液中に生成し，これらが溶液中を流れる電気の担い手になる．

2.2.1 溶液の電気伝導率

電解質溶液に2枚の電極を平行に入れ，電極間にはさまれた溶液に電位差（E）を与えると電流（I）が流れる．このときの電解質溶液の電気抵抗（R, resistance）は，金属の場合と同様にオームの法則が成立する．

$$I = \frac{E}{R} \tag{2.4}$$

また，断面積が A（m^2）で長さが l（m）の円柱状の電解質溶液の電気抵抗は，金属線と同じように次式で与えられる．

$$R = \rho \frac{l}{A} \tag{2.5}$$

ここで，ρ（$\Omega\,m$）は**比抵抗**（specific resistance）である．式（2.5）は電気抵抗の逆数として定義される電気伝導率 G〔conductance, ($S = \Omega^{-1}$)〕を用いて，次式のように書くこともできる．

$$G \equiv \frac{1}{R} = \left(\frac{1}{\rho}\right)\frac{A}{l} = \kappa \frac{A}{l} \tag{2.6}$$

ここで，κ（$S\,m^{-1} = \Omega^{-1}\,m^{-1}$）は**比伝導率**（specific conductance）であり，溶液に固有の値である．

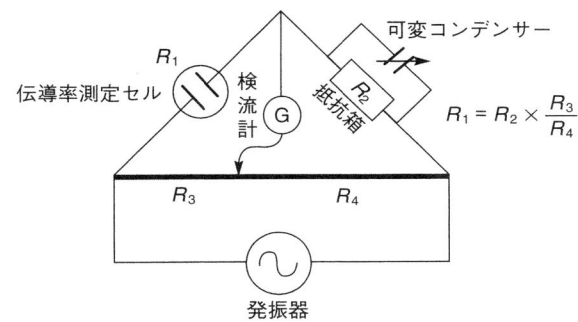

図 2.2 コールラウシュブリッジ
検流計に電流が流れないように R_2, R_3, R_4, および可変コンデンサーを
調節すると，図中の式によって伝導率測定セルの抵抗値が求められる．

電解質溶液の電気伝導率を測定するための基本的な回路を図2.2に示す．この回路は考案者の名をとって**コールラウシュブリッジ**（Kohlrausch bridge）と呼ばれる．溶液を入れた伝導率測定セルに発振器から1〜10 kHzの交流電圧を印加して測定する．直流でなく交流を用いるのは，電極での電極反応を周期的に逆転することによって，電極反応による分極（電極電位のずれ）の影響を小さくするためである．

図2.3に典型的な電気伝導率測定セルを示す．交流を用いても分極の影響は完全には防げないので，その影響を最小限にするように，通常，電極に白金黒つき白金板（実効表面積が大きい）が用いられる．溶液の電気伝導率の測定の際には，図2.3のセルにあらかじめ電気伝導率が既知の溶液（たとえば表2.1に示す）を入れて抵抗を測定し，式(2.5)によってセルに固有の**セル定数**（cell constant, $\theta = l/A$）を測定しておく．このセル定数を用いて被測定溶液の κ を式(2.6)によって求める．

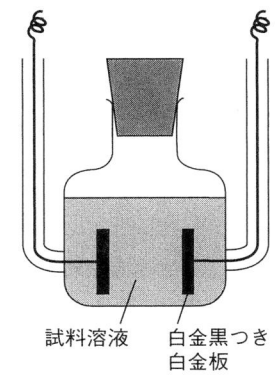

図2.3 電気伝導率測定セルの例

表 2.1　KCl 水溶液の比電気伝導率 κ

溶液組成（真空中秤量）	κ / S m^{-1}		
g-KCl/kg-H$_2$O	0 ℃	18 ℃	25 ℃
76.582 9	6.514 4	9.782	11.132
7.474 58	0.713 4	1.116 4	1.285 3
0.745 819	0.077 33	0.122 02	0.140 85

2.2.2 イオンのモル電気伝導率

電解質溶液の比伝導率の値は電解質の濃度によって変化する．したがって，電解質1モル当たりに換算した量を**モル電気伝導率** Λ 〔molar electric conductivity, (S m^2 mol^{-1})〕として定義する＊．

＊ 以前は，電解質 $M^{z_+}_{\nu_+}X^{z_-}_{\nu_-}$ ($|z_+|\nu_+ = |z_-|\nu_- = z\nu$) について，$\Lambda$ を $z\nu$ で割った当量電気伝導率 $\Lambda_{eq} (= \Lambda/z\nu)$ が広く用いられていたが，この用語は使わないように勧告されている．現在では，1-1電解質と多価電解質の値の比較を容易にするため，電解質の化学式の前に $1/z\nu$ と記し（$z\nu = 1$ では省略），$1/z\nu$ モルの値として表示するように勧告されている．たとえば Al$_2$(SO$_4$)$_3$ では，$\Lambda[1/6\,\text{Al}_2(\text{SO}_4)_3]$ のように記す．

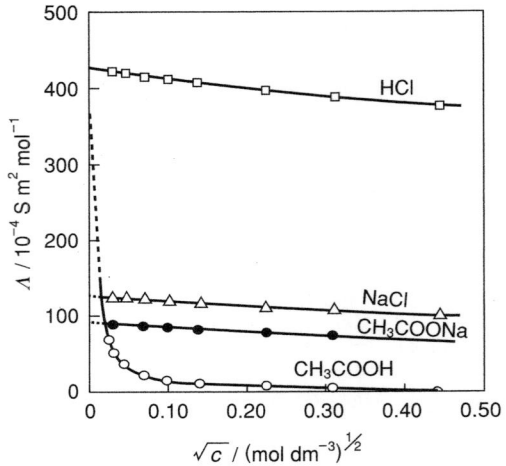

図2.4 モル電気伝導率と電解質濃度の平方根の関係（水溶液）

$$\Lambda = \frac{\kappa}{c} \tag{2.7}$$

ただし，c は電解質の容量モル濃度（mol m^{-3}）である．

図2.4はいくつかの電解質のモル電気伝導率を濃度の平方根に対してプロットしたものである．図中のHClなどのように，Λ と濃度の平方根が直線関係にある強電解質と，CH$_3$COOHのように濃度の上昇とともに急激に Λ が低下する弱電解質に分けられる．

強電解質の場合の Λ と濃度の平方根との間の直線関係は**コールラウシュの平方根則**と呼ばれる．式で表現すると，

$$\boxed{\Lambda = \Lambda^\infty - k\sqrt{c}} \tag{2.8}$$

ここで，Λ^∞ は $c \to 0$ のときの Λ であって，図2.4の縦軸の切片に相当する．Λ^∞ を**無限希釈におけるモル電気伝導率**（molar electric conductivity at infinite dilution）という．定数 k は1-1電解質では電解質の種類によらずほぼ等しく，2-2電解質ではほぼ4倍になる．

コールラウシュはいろいろな強電解質について Λ^∞ を測定した結果，興味ある規則性を発見した．表2.2に見られるように，AXとBXで表される強電解

表2.2 共通イオンをもつ一対の塩の Λ^∞（10^{-4} S m^2 mol^{-1}，水溶液，25 ℃）

	Λ^∞		Λ^∞	差
KCl	149.86	KNO$_3$	144.96	4.90
LiCl	115.03	LiNO$_3$	110.1	4.93
差	34.83	差	34.86	

質の Λ^∞ の差は X のいかんによらず一定であり，同じく YC と YD で表される強電解質の Λ^∞ の差は Y によらない．このことは，イオンには特有のモル電気伝導率があることを示しており，一般に電解質 $M_{\nu_+}^{z_+} X_{\nu_-}^{z_-}$ の Λ^∞ は無限希釈における陽イオンと陰イオンのモル電気伝導率（λ_+^∞ および λ_-^∞）によって次式で与えられる（弱電解質についても成立する）．

$$\Lambda^\infty = \nu_+ \lambda_+^\infty + \nu_- \lambda_-^\infty \tag{2.9}$$

この式は，<mark>無限希釈ではイオンは独立に移動する</mark>ことを示しており，コールラウシュの**イオンの独立移動の法則**（Kohlrausch's law of independent ionic migration）と呼ばれる．

なお，図 2.4 に示したように，弱電解質（CH_3COOH）の Λ が濃度の減少とともに急激に増加するのは，主として電離度 α の増大に起因する（2.3 節参照）．簡単のために対称型弱電解質 $M^{z+}A^{z-}$ ($z_+ = |z_-| = z$) を考えると，つぎの関係が成り立つ．

$$\Lambda = \alpha \lambda_+^\infty + \alpha \lambda_-^\infty = \alpha \left(\lambda_+^\infty + \lambda_-^\infty \right) = \alpha \Lambda^\infty \tag{2.10}$$

表 2.3 に，無限希釈におけるさまざまなイオンのモル電気伝導率の値（水中）を示した．

コラム　オンサガーの理論

オンサガー（L. Onsager）は，強電解質の Λ の濃度による減少を，イオン間の静電的相互作用に関するデバイ・ヒュッケル理論（2.4.3 項参照）に基づいて理論的に解明した（1927 年）．その理論では以下の二つの効果が考慮された．

1) **非対称（緩和）効果**　イオンが移動すると，その周りに形成されていたイオン雰囲気が後に残され，非対称にひずむ．イオン雰囲気は中心イオンと反対符号の電荷をもつから，静電引力によってイオンを引きもどそうとする．別な見方をすると，イオン雰囲気の再構築には時間がかかるということであり，この効果は緩和効果とも呼ばれる．

2) **電気泳動効果**　中心イオンが移動すると，イオン雰囲気は反対方向に移動しようとする．イオン雰囲気を形成している各イオンは溶媒を伴って移動す

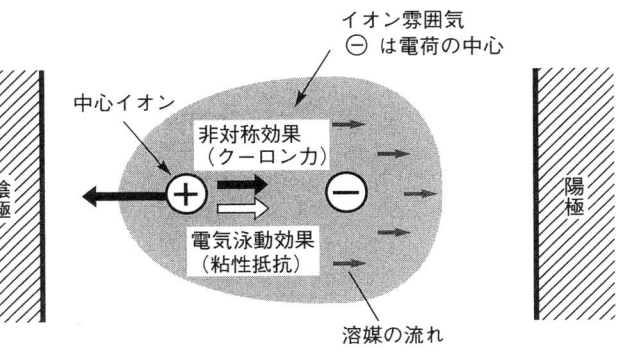

るから，中心イオンは溶媒の流れに逆らって移動することになり，粘性抵抗を受ける．

これらの二つの効果を考慮して，式(2.8)のコールラウシュの経験式の理論的裏づけが得られた．ただし，この理論は十分希薄な溶液についてのみ成り立つ．

2.2.3 イオンの移動度と輸率

単位の電場(1V m^{-1})でのイオンの移動速度を**イオン移動度**〔ionic mobility, $(\text{m}^2\text{V}^{-1}\text{s}^{-1})$〕という．陽イオンおよび陰イオンの移動度($u_+$および$u_-$)と無限希釈におけるモル電気伝導率との間にはつぎのような関係がある．

$$\lambda_+^\infty = z_+ F u_+, \quad \lambda_-^\infty = |z_-| F u_- \tag{2.11}$$

この式と表2.3に示したモル電気伝導率からわかるように，H^+とOH^-の移動度はほかのイオンと比べて非常に大きな値になっている．これは，H^+とOH^-がほかのイオンと異なった機構で電気伝導にあずかるからである．すなわち，溶液中で水分子は水素結合によって数分子が会合した状態(クラスター)で存在すると考えられており，図2.5に示すように，水素イオン(H_3O^+)はクラス

表2.3 無限希釈におけるイオンのモル電気伝導率 (25℃)

陽イオン	λ_+^∞ / $10^{-4}\text{S m}^2\text{mol}^{-1}$	陰イオン	λ_-^∞ / $10^{-4}\text{S m}^2\text{mol}^{-1}$
H^+	349.82	OH^-	198.6
Li^+	38.69	F^-	54.4
Na^+	50.11	Cl^-	76.35
K^+	73.5	Br^-	78.1
Rb^+	77.8	I^-	76.8
Cs^+	77.3	NO_3^-	71.4
Ag^+	61.9	HCO_3^-	44.5
$1/2\ Be^{2+}$	45	$HCOO^-$	54.6
$1/2\ Mg^{2+}$	53.06	CH_3COO^-	40.9
$1/2\ Ca^{2+}$	59.5	$C_2H_5COO^-$	35.8
$1/2\ Sr^{2+}$	59.46	$1/2\ SO_4^{2-}$	80.0
$1/2\ Mn^{2+}$	53.5	$1/2\ CO_3^{2-}$	72
$1/2\ Fe^{2+}$	54	$1/3\ [Fe(CN)_6]^{3-}$	101
$1/2\ Cu^{2+}$	55	$1/4\ [Fe(CN)_6]^{4-}$	111
$1/2\ Zn^{2+}$	52.8		
$1/2\ Cd^{2+}$	54		
$1/2\ Hg^{2+}$	53		
$1/2\ Pb^{2+}$	71		
$1/3\ Al^{3+}$	61		
$1/3\ Cr^{3+}$	67		
$1/3\ Fe^{3+}$	68		
$1/3\ La^{3+}$	69.6		
$1/3\ Ce^{3+}$	70		
NH_4^+	73.5		
$(CH_3)_4N^+$	45.3		
$(C_2H_5)_4N^+$	33.0		
$(n\text{-}C_3H_7)_4N^+$	23.5		
$(n\text{-}C_4H_9)_4N^+$	19.1		

(注) 多価イオンについては$\lambda^\infty/|z|$の値を示してある．

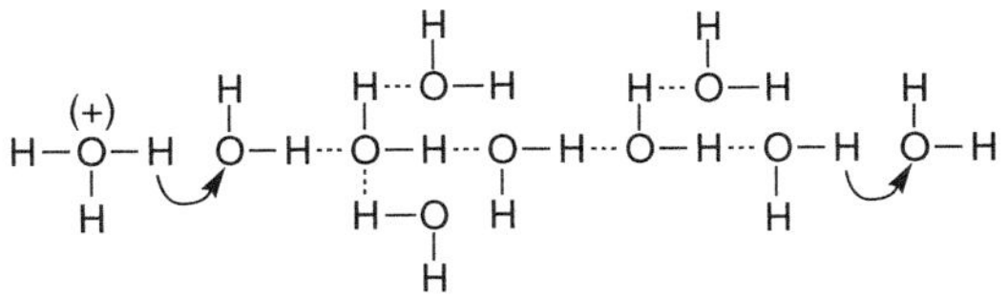

図2.5 水中のプロトンジャンプ機構による電気伝導
　　　点線は水素結合を示す．

ターの一部の水分子にプロトン(H^+)をわたし，水のクラスターを介して離れた水分子にプロトンをわたすことができる（**プロトンジャンプ機構**）．なお，OH^- も同様の機構で説明できる．

H^+ や OH^- 以外のイオンは，自らが水和した状態で溶液中を移動することによって電気伝導するので比較的移動度は小さくなる．いま，イオンを半径 r_S の剛体球と仮定し，イオンの移動をあたかも水中で剛体球が等速運動する際の状況と同じとみなして流体力学のストークス(Stokes)の法則を適用すると，イオン移動度はつぎのように表される．

表2.4　イオンの結晶半径 (r_c) とストークス半径 (r_S) (25℃)

イオン	r_c/pm	r_S/pm
Li^+	73	240
Na^+	116	180
K^+	152	130
Rb^+	166	120
Cs^+	181	120
NH_4^+	148	130
$(CH_3)_4N^+$	347	204
$(C_2H_5)_4N^+$	400	281
$(C_3H_7)_4N^+$	452	392
$(C_4H_9)_4N^+$	494	471
$(C_5H_{11})_4N^+$	529	525
Be^{2+}	41	470
Mg^{2+}	86	350
Ca^{2+}	114	310
Sr^{2+}	132	310
Ba^{2+}	149	290
La^{3+}	130	400
F^-	119	170
Cl^-	167	121
Br^-	182	118
I^-	206	119

$$u = \frac{|z|e}{6\pi\eta r_{\mathrm{S}}} \tag{2.12}$$

ただし，η は水の粘性率である．この式を用いて移動度から見積もった r_{S}（ストークス半径）を結晶中のイオン半径 r_{c} とともに表2.4に示す．結晶イオン半径が小さいイオン，または電荷数が大きいイオンは水和（水分子との相互作用，2.5節参照）の程度が大きいため，いくつかの水分子を伴って移動すると考えられ，これらのイオンの r_{S} は r_{c} に比べて大きくなっている．しかし，イオン半径が大きく，電荷が小さいイオンでは，r_{S} が r_{c} に比べて小さい．このことは，水を連続媒体とみなす上述のような単純なモデルでは説明できない．

なお，陽イオンと陰イオンがそれぞれ運ぶ電気量の割合を**輸率**（transport number）という．無限希釈での陽イオンの輸率を t_+^∞，陰イオンの輸率を t_-^∞ とすると（$t_+^\infty + t_-^\infty = 1$），それぞれつぎのように与えられる．

コラム　伝導度滴定

H^+ と OH^- のモル電気伝導率がほかのイオンに比べて非常に大きいことを利用して，酸-塩基中和滴定（伝導度滴定）を行うことができる．

左図に示すような装置を用いて塩酸溶液を水酸化ナトリウム溶液を用いて滴定すると，右図のような滴定曲線が得られる．溶存イオンは，滴定前においては H^+ と Cl^-，当量点においては Na^+ と Cl^-，当量点以降では Na^+，Cl^- と OH^- であると考えられる．図中に電気伝導率に対する各イオンの寄与を示したが，明瞭な当量点が得られる理由が H^+ と OH^- の高いモル電気伝導率によることがよく理解できるであろう．

酢酸のような弱電解質を滴定した場合などについては，さらに章末問題を参照してほしい．

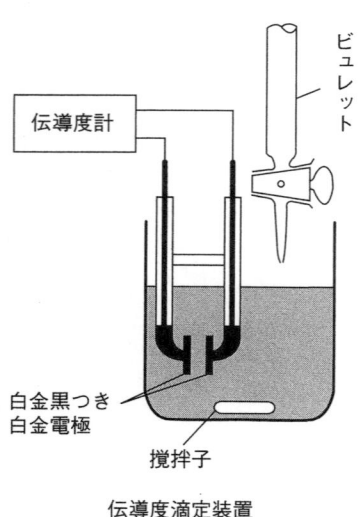

伝導度滴定装置

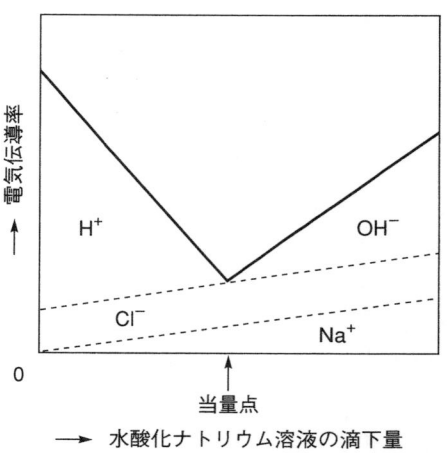

塩酸溶液を水酸化ナトリウム溶液で滴定した場合の滴定曲線

$$t_+^\infty = \frac{\lambda_+^\infty}{\Lambda^\infty}, \quad t_-^\infty = \frac{\lambda_-^\infty}{\Lambda^\infty} \tag{2.13}$$

2.3 希釈律

アレニウスは上で述べた電離説に基づいて,式 (2.1) の電離度 α が次式で与えられると考えた.

$$\alpha = \frac{\Lambda}{\Lambda^\infty} \tag{2.14}$$

オストワルドは質量作用の法則を適用して,Λ の濃度変化を示す**希釈律**(1888年) を導出し,アレニウスの考えの正しさを証明した.

式 (2.2) で与えられる酸解離定数 K_a に式 (2.14) の α を代入すると,次式が得られる.

$$K_a = \frac{\Lambda^2 c}{\Lambda^\infty (\Lambda^\infty - \Lambda)} \tag{2.15}$$

表 2.5 に示した酢酸についての実験結果からわかるように,求めた K_a は 0.25 M 以下ではほぼ一定値となる.ただし,式 (2.2) で定義した K_a は真の平衡定数ではなく,活量係数を含んでいるため,濃度に依存した値となる.

表 2.5 オストワルドの希釈律の検討 (酢酸, 25 ℃, $\Lambda^\infty = 387.9 \times 10^{-4}$ S m^2 mol^{-1})

c (M = mol dm^{-3})	Λ (10^{-4} S m^2 mol^{-1})	100 α	K_a (10^{-5} M)
1.011	1.443	0.372	1.405
0.2529	3.221	0.838	1.759
0.06323	6.561	1.694	1.841
0.03162	9.260	2.389	1.846
0.01581	13.03	3.360	1.846
0.003952	25.60	6.605	1.843
0.001976	35.67	9.20	1.841
0.000988	49.50	12.77	1.844
0.000494	68.22	17.60	1.853

2.4 イオンの活量

2.4.1 化学ポテンシャル

多成分系のギブズ自由エネルギー G は,温度 T と圧力 P のほかに系を構成する成分のモル数 $n_1, n_2, \cdots, n_i, \cdots$ の関数として表される.

$$G = f(T, P, n_1, n_2, \cdots, n_i, \cdots) \tag{2.16}$$

全微分をとると，次式のようになる．

$$dG = \left(\frac{\partial G}{\partial T}\right)_{P, n_i} dT + \left(\frac{\partial G}{\partial P}\right)_{T, n_i} dP + \sum_i \left(\frac{\partial G}{\partial n_i}\right)_{P, T, n_{j \neq i}} dn_i \tag{2.17}$$

温度，圧力一定の場合は，右辺第一項と第二項がゼロになる．

$$dG = \sum_i \left(\frac{\partial G}{\partial n_i}\right)_{P, T, n_{j \neq i}} dn_i \tag{2.18}$$

ここで，

$$\boxed{\mu_i \equiv \left(\frac{\partial G}{\partial n_i}\right)_{P, T, n_{j \neq i}}} \tag{2.19}$$

という量を定義し，成分 i の**化学ポテンシャル**（chemical potential）と呼ぶ．式 (2.19) を式 (2.18) に代入すると，

$$dG = \sum_i \mu_i dn_i \tag{2.20}$$

となる．つまり化学ポテンシャル μ_i は，「成分 i の微少量を系に入れたときの系の dG を i 分子 1 モル当たりに換算したもの」といえる．

電気化学では溶質と溶媒がさまざまな割合（濃度）で混ざっている溶液（多成分系）を扱うので，化学ポテンシャルの濃度依存性が問題になる．**希薄（理想）溶液**の溶質または溶媒の化学ポテンシャルは，モル分率 (x_i) を用いて次式で与えられる．

$$\boxed{\mu_i = \mu_i^\circ + RT \ln x_i} \tag{2.21}$$

ここで，μ_i° は $x_i = 1$（純粋状態）での μ_i に相当する定数であり，**標準化学ポテンシャル**（standard chemical potential）と呼ばれる．溶質の化学ポテンシャルについては，溶質の容量モル濃度（c_i；単位体積の溶液中の溶質のモル数）または重量モル濃度（m_i；単位重量の溶媒中の溶質のモル数）を用いてつぎのようにも表現される．

$$\boxed{\mu_i = \mu_i^\circ + RT \ln c_i} \tag{2.22}$$

$$\boxed{\mu_i = \mu_i^\circ + RT \ln m_i} \tag{2.23}$$

ただし，式 (2.21)〜(2.23) における μ_i° は，同じ記号で記述してはいるが，用いる濃度の表式によってその値が異なることに注意されたい．これは，以下に述べる活量や活量係数についても同様である．

式 (2.21)〜(2.23) は理想系，すなわち希薄溶液中の溶質や溶媒について成り立つものであるが，実在の溶液では，溶質-溶媒間あるいは溶質同士の相互作用のため，化学ポテンシャルはこれらの式に従わなくなる．そこで，濃度を表す x_i, c_i, m_i などの代わりに，以下のように定義される**活量**（activity, a_i）

を用いる．

$$a_i \equiv \gamma_i x_i \tag{2.24}$$
$$a_i \equiv \gamma_i c_i \tag{2.25}{}^{*1}$$
$$a_i \equiv \gamma_i m_i \tag{2.26}{}^{*1}$$

*1 c_i, m_i は単位モル濃度で割った無次元量とする．

ここで，γ_i は**活量係数**（activity coefficient）と呼ばれ，あまり高濃度でない溶液中では通常1より小さな値[*2]をとる．活量を用いて化学ポテンシャルを表現すると，

$$\mu_i = \mu_i^\circ + RT \ln a_i \tag{2.27}$$

*2 高濃度溶液では1以上の値をとることがある．

となる．

式(2.27)で表される実在溶液での化学ポテンシャルと式(2.22)や(2.23)で表される理想溶液での化学ポテンシャルの差は $RT \ln \gamma_i$ になるが，これはわれわれが溶液系に電解質を加える際に余分にしなければならない可逆仕事 $-w_r$（1モル当たり）に相当する．

$$-w_r = RT \ln \gamma_i \tag{2.28}$$

この式については2.4.3項で改めて考察する．

2.4.2 イオンの平均活量係数

上の項で溶質の化学ポテンシャルが活量を用いて表されることを述べたが，電解質溶液の場合は，個々のイオンの活量を別べつに測定することはできない．これは，電気的に中性の溶液に電荷をもった単独のイオンだけを加えることができないからである．そこで，電解質溶液のイオンの活量については便宜的につぎのように取り扱う．

まず簡単のため，1-1電解質が陽イオン（＋）と陰イオン（－）に完全解離しているとすると，それぞれのイオンの化学ポテンシャルは式(2.27)にならって，

$$\mu_+ = \mu_+^\circ + RT \ln a_+ \tag{2.29}$$
$$\mu_- = \mu_-^\circ + RT \ln a_- \tag{2.30}$$

と書ける．この電解質の化学ポテンシャルを陽イオンと陰イオンの化学ポテンシャルの和と考えると，

$$\mu = \mu_+ + \mu_- = (\mu_+^\circ + \mu_-^\circ) + RT \ln (a_+ a_-) = \mu^\circ + RT \ln a \tag{2.31}$$

となるので，電解質の活量 a は

$$a = a_+ a_- \tag{2.32}$$

で与えられる．ここで，便宜的に陽イオンと陰イオンの活量の幾何平均を $a_\pm$ とし，イオンの**平均活量**(mean activity)と呼ぶことにする．

$$\boxed{a_\pm \equiv \sqrt{a_+ a_-}} \tag{2.33}$$

同様に，**平均活量係数**(mean activity coefficient)を定義する．

$$\boxed{\gamma_\pm \equiv \sqrt{\gamma_+ \gamma_-}} \tag{2.34}$$

式(2.25)の関係を適用すると，

$$\gamma_\pm = \sqrt{\frac{a_+}{c}\frac{a_-}{c}}$$

となるので，式(2.33)より平均活量と平均活量係数の関係も

$$\boxed{a_\pm = \gamma_\pm c} \tag{2.35}$$

となる．

一般に，1モルの強電解質が溶けて ν_+ モルの陽イオンと ν_- モルの陰イオンを与える場合，電解質の活量は

$$a = a_+^{\nu_+} a_-^{\nu_-} \tag{2.36}$$

で与えられる．イオンの平均活量および平均活量係数はつぎのように定義される．

$$a_\pm \equiv \left(a_+^{\nu_+} a_-^{\nu_-}\right)^{1/\nu} \tag{2.37}$$

$$\gamma_\pm \equiv \left(\gamma_+^{\nu_+} \gamma_-^{\nu_-}\right)^{1/\nu} \tag{2.38}$$

ただし，$\nu = \nu_+ + \nu_-$ である．平均活量と平均活量係数の関係は

$$a_\pm = \gamma_\pm c_\pm \tag{2.39}$$

で表されるが，$c_\pm$ は**平均濃度**(mean concentration)であり，次式で定義される．

$$c_\pm^\nu \equiv \left(\nu_+^{\nu_+} \nu_-^{\nu_-}\right) c^\nu \tag{2.40}$$

なお，詳細は述べないが，イオンの平均活量係数は難溶性塩の溶解度などから求められる．

2.4.3 デバイ・ヒュッケルの理論

電解質溶液は，上述のように濃度が高くなると理想(希薄)溶液からずれた振る舞いをする．これは，濃度の増加によってイオン間の距離が縮まり，イオン間の相互作用(主としてクーロン力)が無視できなくなるためである．

図2.6に示すように，電解質溶液中のイオンには，その周りに反対符号の

イオンが球対称に分布した領域ができる．この領域を**イオン雰囲気**（ionic atmosphere）という．

このイオン雰囲気におけるイオン-イオン相互作用に関する理論が，デバイ（P. Debye，アメリカ，1884～1966）とヒュッケル（E. Hückel，ドイツ，1896～1980）によって提出された（1923年）．その理論の前提はつぎのとおりである．

(1) 電解質は強電解質であり，完全に解離している．
(2) 考慮する相互作用はクーロン力だけである．
(3) クーロン力のポテンシャルエネルギーは熱運動のエネルギーに比べて小さい．
(4) イオンの周りの誘電率はバルクの水の値と同じである．

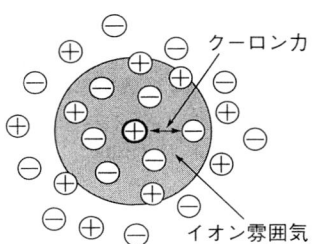

図2.6 イオン雰囲気の模式図
中心イオン（⊕）の周りに反対符号のイオン（⊖）が集まる．

注目するイオンの中心から距離 r だけ離れた場所の電位を ϕ とすると，電荷 $z_i e$〔z_i はイオン i の電荷数（符号を含む），e は電気素量〕をもつ別のイオン i のその場所でのエネルギーは，電位が存在しないときに比べて $z_i e \phi$ だけ余分になる．したがって，r における単位体積当たりのイオン i の個数 n_i' はボルツマン（Boltzmann）分布則により次式で与えられる．

$$n_i' = n_i \exp\left(-\frac{z_i e \phi}{kT}\right) \tag{2.41}$$

ここで，n_i は $\phi = 0$ におけるイオン i の単位体積（1 cm^3）中の個数であり，k はボルツマン定数である．この式はすべてのイオン種に適用されるので，r における電荷密度 ρ は次式で与えられる．

$$\rho = \sum_i z_i e n_i \exp\left(-\frac{z_i e \phi}{kT}\right) \tag{2.42}$$

ここで，前提(3)から $|z_i e \phi| \ll kT$ であるから，上式の指数部分を展開＊して第三項以下を無視すれば，

$$\rho = \sum_i z_i e n_i - \frac{e^2 \phi}{kT} \sum_i n_i z_i^2 \tag{2.43}$$

＊ $e^x = 1 + \dfrac{x}{1!} + \dfrac{x^2}{2!} + \cdots$

となる．上式の右辺第一項は電気的中性の条件からゼロになるから，さらに少し変形してつぎのように書ける．

$$\rho = -\frac{2e^2}{kT} \sum_i \frac{1}{2} n_i z_i^2 \phi \tag{2.44}$$

一方，電磁気学から ϕ の空間的変化と ρ との間にはポアソン（Poisson）方程式が成立する．この場合，ϕ は球対称としてよいから，つぎのように書ける．

*1 ∇^2 はラプラシアンと呼ばれる微分演算子で,直交座標では
$$\nabla^2 = \frac{\partial^2}{\partial x^2} + \frac{\partial^2}{\partial y^2} + \frac{\partial^2}{\partial z^2}$$
である.

$$\nabla^2 \phi = \frac{1}{r^2}\frac{d}{dr}\left(r^2\frac{d\phi}{dr}\right) = -\frac{\rho}{\varepsilon_0\varepsilon_r} \qquad (2.45)^{*1}$$

ここで,ε_0は真空の誘電率,ε_rは水溶液では水の比誘電率(78.5)である.式(2.44)のρをこの式に入れて整理すると,

$$\frac{d}{dr}\left(r^2\frac{d\phi}{dr}\right) = \frac{r^2}{b^2}\phi \qquad (2.46)^{*2}$$

$$b \equiv \left(\frac{2e^2}{\varepsilon_0\varepsilon_r kT}\sum_i \frac{1}{2}n_i z_i^2\right)^{-1/2} \qquad (2.47)$$

となる.ここでbは長さの単位をもち,デバイの長さ(Debye length)あるいはイオン雰囲気の厚さと呼ばれる.1-1電解質の0.01 M水溶液では30Å(3 nm)程度になる.

式(2.46)の微分方程式を解くと,ϕの空間的変化を示す式が得られる.

$$\phi = \frac{ze}{4\pi\varepsilon_0\varepsilon_r r}\exp\left(-\frac{r}{b}\right) \qquad (2.48)$$

一方,ρは上式を式(2.44)に代入し,式(2.47)を用いて整理すると,

$$\rho = -\frac{ze}{4\pi b^2}\frac{1}{r}\exp\left(-\frac{r}{b}\right) \qquad (2.49)$$

で与えられる.図2.7にρのrによる変化をドットマップで示した.また,図中の曲線は表面電荷,すなわち中心イオンの周りの微小な厚さδrの球殻中に含まれる電荷$\delta Q(=4\pi r^2\rho\delta r)$を示し,$r=b$のとき最大になり,それを

---

*2 式(2.46)の解法

$u = r\phi$と置き換えるとうまくいく.$\phi = u/r$であるから,これを微分していくと,

$$\frac{d\phi}{dr} = -\frac{u}{r^2} + \frac{1}{r}\frac{du}{dr}$$

$$r^2\frac{d\phi}{dr} = -u + r\frac{du}{dr}$$

$$\frac{d}{dr}\left(r^2\frac{d\phi}{dr}\right) = -\frac{du}{dr} + \frac{du}{dr} + r\frac{d^2u}{dr^2} = r\frac{d^2u}{dr^2}$$

となり,式(2.46)はつぎのように簡単になる.

$$\frac{d^2u}{dr^2} = \frac{u}{b^2}$$

このかたちの微分方程式の一般解は

$$u = A\exp\left(-\frac{r}{b}\right) + B\exp\left(\frac{r}{b}\right)$$

$$\phi = \frac{A}{r}\exp\left(-\frac{r}{b}\right) + \frac{B}{r}\exp\left(\frac{r}{b}\right)$$

である.AとBは定数であるが,つぎのように決められる.$r\to\infty$では$\phi=0$であるから,Bは0にならなければならない.また,電解質濃度を小さくし$n_i\to 0$とすると,式(2.47)のbは∞となり,近接のイオンはなくなるので,ϕは注目するイオンだけによって決まる.中心イオンの電荷数をzとすると,

$$\phi = \frac{ze}{4\pi\varepsilon_0\varepsilon_r r}$$

であるから,Aは$ze/4\pi\varepsilon_0\varepsilon_r$でなければならない.したがって,式(2.48)が得られる.

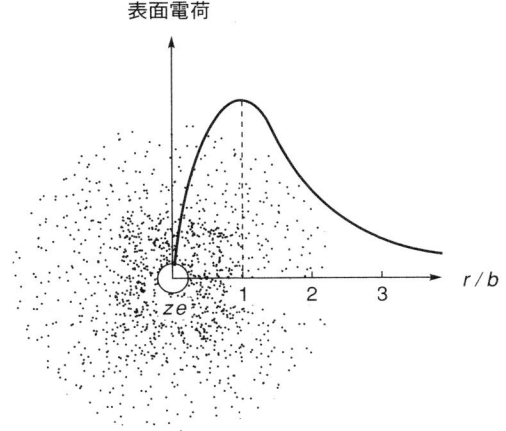

図2.7　イオン雰囲気と表面電荷の距離による変化

越えると急激に減少する.

いま，rが十分に小さい場合（$r \ll b$），ϕは式(2.48)から

$$\phi = \frac{ze}{4\pi\varepsilon_0\varepsilon_r r} - \frac{ze}{4\pi\varepsilon_0\varepsilon_r b} \tag{2.50}$$

と近似される．すなわち，中心イオン近傍の電位は，注目するイオンによる電位と，中心イオンからデバイの長さ（b）だけ離れたところに位置するとみなされる反対符号（$-ze$）のイオンによる電位（イオン雰囲気による電位）との和で表されることになる．希薄溶液（$n_i \to 0$）では$b \to \infty$であるから，式(2.50)の右辺第二項はゼロになる．実在溶液ではこの項，すなわちイオン-イオン相互作用が無視できなくなるが，これに基づく余分なエネルギーを以下で求めてみよう．

いま，中心イオンが最初電荷がゼロであって，これを電荷zeまで充電することを考える．中心イオンがδだけ充電されたとすると，bだけ離れたところに$-\delta$の電荷が存在し，それによる余分な電位$-\delta/4\pi\varepsilon_0\varepsilon_r b$が加わる．したがって系に余分に与えなければならない仕事（1モル当たり）は

$$-w_r = N_A \int_0^{ze} \frac{-\delta}{4\pi\varepsilon_0\varepsilon_r b} d\delta = -\frac{N_A(ze)^2}{8\pi\varepsilon_0\varepsilon_r b} \tag{2.51}$$

で与えられる（N_Aはアボガドロ数）．この式を式(2.28)に代入すると，次式を得る．

$$RT \ln \gamma = -\frac{N_A(ze)^2}{8\pi\varepsilon_0\varepsilon_r b} \tag{2.52}$$

ここでγは注目しているイオンの活量係数である．上式に式(2.47)で表される

b を代入すると，次式のようになる．

$$RT \ln \gamma = -\frac{N_A z^2}{8\pi} \left(\frac{2e^6}{\varepsilon_0^3 \varepsilon_r^3 kT}\right)^{1/2} \left(\sum_i \frac{1}{2} n_i z_i^2\right)^{1/2} \tag{2.53}$$

さらに，$n_i = N_A m_i / 1000$*（m_i はイオン i の重量モル濃度，単位：mol kg^{-1}）および

$$\boxed{I \equiv \frac{1}{2}\sum_i m_i z_i^2} \tag{2.54}$$

* 厳密には m_i ではなく容量モル濃度 c_i を使うべきであるが，電解質の平均活量係数の値が通常 m_i（温度によらない）の関数として報告されているため，以下の説明の都合上 m_i を用いる．なお，式(2.54)のイオン強度の定義では m_i の代わりに c_i を用いることもある．

で定義される**イオン強度**(ionic strength)を用いると，つぎのように表される．

$$\ln \gamma = -A^* z^2 \sqrt{I} \tag{2.55}$$

$$A^* \equiv \frac{1}{8\pi}\left(\frac{2N_A}{1000}\right)^{1/2}\left(\frac{e^2}{\varepsilon_0 \varepsilon_r kT}\right)^{3/2} \tag{2.56}$$

ここで，A^* は一定温度では一定値である．25℃の水溶液について計算すると，$A^*/2.303 = 0.5091$ mol$^{-1/2}$ kg$^{1/2}$ になる．この値をあらためて A とおいて，陽イオンと陰イオンについて書き直すと，

$$\log \gamma_+ = -A z_+^2 \sqrt{I} \tag{2.57}$$
$$\log \gamma_- = -A z_-^2 \sqrt{I} \tag{2.58}$$

となる．しかし，個々のイオンの活量係数は測定することはできない．実際に測定できるのは平均活量係数である．そこで，式(2.38)の関係を用いると，

$$\begin{aligned}\log \gamma_\pm &= \frac{1}{\nu}\left(\nu_+ \log \gamma_+ + \nu_- \log \gamma_-\right)\\ &= -A\sqrt{I}\,\frac{\nu_+ z_+^2 + \nu_- z_-^2}{\nu}\end{aligned} \tag{2.59}$$

となる．一方，電気的中性の条件 $\nu_+ z_+ + \nu_- z_- = 0$ から，

$$\nu_+ z_+^2 + \nu_- z_-^2 = z_+ z_-\left(\nu_+\frac{z_+}{z_-} + \nu_-\frac{z_-}{z_+}\right) = z_+ z_-(-\nu_- - \nu_+) = -z_+ z_- \nu$$

となり，結局 $\log \gamma_\pm$ は次式で与えられる．

$$\boxed{\log \gamma_\pm = A z_+ z_- \sqrt{I}} \tag{2.60}$$

この関係は**デバイ・ヒュッケルの極限法則**（Debye‐Hückel limiting law）と呼ばれる．図2.8に水溶液中の NaCl の場合の $\log \gamma_\pm$ の実測値と式(2.60)による計算値を示した．ごく低濃度の領域では実測値と計算値がよく一致していることがわかる．

0.01〜0.1 M（1‐1電解質）の溶液になると，イオン-イオン間の距離が小

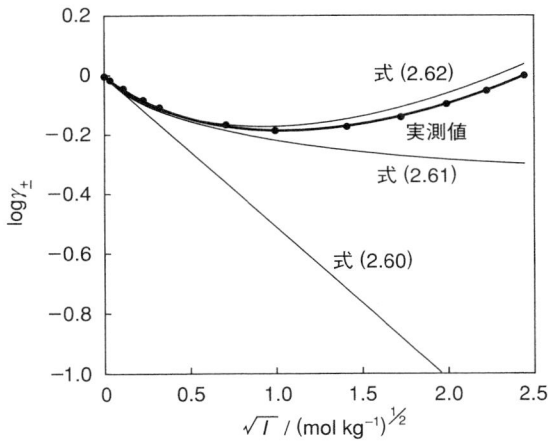

図 2.8 水溶液中の NaCl の平均活量係数の実測値と各種計算値との比較 (25℃)

さくなって，イオンの大きさが問題になってくる．そして，式(2.50)の ϕ についての近似式が使えなくなる．そこで，イオンの平均イオン直径*aを考慮し，ϕの一般式，すなわち式(2.48)を用いてデバイ・ヒュッケル理論と同様の取り扱いをすると，次式が得られる．

* イオンの最近接距離であり，イオン雰囲気による全電荷$-ze$はイオン中心からこの距離よりも外側に存在する．

$$\log \gamma_\pm = \frac{A z_+ z_- \sqrt{I}}{1 + Ba\sqrt{I}} \tag{2.61}$$

ここで，定数 B は 25 ℃の水溶液では $0.3291 \times 10^8 \ \text{cm}^{-1} \text{mol}^{-1/2} \text{kg}^{1/2}$ である．aの値は理論的に求めるのは難しく，実測値を再現するように決められる．たとえば，NaCl 水溶液の場合，$a = 4.0 \ \text{Å} (\text{Å} = 10^{-8} \text{cm})$ とすると，図 2.8 に示したように，0.1 M 以下の濃度領域($\sqrt{I} < 0.3$)では実験値をよく再現する．なお，このaの値は NaCl 結晶のイオン半径の和($2.8 \ \text{Å}$)よりも大きいが，これはイオンが水和(次節参照)しているためである．

0.1 M 以上の高濃度の溶液になると，イオン-溶媒分子間の近接相互作用が問題になってくる．これを理論的に取り扱うのは困難であり，通常は経験的に式(2.61)の右辺にさらにイオン強度に比例する補正項を導入する．

$$\log \gamma_\pm = \frac{A z_+ z_- \sqrt{I}}{1 + Ba\sqrt{I}} + bI \tag{2.62}$$

ここに，bの値もaと同様に実測値に合うように決定される．NaCl の場合，$b = 0.055 \ \text{mol}^{-1} \text{kg}$ としたときの計算値を図 2.8 に示した．

2.5 溶 媒 和

食塩や砂糖などの物質が水などの溶媒に溶けるのはなぜであろうか．アレニウスは電解質が水に溶けるとクーロン力に逆らって陽イオンと陰イオンに

図2.9 Na^+ の水和の模式図
4個の水分子が,負に帯電した酸素原子を Na^+ 側に向けて"結合"している.

電離すると考えたが,その理由について十分な説明を与えることができなかった.**溶質**(solute)が**溶媒**(solvent)に溶けて**溶液**(solution)になるためには,溶質-溶質間や溶媒-溶媒間の相互作用よりも,溶質-溶媒間の相互作用のほうが大きくなければならない.この溶質-溶媒間の相互作用によって溶質と溶媒が"結合"して分子群をつくることを**溶媒和**(solvation)という〔溶媒が水の場合は**水和**(hydration)という.図2.9〕.この溶媒和の本質が明らかになり始めたのは20世紀に入ってからである.

2.5.1 ボルン式

1920年にボルン(M. Born,イギリス,1882〜1970)はイオンの**溶媒和エネルギー**(solvation energy, ΔG_s°)についての理論式を提出した.ΔG_s° はイオンを真空中から溶媒中に移すために要する標準ギブズエネルギーのことであるが,ボルンはイオンを半径 r の球と仮定し,これを一定の比誘電率(ε_r)をもつ連続媒体中で,イオンの電荷(ze)まで充電するのに要する静電エネルギーとしてこれを評価した.

$$\Delta G_s^\circ = -\frac{N_A z^2 e^2}{8\pi\varepsilon_0 r}\left(1-\frac{1}{\varepsilon_r}\right) \tag{2.63}$$

この**ボルン式**(Born equation)を用いて,たとえば Na^+ の水和エネルギーを計算してみよう.表2.4の結晶イオン半径($r = 116$ pm)と水の比誘電率($\varepsilon_r = 78.5$,付表1)を用いると,$\Delta G_s^\circ = -591$ kJ mol^{-1} を得る.このように,ΔG_s° は負であり,イオンを真空から高誘電率の水に移すことで安定化されることがわかる.ΔG_s° の理論値は実測値(-375 kJ mol^{-1})と少し異なっているが,このようにボルン式は溶媒和エネルギーのおおよその値を予測するのに有効である.しかし,水やエタノールなどの高誘電率の溶媒では,ΔG_s° の理論値は ε_r にほとんど依存しなくなること($1-1/\varepsilon_r \approx 1$)にも注意すべきである.

ボルン式はイオンを単なる球とし,溶媒を均一な誘電体とみなす至極単純なものであったため,Na^+ の計算例で示したように,実験値を十分に説明できるものではなかった.このボルン式の欠点は古くから指摘されており,ボルン式を修正する数多くの試みがなされてきた.その手法を大別すると,①イオン半径を補正するもの,②イオン周りの強電場による溶媒の誘電率の低下(誘電飽和という)を考慮したものに分けられる.

①は,ボルン式中の r に結晶イオン半径ではなく,ある一定の補正項を加えた値を用いるといった修正であるが,その物理的意味が明確ではない.より一般に受け入れられてきたのが②の方法であり,たとえば図2.10(b)に示すようにイオンの近傍に溶媒分子の半径に等しい厚み($b-r$)の層を考え,この層内の比誘電率が誘電飽和によって母液の値(ε_b)よりも低い値($\varepsilon_{r,1}$)をとると仮定する(Abraham‑Liszi の一層モデル).$\varepsilon_{r,1}=2$ とすると,多くの溶媒中の1価の陽イオンと陰イオンについて溶媒和エネルギーの実験値と理論値の

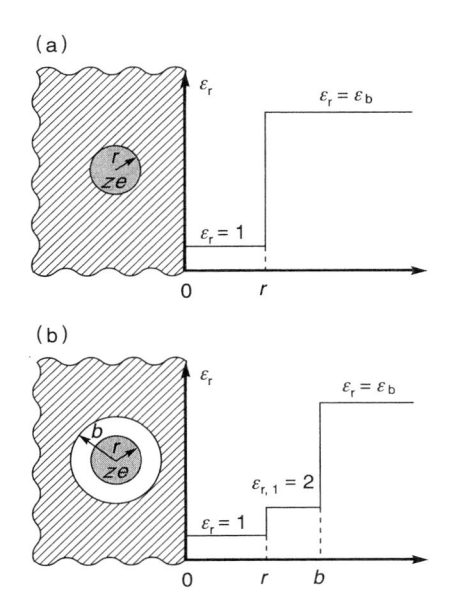

図2.10 (a) ボルンのモデルと (b) Abraham–Liszi の一層モデル

よい一致が見られる．しかし，$\varepsilon_{r,1} = 2$ という値は ε_b の値（水は78.5）に比べて非常に低い値であり，$\varepsilon_{r,1} = 2$（$1/\varepsilon_{r,1} = 0.5$）とする修正がきわめて大きなものであることに目を向けるべきである（"修正"の域を越えている！）．このことは，イオン近傍の溶媒分子がイオンの電場によって強く束縛されていることを意味しており，この溶媒分子とイオンとの近距離の相互作用が長距離型の静電相互作用よりも重要であることを示唆している．

2.5.2 溶媒パラメータ

ボルン式は，イオン-溶媒間の相互作用を，溶媒の誘電率というたった一つの物理的パラメータで表現しようとしたものである．しかし，実際の相互作用には，静電力のほかに電荷移動や水素結合といったいわゆる特異的（化学的）相互作用が含まれるため，ボルン式では不十分なことは当然である．

そこで，1950年頃から有機化学反応の溶媒効果の研究によって，溶質-溶媒間の近接相互作用（おもにルイスの酸-塩基相互作用）の強さを示す溶媒の経験的パラメータが用いられるようになった．

最もよく知られている溶媒パラメータはグートマン（V. Gutmann）らが提唱した**ドナー数**（donor number, D_N）と**アクセプター数**（acceptor number, A_N）である．

D_N は，不活性な溶媒である1,2-ジクロロエタン中に一定量添加した $SbCl_5$ と溶媒分子 D の反応（$D + SbCl_5 \rightarrow D \cdot SbCl_5$）のエンタルピー変化（$\Delta H°$）に基づいて定義される．この反応は発熱反応であるため，符号を変え，kcal/mol の単位で表したものが D_N である．D_N は溶媒の電子供与性（ルイスの塩基性）

図2.11 K$^+$の溶媒間移行エネルギーとD_Nとの相関
溶媒間移行エネルギーは，0.1 M Bu$_4$NClO$_4$の塩橋を用いた起電力測定から得られた．NM：ニトロメタン，TMS：テトラメチレンスルホン，PDC：炭酸-1,2-プロパンジオール，DMF：ジメチルホルムアミド，NMP：N-メチルピロリジノン，DMA：N-ジメチルアセトアミド，DMSO：ジメチルスルホキシド，HMPA：ヘキサメチルリン酸トリアミド．V. グートマン著，大瀧仁志，岡田 勲訳，「ドナーとアクセプター」，学会出版センター（1983），p. 113 より転載．

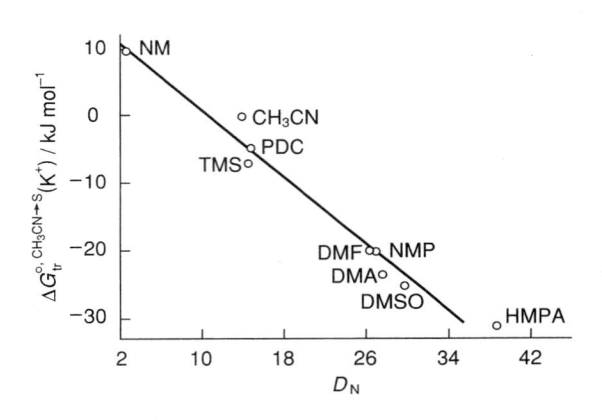

を表す尺度として有効で，とくに陽イオンの溶媒和エネルギーとの相関がよい．一例として，K$^+$のCH$_3$CNからさまざまな溶媒への移行エネルギーとD_Nとの相関を図2.11に示す．

A_Nは，溶媒の電子受容性（ルイスの酸性）を表す尺度であり，1,2-ジクロロエタン中でSbCl$_5$がEt$_3$POの酸素原子から電子を受容する能力と比較して決定される．実際には，溶媒A中でのEt$_3$POの^{31}Pの周りの電子密度を反映するNMRの化学シフトδ(Et$_3$PO・A)を，ヘキサン中の値を基準として測定し，これをEt$_3$PO・SbCl$_5$の1,2-ジクロロエタン中での化学シフトδ(Et$_3$PO・SbCl$_5$)を100として相対化した値で表す．すなわち，

$$A_N = \frac{\delta(\text{Et}_3\text{PO}\cdot\text{A})}{\delta(\text{Et}_3\text{PO}\cdot\text{SbCl}_5)} \times 100$$

A_Nはとくに陰イオンの溶媒和エネルギーとよい相関を示す[*1]．

D_NとA_Nに代表される溶媒パラメータは，溶質-溶媒間相互作用を表すための溶媒側の尺度である．したがって，溶媒の種類を変えた場合の効果を予測するのに有効であるが，ボルン式のように溶質のほうを変えた場合には対処できない．溶質（イオン）-溶媒間の近接相互作用に基礎をおく溶媒和エネルギーの基礎理論[*2]の確立が望まれる．

[*1] さらにA_Nは，溶媒の電子受容性を表すほかのパラメータ，たとえばGrunwaldとWinsteinのY値，KosowerのZ値，DimrothとReichardtのE_T値などともよい相関があることがわかっている．詳しくは溶液化学の本を参照してほしい．

[*2] イオンの溶媒間移行エネルギーに関する非ボルン型理論が提案されている〔T. Osakai, K. Ebina, *J. Phys. Chem. B*, 102, 5691 (1998)〕．

―――― 章末問題 ――――

2.1 アルカリ金属イオンのモル電気伝導率（表2.3）が，結晶イオン半径（表2.4）の減少とともに小さくなる傾向があるのはなぜか．

2.2 表2.3を用いて，K$^+$，Ca^{2+}，Cl$^-$，SO$_4^{2-}$の移動度を求めなさい．

2.3 酢酸を水酸化ナトリウム溶液で伝導度滴定した場合の滴定曲線は次図のようになる．塩酸の場合の滴定曲線（p. 16）のように，各イオンの電気伝導率に対する寄与を書き入れなさい．

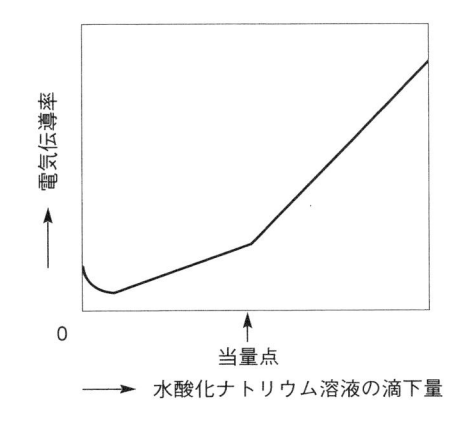

2.4 塩酸と酢酸の混合溶液を水酸化ナトリウム溶液で電気伝導度滴定した場合の滴定曲線を予想しなさい．

2.5 0.01 M 酢酸のモル電気伝導率は $16.3 \times 10^{-4}\,\mathrm{S\,m^2\,mol^{-1}}$ である．電離度 α と酸解離定数 K_a を求めなさい．

2.6 共存する二液相（相Ⅰおよび相Ⅱ）に物質が溶解して平衡にあるとき，希薄溶液では各相中の溶質のモル濃度（c^{I} および c^{II}）の間に

$$\frac{c^{\mathrm{II}}}{c^{\mathrm{I}}} = K \text{ (一定)}$$

のネルンストの分配の法則（1891年）が成立する．この式を化学ポテンシャルから導きなさい．また，分配係数 K はどのような式で与えられるか．

2.7 1-1電解質の水溶液のイオン雰囲気の厚さは，電解質濃度を1桁上げるとどうなるか．

2.8 水溶液中の（a）$0.001\,\mathrm{mol\,kg^{-1}}$，および（b）$0.05\,\mathrm{mol\,kg^{-1}}$ の NaCl の平均活量係数を求めなさい．

2.9 イオン-イオン間およびイオン-溶媒間の静電的相互作用に関する代表的な理論について説明しなさい．

2.10 イオンを比誘電率が $\varepsilon_{\mathrm{r,o}}$ の有機溶媒から $\varepsilon_{\mathrm{r,w}}$ の水に移すためのエネルギー，いわゆる**溶媒間移行エネルギー**（$\Delta G_{\mathrm{tr}}^{\circ,\mathrm{o \to w}}$）を，式（2.63）を用いて導きなさい．

2.11 付表1を見て，A_{N} 値がどのような溶媒で大きいか考えなさい．

3 電気化学系とポテンシャル

電子やイオンは電荷をもつため，それらの化学ポテンシャルは存在する電極相や溶液相の静電ポテンシャルの影響を受ける．したがって，電池のような電気化学系の平衡は，普通の溶液中の平衡と異なり，静電ポテンシャル(電極電位)というもう一つの要素を加味して考える必要がある．本章では，電気化学系の平衡の理論的取り扱いと，電池の起電力などへの応用について学習する．

3.1 電子の化学ポテンシャル

まず，電極内の電子の化学ポテンシャルについて考えてみよう．定義により，電子の化学ポテンシャルは電子を無限遠の真空中から電極相の内部につけ加えるために必要な可逆仕事を電子1モルについて表したものである．

図3.1に示すように，電子を真空中無限遠の点aから一定の静電ポテンシャルをもつ電極相（M）の内部の点c（電極表面の影響を無視できるような場所）まで運ぶ過程を便宜的に二つに分けて考えてみる．

1) 点aから相Mのすぐ外側で鏡像力（image force）*の効果が無視できる点bまで運ぶ過程．
2) 点bから点cに運ぶ過程．

まず，1) の過程に必要な静電的仕事は，点bの電位をΨ^M〔相Mの**外部電**

* 金属表面に電荷を近づけるとき，これに作用する静電引力．あたかも鏡に像が写るように，金属の内部に誘起された反対符号の電荷に基づく引力である．

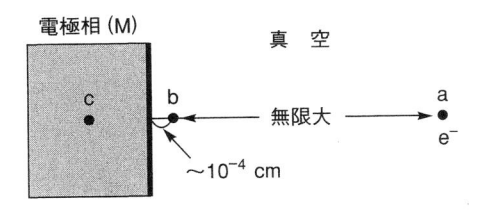

図3.1 電子の化学ポテンシャルの説明図

位（outer potential）という〕とすると，

$$W(1) = -F\psi^{M} \tag{3.1}$$

で与えられる．一方，点bから点cに運ぶのに必要な仕事には，静電的仕事以外に電子と電極物質との化学的結合に起因する化学ポテンシャル（μ_{e}^{M}）が含まれる．

$$W(2) = \mu_{e}^{M} - F\chi^{M} \tag{3.2}$$

ここでχ^{M}は電極表面層の電荷分布に起因する**表面電位**(surface potential)である．

このように，電子の化学ポテンシャルは$W(1)$と$W(2)$の和で表され，μ_{e}^{M}のほかに静電的仕事が含まれることになる．グッゲンハイム（E. A. Guggenheim）はこのような静電的仕事を強調する意味で荷電粒子の熱力学的ポテンシャルを**電気化学ポテンシャル**（electrochemical potential）と呼び，$\tilde{\mu}$で表すことを提案した(1929年)．すなわち，電子の電気化学ポテンシャルは

$$\boxed{\tilde{\mu}_{e}^{M} = \mu_{e}^{M} - F\phi^{M}} = \mu_{e}^{M} - F\left(\psi^{M} + \chi^{M}\right) \tag{3.3}$$

のように表される．ただし，ϕ^{M}は相Mの**内部電位**（inner potential）であり，次式で定義される．

$$\boxed{\phi^{M} \equiv \psi^{M} + \chi^{M}} \tag{3.4}$$

なお，二つの相が接している場合，内部電位の差を**ガルバニ電位差**（Galvani potential difference），外部電位の差を**ボルタ電位差**（Volta potential difference）という（図3.2参照）．経験によると，同一相内の2点間の電位差は測定できるが，2相間の電位差は測定できない．したがって，ボルタ電位差は測定できるが，ガルバニ電位差は測定できない．このことは1899年にギブズ（W. Gibbs）によって指摘され，その後グッゲンハイムによって再び強調された重要な原則であり，電気化学系を取り扱う際忘れてはならない．

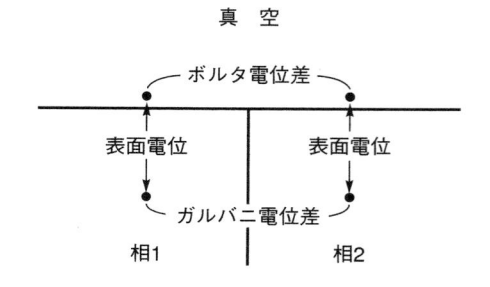

図3.2 ガルバニ電位差とボルタ電位差

3.2 イオンの電気化学ポテンシャル

イオンも電子と同様に荷電体であるから，そのポテンシャルエネルギーは電位の影響を受ける．溶液L中のイオンiの電気化学ポテンシャルは次式で与えられる．

$$\tilde{\mu}_i = \mu_i^\circ + RT \ln a_i + z_i F \phi^L \tag{3.5}$$

ここでμ_i°はイオンiの標準状態の化学ポテンシャル，a_iおよびz_iはイオンiの活量（希薄溶液では濃度に近似できる）および電荷数（符号を含む），Fはファラデー定数，ϕ^Lは相Lの内部電位である．この式では，イオンのポテンシャルエネルギーが化学的な項と静電的な項に分けられると仮定しているが，必ずしもその保証はない．しかしながら，このように取り扱うことによる矛盾はいまのところ現れていない．

3.3 平衡電極電位

3.3.1 ネルンスト式

電極反応は電極相と溶液相の界面で起こるので，まず電極電位Eをつぎのように定義する．

$$E \equiv \phi^M - \phi^L \tag{3.6}$$

電極でただ一つの電極反応が起こり*，かつ反応が平衡であるとき，その電極電位を**平衡電極電位**（equilibrium electrode potential）という．

いま，つぎのような二つの溶存種が関与する電極反応の平衡電極電位を求めてみよう．

$$O^{z+} + n\,e^- \rightleftarrows R^{(z-n)+} \tag{3.7}$$

ここでOは酸化体（電荷数$=z$），Rは還元体，nは電子数である．式(3.5)を用いると，酸化体と還元体の電気化学ポテンシャルは，それぞれつぎのように与えられる．

$$\tilde{\mu}_O = \mu_O^\circ + RT \ln a_O + zF\phi^L \tag{3.8}$$

$$\tilde{\mu}_R = \mu_R^\circ + RT \ln a_R + (z-n)F\phi^L \tag{3.9}$$

また，電子の電気化学ポテンシャルは式(3.3)で与えられる．

平衡では次の関係が成り立つから，

$$\tilde{\mu}_O + n\tilde{\mu}_e^M = \tilde{\mu}_R \tag{3.10}$$

式(3.3)，式(3.8)～式(3.10)より，

$$\mu_O^\circ + RT \ln a_O + zF\phi^L + n\left(\mu_e^M - F\phi^M\right)$$
$$= \mu_R^\circ + RT \ln a_R + (z-n)F\phi^L \tag{3.11}$$

* 二つ以上の電極反応が同時に起こる場合については，8.1節の混成電位を参照．

この式を整理すると次式を得る.

$$E \equiv \phi^{\mathrm{M}} - \phi^{\mathrm{L}} = -\frac{\left(\mu_{\mathrm{R}}^{\circ} - \mu_{\mathrm{O}}^{\circ} - n\mu_{\mathrm{e}}^{\mathrm{M}}\right)}{nF} + \frac{RT}{nF}\ln\frac{a_{\mathrm{O}}}{a_{\mathrm{R}}} \tag{3.12}$$

この式の右辺第一項の（ ）内は式(3.7)で表される反応の標準ギブズエネルギー $\Delta G°$ に相当するので，

$$E^{\circ} = -\frac{\left(\mu_{\mathrm{R}}^{\circ} - \mu_{\mathrm{O}}^{\circ} - n\mu_{\mathrm{e}}^{\mathrm{M}}\right)}{nF} = -\frac{\Delta G^{\circ}}{nF} \tag{3.13}$$

のように置き換えを行うと，式(3.12)はつぎのように表現できる．

$$\boxed{E = E^{\circ} + \frac{RT}{nF}\ln\frac{a_{\mathrm{O}}}{a_{\mathrm{R}}}} \tag{3.14}$$

ここで $E°$ は**標準酸化還元電位**（standard redox potential）または**標準電位**（standard potential）であり，この式は**ネルンスト式**（Nernst equation）と呼ばれる電気化学の最も重要な基本式の一つである．

3.3.2 溶液内平衡の影響

平衡電極電位は，酸化体や還元体の溶液内での錯形成反応や酸・塩基反応などによって影響される．

まず，OおよびRがリガンドLと錯形成する場合について述べる．ここでは典型例としてつぎの反応を考えよう．

$$\begin{array}{ccc} \mathrm{O} & \xrightleftharpoons{ne^-} & \mathrm{R} \\ K_{\mathrm{O}} \updownarrow \; \mathrm{L} & & K_{\mathrm{R}} \updownarrow \; \mathrm{L} \\ \mathrm{OL} & \xrightleftharpoons[ne^-]{} & \mathrm{RL} \end{array} \tag{3.15}$$

ここで K_{O} と K_{R} はそれぞれ酸化型錯体 OL および還元型錯体 RL の解離定数である．

$$K_{\mathrm{O}} = \frac{a_{\mathrm{O}}a_{\mathrm{L}}}{a_{\mathrm{OL}}} \tag{3.16}$$

$$K_{\mathrm{R}} = \frac{a_{\mathrm{R}}a_{\mathrm{L}}}{a_{\mathrm{RL}}} \tag{3.17}$$

この系の平衡電極電位を式(3.14)のネルンスト式に習ってつぎのように表す．

$$E = E_{\mathrm{app}}^{\circ} + \frac{RT}{nF}\ln\frac{(a_{\mathrm{O}} + a_{\mathrm{OL}})}{(a_{\mathrm{R}} + a_{\mathrm{RL}})} \tag{3.18}$$

ただし，E_{app}° は見かけの酸化還元電位であり，式(3.18)に式(3.14)，(3.16)，(3.17)を代入して，

ネルンスト（W. H. Nernst, ドイツ，1864～1941）
絶対零度が達成できないことを示す熱力学第三法則（ネルンストの熱定理）を発明したことなどによりノーベル賞（1920年）を受賞．

$$E_{\text{app}}^\circ = E^\circ + \frac{RT}{nF} \ln \frac{\left(\dfrac{a_L}{K_R} + 1\right)}{\left(\dfrac{a_L}{K_O} + 1\right)} \tag{3.19}$$

のように与えられる．図3.3に $K_O \gg K_R$ の場合の E_{app}° と $\log a_L$ の関係を示す．

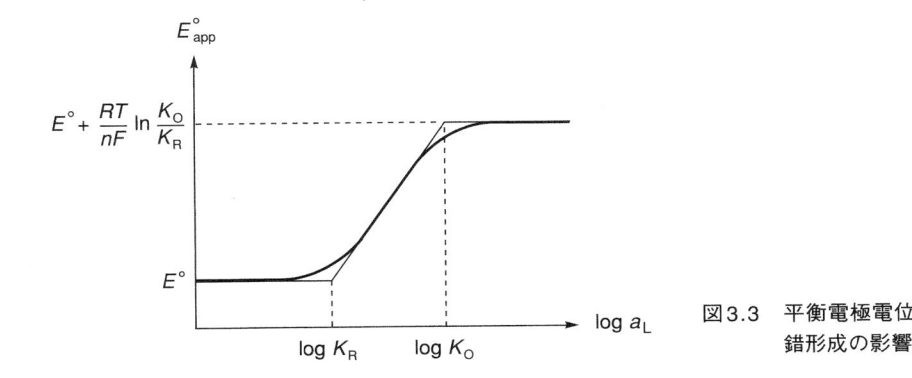

図3.3 平衡電極電位に対する錯形成の影響

$a_L \ll K_O, K_R$ のときは，実際上錯形成の影響はなく，$E_{\text{app}}^\circ = E^\circ$ となる．$a_L \gg K_O, K_R$ のときは，式 (3.19) はつぎのように近似され，E_{app}° は L の濃度に依存しなくなる．

$$E_{\text{app}}^\circ = E^\circ + \frac{RT}{nF} \ln \frac{K_O}{K_R} \tag{3.20}$$

この場合の E_{app}° は錯体の酸化還元対 OL/RL そのものの標準酸化還元電位にほかならず，E° との差は，OL，RL 錯体の安定性の比によって決まる．なお，式 (3.15) の反応を電極 (L) への吸着とみなせば，溶存種 (O, R) と吸着種 (OL, RL) の酸化還元電位の差も上と同様に取り扱うことができる．

一方，$K_O \gg a_L \gg K_R$ の場合には，事実上

$$\text{O} + \text{L} + n\text{e}^- \rightleftarrows \text{RL} \tag{3.21}$$

という反応が進行しており，式 (3.19) は

$$E_{\text{app}}^\circ = E^\circ + \frac{RT}{nF} \ln \frac{a_L}{K_R} \tag{3.22}$$

と近似される．この場合，E_{app}° は $\log a_L$ に対して直線的に増加する．さらに E_{app}° と $\log a_L$ の関係で，直線部分の延長の二つの交点から，$\log K_R$ と $\log K_O$ を求めることができる．

このような反応系は，金属錯体の電気化学反応のみならず，有機化合物の

場合でも数多く見られ，後者の場合には，LはプロトンH$^+$である場合が多い．ただし，一般的にはこうした反応は必ずしも1：1錯体を形成するとは限らず，また，多段階の解離平衡が関与する場合も多いので，系に合わせて式を変形する必要がある．

式(3.21)の反応をより一般化したものとして，m個のプロトンが関与するつぎの酸化還元反応を考えると，

$$O + m\,H^+ + ne^- \rightleftharpoons RH_m \tag{3.23}$$

$E°_{app}$は次式で与えられる．

$$\begin{aligned}E°_{app} &= E° + \frac{m}{n}\frac{RT}{F}\ln a_{H^+} + C \\ &= E° - \frac{m}{n}\frac{2.303RT}{F}\mathrm{pH} + C\end{aligned} \tag{3.24}$$

ただし，Cは解離定数で決まる定数である．この関係から，m/nを求めることができる．

3.3.3　電極自体が酸化還元活性の場合

たとえば$Zn^{2+} + 2e^- \rightleftharpoons Zn$のように，溶液中の金属イオン($M^{n+}$)が電極で還元されて析出する反応

$$M^{n+} + ne^- \rightleftharpoons M \tag{3.25}$$

の平衡電極電位は，固体(金属M)の活量を1とするので，次式で表される．

$$E = E° + \frac{RT}{nF}\ln a_{M^{n+}} \tag{3.26}$$

ただし，

$$E° = -\frac{\left(\mu_M - \mu°_{M^{n+}} - n\mu_e^M\right)}{nF} \tag{3.27}$$

また，参照電極(7.2.3項参照)として用いられる銀-塩化銀電極(Ag|AgCl|Cl$^-$)のように，電極表面に難溶性の塩(AgCl)が存在する場合も，その平衡電極電位は次式で表される．

$$E = E° - \frac{RT}{F}\ln a_{Cl^-} \tag{3.28}$$

ただし，$E°$にはAgClの化学ポテンシャルも含まれる．

$$E° = -\frac{\left(\mu_{Ag} + \mu°_{Cl^-} - \mu_{AgCl} - \mu_e^M\right)}{F} \tag{3.29}$$

3.3.4 標準水素電極

これまでに導いた平衡電極電位 E は溶液相を基準とした金属電極相の内部電位であるが,前述したように2相間の内部電位差は測定できないので,E を直接測定することができない.そこで,実際には適当なもう一つの電極(基準電極)を用いて図 3.4 のような電池を組み,基準電極に対する相対的な電位

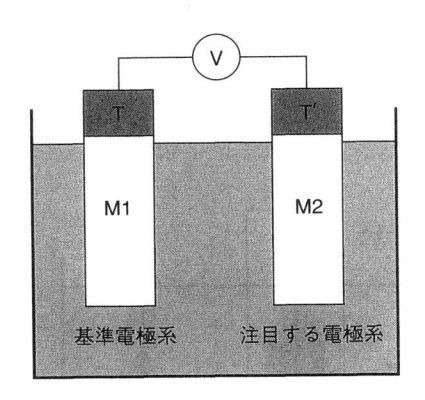

図 3.4 ガルバニ電池

を測定する.このような電池は**ガルバニ電池**(galvanic cell)と呼ばれるもので,注目する電極系と基準電極系の末端に同じ金属(T)が接続されている.このようにすれば,二つの金属間の電位を電位差計を用いて測定することができる(章末問題 3.6 を参照).通常,電位差計の両端子に同質の導線,たとえば銅線を用いるのはこのためである.

ネルンストは基準電極に**標準水素電極**(standard hydrogen electrode; SHE)[*]を用いることを提案した.図 3.5 に示すように,水素イオンの活量が 1 の塩酸溶液に白金黒つき白金を浸し,水素ガス(分圧 $p_{H_2} = 10^5$ Pa)を飽和させてある.すなわち SHE は

$$\text{SHE: Pt} \mid H_2(p_{H_2}=10^5\,\text{Pa}) \mid H^+(a_{H^+}=1) \tag{3.30}$$

のように表される.

この SHE ではつぎのような電極反応が起こる.

$$2H^+ + 2e^- \rightleftharpoons H_2 \tag{3.31}$$

そして平衡電極電位はつぎのように表される.

$$E = E° - \frac{RT}{2F} \ln \frac{p_{H_2}}{(a_{H^+})^2} \tag{3.32}$$

$$E° = -\frac{\left(\mu_{H_2}^{°,G} - 2\mu_{H^+}° - 2\mu_e^M\right)}{2F} \tag{3.33}$$

ただし,水素ガスは理想気体と見なしており,$\mu_{H_2}^{°,G}$ は気体状態の水素の標準化学ポテンシャルである.

[*] かつては normal hydrogen electrode(NHE)とも呼ばれた.

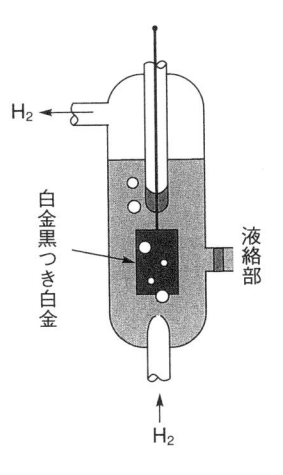

図 3.5 水素電極

* 付表2の標準電位は1atm (=101325Pa) の値であり，IUPAC (国際純正・応用化学連合) が勧告する水素の標準圧 (10^5 Pa) に厳密には等しくない．

現在では，国際的な規約でSHEの平衡電極電位を便宜的に0 V とし，SHEを基準として各種電極反応の標準電位 (付表2 * を参照) を表すことになっている．

3.4 電池の起電力

3.4.1 液々界面を含まない電池

図3.6に，理論的に取り扱いの簡単な電池の代表例であるハーンド電池

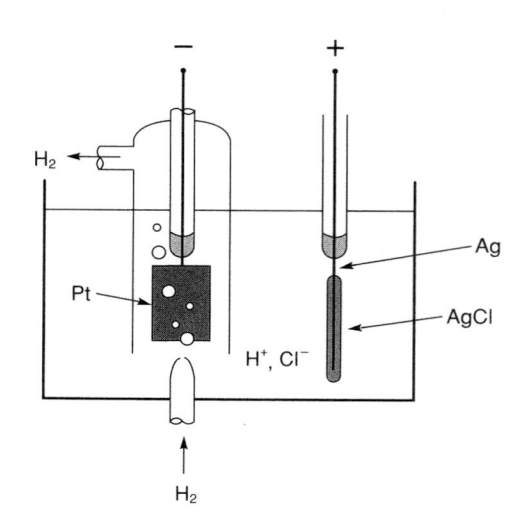

図3.6 ハーンド電池

(Harned cell) を示す．ガルバニ電池のように，二つの電極に同じ導線を接続した場合を想定すると，この電池はつぎのように書ける．

$$\text{Cu} \mid \text{Pt} \mid \text{H}_2 \mid \text{H}^+, \text{Cl}^- \mid \text{AgCl} \mid \text{Ag} \mid \text{Cu} \quad \text{I} \quad \text{II} \quad \text{III} \quad \text{IV} \quad \text{V} \quad \text{VI} \quad \text{I}' \tag{3.34}$$

この電池における白金電極での電極反応は

$$2\text{H}^+ + 2e^- \rightleftharpoons \text{H}_2 \tag{3.35}$$

であり，一方，銀-塩化銀電極の電極反応は

$$\text{AgCl} + e^- \rightleftharpoons \text{Ag} + \text{Cl}^- \tag{3.36}$$

である．したがって，二つの電極間には約0.2 V (1 M HCl) の電位差が生じるが，二つの電極を導線で結ばなければ何の変化も起こらない．しかし，二つの電極を導線で結ぶと，式(3.35)の反応は逆方向に進行して電極に電子を供給し，式(3.36)の反応は正方向に進行して電子を消費する．結局，溶液中でつぎの化学反応が起こったことになる．

$$\frac{1}{2}\text{H}_2 + \text{AgCl} \longrightarrow \text{H}^+ + \text{Ag} + \text{Cl}^- \tag{3.37}$$

導線の代わりにモーターなどをつなげば，電気的な仕事を取りだすことができる．これは，式(3.37)の化学反応のエネルギーを電気エネルギーとして取りだしていることになるが，このような装置が**電池**(cell, battery)*である．そして，式(3.37)の反応を**電池反応**(cell reaction)と呼ぶ．この電池反応において，白金電極では酸化反応が起き，<u>溶液(多くの場合アニオン，この場合はH_2)から電極に負電荷が移動する</u>ので，このような電極を**陽極**(anode)といい，そのときの電極反応を**陽極反応**(anodic reaction)という．一方，銀-塩化銀電極では還元反応が起き，<u>溶液(多くの場合カチオン，この場合Ag^+)から電極に正電荷が移動する</u>ので，このような電極を**陰極**(cathode)，そのときの電極反応を**陰極反応**(cathodic reaction)という．

上で述べたように，陽極と陰極の定義は電極反応の進行方向に関係するものであることに注意すべきである．これに対し，より正の電位をもつ電極を**正極**，より負の電位をもつものを**負極**という呼び方がある．電池の場合(放電時)は必然的に正極が陰極，負極が陽極になるが，電解の場合は正極が陽極，負極が陰極になり，逆になる．ただし電池では，「陽極・陰極」よりも「正極・負極」の呼び方が一般的である．

いま，ハーンド電池の両端子間に内部抵抗のきわめて高い電圧計をつなぎ，事実上電流を流さない状態にした場合を考える．この状態では電気化学的な平衡状態にあり，相Iおよび相II間と相VIおよび相I'間の電子の電気化学ポテンシャルが等しいことを考慮すると，各電極系においてつぎの関係が得られる．

$$2\tilde{\mu}_{H^+}^{IV} + 2\tilde{\mu}_e^{I} = \mu_{H_2}^{III} \tag{3.38}$$

$$\mu_{AgCl}^{V} + \tilde{\mu}_e^{I'} = \mu_{Ag}^{VI} + \tilde{\mu}_{Cl^-}^{IV} \tag{3.39}$$

したがって，

$$\tilde{\mu}_e^{I'} - \tilde{\mu}_e^{I} = \mu_{Ag}^{VI} + \tilde{\mu}_{H^+}^{IV} + \tilde{\mu}_{Cl^-}^{IV} - \mu_{AgCl}^{V} - \frac{1}{2}\mu_{H_2}^{III} \tag{3.40}$$

を得る．右辺の$\tilde{\mu}_{H^+}^{IV}$と$\tilde{\mu}_{Cl^-}^{IV}$との和はイオンの電気化学ポテンシャルの定義(式3.5)を思いだせば，それらの化学ポテンシャルの和に等しくなることがわかる．したがって，右辺は式(3.37)で表される電池反応のギブズエネルギーΔGに相当する．また，左辺は電子の電気化学ポテンシャルの定義(式3.3)から，

$$\tilde{\mu}_e^{I'} - \tilde{\mu}_e^{I} = \mu_e^{I'} - F\phi^{I'} - \left(\mu_e^{I} - F\phi^{I}\right) = -F\left(\phi^{I'} - \phi^{I}\right) \tag{3.41}$$

となる．国際的な規約により，電池の**起電力**(electromotive force)は，電池の表式において左側の電極に対する右側の電極の電位として定義されている．したがって，式(3.34)で表されるハーンド電池の起電力Eは

* 単体の電池をcell，組電池をbatteryと呼ぶという定義もあるが，最近では両者の区別はなく，実用的な電池ではbatteryと呼ばれていることが多い．ただし，燃料電池だけはfuel cellが一般的である．

$$E \equiv \phi^{I'} - \phi^{I} \tag{3.42}$$

で表される．

以上の考察により，次式を得る．

$$E = -\frac{\Delta G}{F} \tag{3.43}$$

この式から明らかなように，電池は化学エネルギーを電気エネルギーに変換する装置であるといえる．

ハーンド電池の起電力の濃度依存性はつぎのようにして求められる．先に求めたように，水素電極と銀-塩化銀電極の平衡電極電位は，それぞれ式 (3.32) および式 (3.28) で与えられる．したがって，起電力は次式で与えられる．

$$E = E_{\mathrm{Ag/AgCl}} - E_{\mathrm{SHE}}$$

$$= \left(E^\circ_{\mathrm{Ag/AgCl}} - \frac{RT}{F} \ln a^{\mathrm{IV}}_{\mathrm{Cl}^-}\right) - \left(E^\circ_{\mathrm{SHE}} - \frac{RT}{2F} \ln \frac{p^{\mathrm{III}}_{\mathrm{H}_2}}{\left(a^{\mathrm{IV}}_{\mathrm{H}^+}\right)^2}\right) \tag{3.44}$$

ここで，$E^\circ_{\mathrm{Ag/AgCl}}$ および E°_{SHE} はそれぞれ式 (3.29) と式 (3.33) で与えられる．したがって，

$$E = E^\circ - \frac{RT}{F} \ln \frac{a^{\mathrm{IV}}_{\mathrm{H}^+} a^{\mathrm{IV}}_{\mathrm{Cl}^-}}{\left(p^{\mathrm{III}}_{\mathrm{H}_2}\right)^{1/2}} \tag{3.45}$$

の関係が得られる．ただし，E° は**標準起電力** (standard electromotive force) と呼ばれ，この場合，次式で与えられる．

$$E^\circ = -\frac{\left(\mu^{\mathrm{VI}}_{\mathrm{Ag}} + \mu^{\circ,\mathrm{IV}}_{\mathrm{H}^+} + \mu^{\circ,\mathrm{IV}}_{\mathrm{Cl}^-} - \mu^{\mathrm{V}}_{\mathrm{AgCl}} - \frac{1}{2}\mu^{\circ,\mathrm{III}}_{\mathrm{H}_2}\right)}{F} \tag{3.46}$$

一般に，n 個の電子の関与する電池反応，

$$a\mathrm{A} + b\mathrm{B} + \cdots \longrightarrow l\mathrm{L} + m\mathrm{M} + \cdots \tag{3.47}$$

について，つぎの関係が成立する．

$$\boxed{E = -\frac{\Delta G}{nF}} \tag{3.48}$$

この関係は電気化学の最も基本的な関係式であるといってよい．さらに，つぎの関係が成立する．

$$\boxed{E = E^\circ - \frac{RT}{nF} \ln \frac{a_{\mathrm{L}}^l \, a_{\mathrm{M}}^m \cdots}{a_{\mathrm{A}}^a \, a_{\mathrm{B}}^b \cdots}} \tag{3.49}$$

$$E° = -\frac{\Delta G°}{nF}$$
$$= -\frac{(l\mu_L° + m\mu_M° + \cdots - a\mu_A° - b\mu_B° - \cdots)}{nF} \tag{3.50}$$

式(3.49)はネルンスト式*と呼ばれることもあるが，電池の起電力(正極と負極の平衡電極電位の差)が活量の対数に依存することを示したものである．

* 本来，ネルンストが提唱した式は，平衡電極電位を表す式(3.14)である．

3.4.2 液々界面を含む電池

実際の多くの電池は異なった組成の溶液が接する界面(液々界面)を含む．一例として，有名な**ダニエル電池**(Daniell cell)を図3.7に示す．素焼の板な

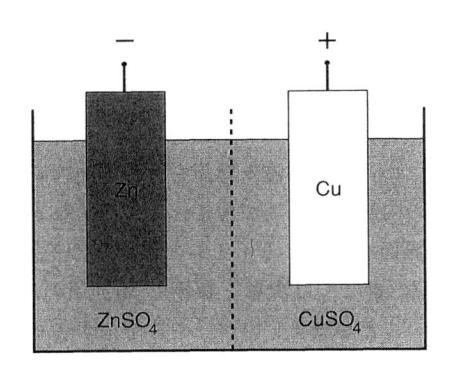

図3.7 ダニエル電池

どで隔てられた容器に硫酸亜鉛と硫酸銅の水溶液を入れ，それぞれに亜鉛板と銅板を浸してある．起電力を測定するために二つの電極に同じ導線を接続したことを想定すると，この電池はつぎのように表せる．

$$\begin{array}{cccccc} Cu & | & Zn & | & Zn^{2+} & | & Cu^{2+} & | & Cu & | & Cu \\ I & & II & & III & & IV & & V & & I' \end{array} \tag{3.51}$$

ここで，¦で示された液々界面では，イオンによる電導性はあるが，実際上，両側の溶液組成は変化しないものとする．

それぞれの電極の電極反応は以下のとおりである．

亜鉛極：　$Zn^{2+} + 2e^- \rightleftharpoons Zn$ (3.52)

銅　極：　$Cu^{2+} + 2e^- \rightleftharpoons Cu$ (3.53)

付表2を見ると，銅極で起こる電極反応の標準電位のほうが亜鉛極よりも正であるので，この電池では銅極が正極(陰極)，亜鉛極が負極(陽極)となる．閉回路*にすると，銅極では式(3.53)の正反応(還元反応)が起こり，亜鉛極では式(3.52)の逆反応(酸化反応)が起こる．したがって，ダニエル電池の電

* 正極と負極の間にモーターや電球などの負荷をつなげた状態．反対に，開回路はつなげない状態(または無限大の負荷をつなげた状態)．

池反応はつぎのように書ける．

$$Zn + Cu^{2+} \longrightarrow Zn^{2+} + Cu \tag{3.54}$$

開回路では電気化学的平衡にあり，そのときの起電力は以下のようにして得られる．亜鉛極側の平衡電極電位は，式(3.26)から，

$$E_{Zn/Zn^{2+}} = \phi^{I} - \phi^{III} = E^{\circ}_{Zn/Zn^{2+}} + \frac{RT}{2F} \ln a^{III}_{Zn^{2+}} \tag{3.55}$$

のように書ける．銅極側の平衡電位も同様にして，

$$E_{Cu/Cu^{2+}} = \phi^{I'} - \phi^{IV} = E^{\circ}_{Cu/Cu^{2+}} + \frac{RT}{2F} \ln a^{IV}_{Cu^{2+}} \tag{3.56}$$

で与えられる．したがって，式(3.51)の電池の両極間の電位差は次式で表される．

$$\phi^{I'} - \phi^{I} = \left(E^{\circ}_{Cu/Cu^{2+}} - E^{\circ}_{Zn/Zn^{2+}}\right) - \frac{RT}{2F} \ln \frac{a^{III}_{Zn^{2+}}}{a^{IV}_{Cu^{2+}}} + \left(\phi^{IV} - \phi^{III}\right) \tag{3.57}$$

この式の右辺第一項と第二項を合わせたものは，式(3.54)の電池反応の起電力 E に相当する．このように，液々界面を含む電池の両極間の電位差には二つの溶液相IIIとIVの内部電位の差が含まれることになる．これを**液間電位**という．液間電位は界面を移動するイオンの移動度の差によって生じるので，**拡散電位**と呼ばれる（詳しくは次章を参照）．電池系の起電力を論じる場合，液間電位を含まないことが望ましいが，やむをえず液々界面を含めなければならないことが多い．しかし，液間電位を理論的に補正することは一般に困難であるので，実験的に小さくする工夫をするのが望ましい．それには，つぎの二つの手段がある．

① 多量の無関係電解質を共存させる方法：相接する二つの溶液相に目的の電解質のほかに別の電解質を高濃度に加える．この場合，加える電解質は電極反応には何の関与もしないことが必要で，このような電解質のことを**無関係電解質**(indifferent electrolyte)または**支持電解質**(supporting electrolyte)という．これによって，液間電位を小さくすることができる．

② 塩橋を用いる方法：たとえば，塩化カリウムの濃厚水溶液（飽和溶液など）を寒天のようなものでゲル化してつくる**塩橋***(salt bridge)によって，二つの溶液相をつなぐ方法である．K^+ と Cl^- の移動度がほぼ等しいため，塩橋と溶液相との間の液間電位が非常に小さくなる（次章参照）．また，塩橋の両側の液間電位の符号が逆転して互いにある程度相殺する効果もある．

* 電解質水溶液 100 ml に 3 g の寒天（および 3 g のゼラチン）を加えて湯浴上で溶解し，内径 5 mm 程度のガラス製のU字管に満たして 5 分間ほど放置する．

3.5 実用電池

ポータブル機器の急速な普及にともない，それぞれの機器の用途，形状，機能に合わせた多種多様の電池がつくられている．市販されている実用電池を大きく分類すると，放電のみを行い，使い捨て型の**一次電池**(primary battery)

いろいろな電池
(a) 一次電池（マンガン乾電池）
(b) 二次電池（リチウムイオン電池）
（松下電池工業㈱提供）

ならびに放電と充電を繰り返して行うことのできる**二次電池**（secondary battery あるいは rechargeable battery）に分けられる．かつては，二次電池の容量密度およびエネルギー密度が一次電池に比べるとはるかに劣っており，また繰り返しの使用に対して耐久性があまりよくなかったことから一次電池が主流であった．しかし，経済性，環境保全の観点から二次電池を用いることの要求が高まり，二次電池の改良および新規開発が積極的に行われ，現在では二次電池も数多くのポータブル機器に用いられるようになった．一方，化学エネルギーを電気エネルギーに高い効率で変換する電池として**燃料電池**（fuel cell）があり，おもに工業的発電機関として開発されている．表 3.1（p.45）に，代表的な一次電池と二次電池をまとめて示した．それぞれの電池について，正極と負極の反応，作動電圧，ならびにエネルギー密度を記した．

3.5.1 電池特性

電池に電流を流さずに測定する電池の起電力（開回路電圧）は，前節で説明したようにネルンスト式によって決定される値であり，実用電池の場合もほぼその値になる．しかし，実際に電池を作動（放電）させて電池内に電流が流れると，電池の電圧（作動電圧）は開回路電圧より小さくなる．放電を行うと電池活物質の反応が起こり，放電電流を大きくするとその反応速度が大きくなる．しかし，6.2.2 項で説明するように，電極反応において十分な反応速度を得るためには電極電位を平衡電位よりもある程度ずらさなければならない．電気分解の場合は，負極と正極の間の印加電圧を大きくすることによって電解電流を増加させるが，電池の場合，放電電流を大きくすればするほど作動電圧は小さくなってしまう．このような原因で起こる開回路電圧からの電圧

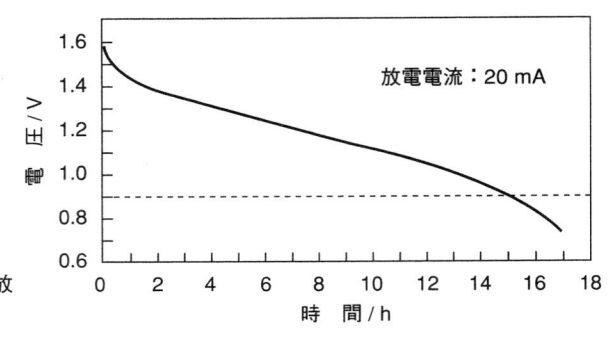

図3.8 アルカリ乾電池の放電曲線

のずれを電池の**過電圧**（overvoltage または overpotential）と呼ぶ．なお，電流の増大によって電解質内のイオンの移動速度も大きくなるが，その抵抗成分による**オーム損**（*IR* 降下）を生じることによっても起電力の低下がもたらされる．

一方，連続的な放電によっても電池の電圧は低下するが，これも電池の重要な特性の一つである．図3.8は，アルカリ乾電池に20 mAの一定電流[*1]を通電して放電させたときの電圧変化であり，このようなグラフを**放電曲線**と呼ぶ．二次電池の場合は，充電するときの電圧変化も調べることによって充電の際の電池特性が評価される．

電池の重要な特性の一つである"容量"は，通常アンペア・アワー（Ah）という単位で示される．1Ahとは，1Aの電流を1時間通電したときの電気量，すなわち3600 Cに相当する．そして，容量を重量当たり，ならびに体積当たりに換算したものを**重量容量密度**（Ah kg^{-1}）および**体積容量密度**（Ah dm^{-3}）と呼ぶ．単体の活物質の理論的な容量および容量密度は，それぞれの活物質の電気化学反応に基づいて算出することができる．

たとえばマンガン乾電池の場合，正極のMnO$_2$ 2 mol（173.9 g）当たり2 Fの電気量が取りだすことができるので，容量は 2 × 96 500 / 3600 = 53.6 Ahとなり，重量容量密度は308 Ah kg^{-1}になる．負極のZnでは，1 mol（65.4 g）で53.6 Ahの容量が得られ，重量容量密度は820 Ah kg^{-1}となる．そして，正極と負極の容量が同一になるように電池を組み立てた場合，活物質全体の重量容量密度は53.6 × 1000 /（173.6 + 65.4）= 224 Ah kg^{-1}となる．

容量密度に電池の電圧をかけ合わせたものを**エネルギー密度**と呼び，重量当たり，ならびに体積当たりの単位はそれぞれWh kg^{-1}，Wh dm^{-3}である．未使用のマンガン乾電池の開回路電圧は1.6 Vなので，この値を上記の活物質全体の重量容量密度とかけ合わせると，重量エネルギー密度は358 Wh kg^{-1}と求まる．しかし，この値はあくまでも活物質のみの理論値であり，実用電池の特性を直接的には示していない[*2]．

実用電池の特性は，実際に電池を作動させて測定した値をもとに算出する．図3.8に示した電池の場合，15.3時間の放電によって電圧が0.9 Vに低下しており，その電圧になるまでが使用可能な範囲であるとすると，電池の容量は

[*1] 電池の放電電流を一定にするには，電池に可変抵抗をつなぎ，電池の出力電圧の低下に応じて抵抗値を徐々に小さくすればよいが，実際にはこれを自動的に行うガルバノスタットという装置を用いる．

[*2] ある材料で理論的に求められる容量密度やエネルギー密度の値は，その材料を用いて組み立てられる電池の究極的な最大値である．実際の実用電池の特性値は電池を組み立ててからしか求めることができないが，より高い容量密度やエネルギー密度の電池を開発するための研究段階において，理論的な値は材料の選別を行うための重要なパラメータとなる．

表 3.1 代表的な一次電池と二次電池

	名称	反応式[a]	作動電圧	エネルギー密度[b]	
				Wh kg^{-1}	Wh dm^{-3}
一次電池	マンガン乾電池	負極：$Zn \rightarrow Zn^{2+} + 2e^-$ 正極：$2MnO_2 + 2H_2O + 2e^- \rightarrow 2MnOOH + 2OH^-$ 電解液：$Zn^{2+} + 2NH_4Cl + 2OH^- \rightarrow Zn(NH_3)_2Cl_2 + 2H_2O$ 全反応：$2MnO_2 + Zn + 2NH_4Cl \rightarrow 2MnOOH + Zn(NH_3)_2Cl_2$	$1.5 \sim 0.9$ V[c]	45～85	100～190
	アルカリ乾電池	負極：$Zn + 2OH^- \rightarrow Zn(OH)_2 + 2e^-$ 正極：$MnO_2 + 2H_2O + 2e^- \rightarrow Mn(OH)_2 + 2OH^-$ 全反応：$MnO_2 + Zn + 2H_2O \rightarrow Mn(OH)_2 + Zn(OH)_2$	$1.5 \sim 0.9$ V[c]	70～120	200～350
	水銀電池	負極：$Zn + 2OH^- \rightarrow ZnO + H_2O + 2e^-$ 正極：$HgO + H_2O + 2e^- \rightarrow Hg + 2OH^-$ 全反応：$HgO + Zn \rightarrow Hg + ZnO$	1.3 V	105～120	535～610
	酸化銀電池	負極：$Zn + 2OH^- \rightarrow ZnO + H_2O + 2e^-$ 正極：$Ag_2O + H_2O + 2e^- \rightarrow 2Ag + 2OH^-$ 全反応：$Ag_2O + Zn \rightarrow 2Ag + ZnO$	1.5 V	85～95	400～440
	空気電池	負極：$2Zn + 4OH^- \rightarrow 2ZnO + 2H_2O + 4e^-$ 正極：$O_2 + 2H_2O + 4e^- \rightarrow 4OH^-$ 全反応：$2Zn + O_2 \rightarrow 2ZnO$	1.2 V	240～320	800～1100
	リチウム電池 (二酸化マンガンリチウム電池)	負極：$Li \rightarrow Li^+ + e^-$ 正極：$MnO_2 + Li^+ + e^- \rightarrow LiMnO_2$ 全反応：$MnO_2 + Li \rightarrow LiMnO_2$	$3 \sim 2.5$ V[c]	180～360	350～700
二次電池	鉛蓄電池	負極：$Pb + SO_4^{2-} \rightleftharpoons PbSO_4 + 2e^-$ 正極：$PbO_2 + 4H^+ + SO_4^{2-} + 2e^- \rightleftharpoons PbSO_4 + 2H_2O$ 全反応：$Pb + PbO_2 + 2SO_4^{2-} + 4H^+ \rightleftharpoons 2PbSO_4 + 2H_2O$		28～41	48～70
	ニッケル・カドミウム蓄電池	負極：$Cd + 2OH^- \rightleftharpoons Cd(OH)_2 + 2e^-$ 正極：$2NiOOH + 2H_2O + 2e^- \rightleftharpoons 2Ni(OH)_2 + 2OH^-$ 全反応：$2NiOOH + Cd + 2H_2O \rightleftharpoons 2Ni(OH)_2 + Cd(OH)_2$	$1.4 \sim 1.0$ V[c]	27～42	90～140
	ニッケル水素電池	負極[d]：$MmNiH + OH^- \rightleftharpoons MmNi + H_2O + e^-$ 正極：$NiOOH + H_2O + e^- \rightleftharpoons Ni(OH)_2 + OH^-$ 全反応：$MmNiH + NiOOH \rightleftharpoons MmNi + Ni(OH)_2$	$1.4 \sim 1.0$ V[c]	50～70	160～220
	リチウムイオン電池	負極[e]：$LiC_6 \rightleftharpoons C_6 + Li^+ + e^-$ 正極：$CoO_2 + Li^+ + e^- \rightleftharpoons LiCoO_2$ 全反応：$LiC_6 + CoO_2 \rightleftharpoons C_6 + LiCoO_2$	$4.2 \sim 3.0$ V[c]	75～100	180～240

a) 二次電池の場合、右方向の矢印が放電を、左方向の矢印が充電を示す。b) 形状寸法、放電電流により変化する。c) 放電の進行とともに低下する。d) Mm はミッシュメタル（本文参照）. e) LiC$_6$ の C は炭素材料 (グラファイトなど) を意味している。

$0.02\,\text{A} \times 15.3\,\text{h} = 0.306\,\text{Ah}$ と求まる．エネルギー密度を求める際は，放電とともに電圧が低下するので，通常，平均電圧を用いる（図3.8の場合，約1.2 V）．実用電池には，活物質以外に電解液，集電体（電極），正極と負極を接触させないための多孔性セパレータなどがケースに組み込まれているため，電池全体の重量または体積から容量密度やエネルギー密度が求められている．したがって，電池を構成するための材料の種類や用いる量，またそれらの充填方法の違いなど，さまざまな要因によって値が変化する．表3.1のマンガン乾電池の重量エネルギー密度が上記の理論的な値よりも大きく下回っていることや，それぞれの電池の特性値が範囲で示されていることは，そのような理由による．

3.5.2 一次電池

一次電池のなかで最も普及しているのが**マンガン乾電池**（manganese dry battery）であり，その構造は図3.9のようになっている．正極の炭素電極の周

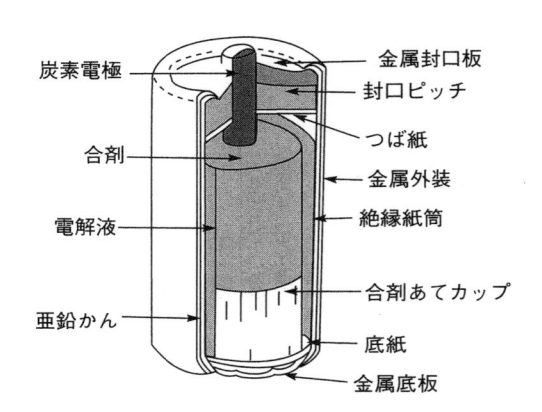

図3.9 マンガン乾電池の構造
〔喜多英明，魚崎浩平著，「電気化学の基礎」，技報堂（1983），p.95より転載〕

りに接触している合剤のなかに，二酸化マンガンが炭素粉とともに塩化アンモニウム水溶液で練り込まれている．負極は亜鉛板であり，塩化アンモニウムと塩化亜鉛の混合水溶液に接している．したがって，この電池の構成はつぎのように表される．

$$\text{Zn} \mid \text{ZnCl}_2,\ \text{NH}_4\text{Cl} \mid \text{MnO}_2 \mid \text{C} \tag{3.58}$$

表3.1に示すように正極，負極の反応とともに，電解液でも反応が起こる．この電解液の反応が不可逆であるため，放電後に再充電することができない．かつては水素発生をおさえるために亜鉛に水銀を添加していたが，それに代わる添加剤が開発されたことや亜鉛の純度を調整することによっても水素発生をおさえることができるようになったので，現在市販されている乾電池には水銀はまったく使用されていない．

マンガン乾電池は $\text{Mn}^{4+} + e^- \rightarrow \text{Mn}^{3+}$ の還元反応を正極反応に利用しているが，マンガンはアルカリ溶液中では $\text{Mn}^{4+} + 2e^- \rightarrow \text{Mn}^{2+}$ の反応を示し，同

じ量の二酸化マンガンでより多くの電気エネルギーを取りだすことができる．このことを利用したのが**アルカリ乾電池**（alkaline dry battery，別称：アルカリマンガン電池）である．正極，負極ともにマンガン乾電池とまったく同じであるが，電解液に 7～10 M KOH を用いてつぎのような構成となっている．

$$Zn\,|\,KOH\,|\,MnO_2\,|\,C \tag{3.59}$$

強アルカリ溶液は人体に有害であるため，電解液が漏れると危険である．これを防止できる電池の密封技術が確立され，アルカリ乾電池が実用化された．反応は単純に記述すると表3.1に示したようになるが，実際には複雑な反応が起こっており，まだ不明な点もある．負極の亜鉛の酸化反応は不可逆的に起こるため，この電池も充電することはできない．また無理に充電しようとすると発熱などによって容器の密閉性が劣化し，アルカリ水溶液が漏れてきわめて危険であるため，禁止されている．エネルギー密度はマンガン乾電池よりも大幅に向上しており，徐々にマンガン乾電池と置き換わるようになってきた．

水銀電池（mercury battery）は HgO に 5～10 wt% の黒鉛粉末を混ぜたものを正極に用い，

$$Zn\,|\,KOH\,|\,HgO, C \tag{3.60}$$

という構成になっている．すなわち，負極と電解液はアルカリ乾電池と同じであり，完全密封されている．この電池の特徴は，放電する際，電導性のある水銀を生成するため電極反応がスムーズに進行しやすく，電圧変化が小さいことである．その特徴を生かして精密機器の電源として広く用いられたが，環境問題の視点から現在は特殊用途を除いて使用ならびに製造は中止されている．

酸化銀電池（silver oxide battery）は Ag_2O 粉末に 2～7 wt% の黒鉛を混合したものを正極に用い，負極および電解液はアルカリ乾電池と同じである．

$$Zn\,|\,KOH\,|\,Ag_2O, C \tag{3.61}$$

この電池も水銀電池と同様に放電電圧が平坦で安定しており，またエネルギー密度も大きい．したがって，いろいろな形状の電池が作製されて，カメラや時計をはじめとするさまざまな精密機器や電子機器の電源として使われたが，銀地金の価格が一時的に急騰したため酸化銀電池の価格が高価になった時期があり，それ以来ボタン形のアルカリ乾電池やリチウム電池に置き換えられるようになった．

空気電池（air battery）はアルカリ乾電池の正極活物質である二酸化マンガンを空気に置き換えた電池である．構成は

$$Zn\,|\,KOH\,|\,O_2\,(C) \tag{3.62}$$

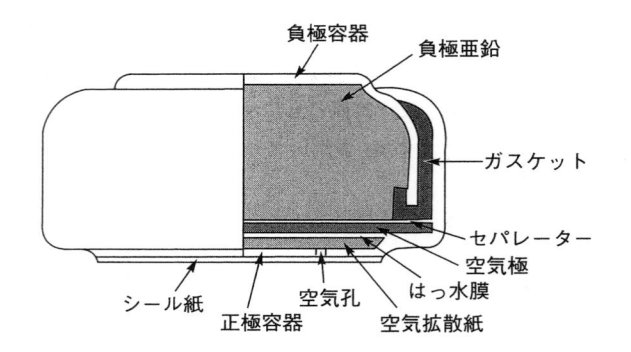

図 3.10 空気電池の構造
〔電池便覧編集委員会編，「電池便覧」，丸善
(1990)，p.153 より転載〕

と表すことができ，そのボタン形電池の構造を図3.10に示す．空気側には漏液を防ぐ多孔性の発水膜と銀，マンガン，コバルトなどの触媒を付着させたカーボン粉末の空気極（正極触媒層）がある．そして空気が空気極で水に還元される反応が正極反応となる．固体の正極活物質が必要でないので，エネルギー密度はほかの電池に比べて非常に大きくなるのがこの電池の最大の特徴である．しかし，いったん空気孔を開放すると，使用していなくても電解液の蒸発や，大気中の炭酸ガスとKOHとの反応などの理由で電池特性が劣化する．したがって，連続して用いる補聴器などの電源としておもに用いられている．

上述の一次電池はすべて亜鉛負極と水溶液の電解液が用いられている．それに対して，リチウム金属を負極に用いた**リチウム電池**(lithium battery)が開発された．リチウム金属（原子量6.94）の酸化反応（$Li \rightarrow Li^+ + e^-$）を電極の負極反応に用いた場合，電極の重量当たりの容量密度は 3860 Ah kg^{-1} と亜鉛の容量密度（820 Ah kg^{-1}）よりもはるかに大きい．また標準電極電位は -3.03 V vs. NHE と金属中で最も負の電位であるため，適当な正極活物質と組み合わせると約3 Vの電池ができる．

$$Li \,|\, LiBF_4\,(PC + DME) \,|\, MnO_2 \text{ または } (CF)_n \tag{3.63}$$

つまり，亜鉛を負極に用いる電池に比べて，容量密度およびエネルギー密度ともに数段優れた電池を作製できる．しかし，Li金属は水と容易に反応するため，電解液には有機溶媒を用いる必要性がある．代表的な溶媒は炭酸プロピレン(PC)と1,2-ジメトキシエタン(DME)の混合溶媒であり，LiBF$_4$などのリチウム塩が電解質に用いられる．正極活物質としては，二酸化マンガンやフッ化黒鉛〔$(CF)_n$〕が使われており，これらの材料は還元すると結晶中にLi$^+$が挿入される．したがって，放電反応は，見かけ上Li$^+$が負極から正極へと移動するという，シンプルなものとなる．

3.5.3 二次電池

二次電池として最もポピュラーなものは，自動車のバッテリーとして用いられている**鉛蓄電池**（lead storage battery）である．構造を図3.11に示す．複数の二酸化鉛（正極板）と鉛（負極板）の電極対を直列に並べて用いられており，一つの電極対の構成はつぎのように表される．

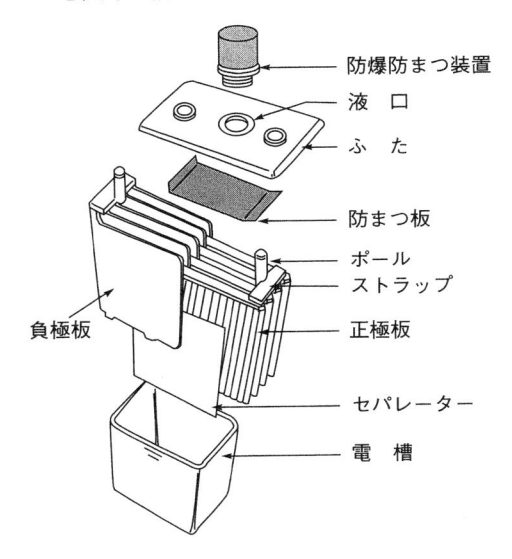

図3.11 鉛蓄電池の構造
〔電池便覧編集委員会編，「電池便覧」，丸善（1990），p.188 より転載〕

$$Pb\,|\,H_2SO_4\,|\,PbO_2 \tag{3.64}$$

電解液は硫酸水溶液（比重1.2）である．放電によって両極上に $PbSO_4$ が生成し，充電によって Pb と PbO_2 にもどる．数百回以上の充放電を安定に行うことができ，きわめて信頼性の高い実用的二次電池であるといえる．

ニッケル・カドミウム蓄電池（nickel-cadmium storage battery）は，小型の二次電池として最初に実用化された．公称電圧は 1.2 V と，乾電池よりも少し低い値であるが，おおかたの電子機器はその電圧でも作動するので，乾電池の代わりに用いる二次電池としていろいろな形状のものが作製されている．また，この電池を内蔵したひげ剃りや携帯ランプなどもつくられている．

$$Cd\,|\,KOH\,|\,NiOOH \tag{3.65}$$

この電池の反応は鉛蓄電池とは異なり，電解質が反応に関与しないので電解液の濃度がほとんど変化しない．このことが電池を安定に作動させる要因の一つとなっている．

ニッケル・カドミウム蓄電池のカドミウム負極の代わりに水素吸蔵合金を負極に用いて作製されたのが，**ニッケル・水素蓄電池**（nickel‐hydrogen storage battery）である．充電時には負極でプロトンの水素への還元反応が起こり，生成した水素は水素吸蔵合金中に蓄えられる．そして放電時には，吸蔵された水素を酸化してプロトンとして電解液中に放出するという反応が起こる．

コラム　電気自動車

電気自動車の歴史は19世紀の終わりまでさかのぼり，ガソリン車とほぼ同時期に開発され，実用化されていた．当時は電気自動車のほうがガソリン車よりもスピードは速かったが，その後，エンジンの技術が飛躍的に進歩し，電気自動車のモーターよりもはるかに優れたものとなり，現在のようなガソリン車中心の車社会ができあがった．しかし，1960年のなかば頃から大気汚染が問題視されるようになり，その原因の一つとして自動車の排気ガスがあげられ，電気自動車への関心が再び高まった．アメリカのなかで，大気汚染が最も深刻化しているカリフォルニア州で低公害車を導入する計画が1996年に立法化された．そして，低公害車を表に示すように四種類に分類して，段階的に導入台数を増やすことが自動車メーカーに勧告された．このなかのゼロ排出車がすなわち**電気自動車**（Electric Vehicle：EVと略称される）である．このカリフォルニア州の立法化を契機にして，全世界で実用的なEVの開発を行う研究が活発に行われるようになった．

二次電池で動くEVの場合，現行の自動車に置き換えるためには，エネルギー密度：200 Wh kg^{-1}, 300 Wh dm^{-3}，寿命：1000サイクル以上，10年以上などの性能をもつ電池の開発が要求されている．鉛蓄電池，ニッケル水素電池，リチウムイオン電池などを用いた電気自動車が各自動車メーカーで試作されているが，表3.1と上記の要求性能とを比較すれば明かなように，実用的な電気自動車を作製するためには，電池に関して克服しなければならない課題が山積みであるというのが現状である．

一方，ゼロ排出車の前段階として，二次電池と燃料の両方を搭載するハイブリッド車の開発が進み，ニッケル・水素蓄電池を使った自動車が市販されるようになった．一定速度の運転時や減速時にエンジンによって電池を充電し，発進および加速時に電池のエネルギーを利用することによって，エンジンの回転数が急激に変化することを避けることができる．したがって，エンジンは常にエネルギー変換効率がほぼ最大となるように保たれるので，燃料消費ならびに有害ガスの排出量は通常のガソリン自動車より低減することになる．

EVの電源として，燃料電池を用いることも検討されている．たとえば酸素－水素燃料電池を用いることができれば走行時に排出されるのは水なので，これもゼロ排出車となる．水素ガスを燃料に用いることの危険性や，燃料電池の小型化，高効率化などの課題があるが，徐々に解決しつつあり，試作車がつくられる段階にまでなった．

ガソリン自動車をEVに置き換えていくことは，環境問題ならびに化石燃料の枯渇という両面から，将来的には絶対に必要となることである．上記のようにさまざまな課題があるが，開発研究が進んで早期の実現を期待したいものである．

低公害車の分類（単位：g／マイル）

車種	HC排気量	CO排気量	NO$_x$排気量
移行期低排出車 TLEV (Trasition Low Emission Vehicle)	0.125	3.4	0.4
低排出車 LEV (Low Emision Vehicle)	0.075	3.4	0.2
超低排出車 ULEV (Ultra Low Emission Vehicle)	0.040	1.7	0.2
ゼロ排出車 ZEV (Zero Emission Vehicle)	0.0	0.0	0.0
参考：現行自動車	0.39	7.0	0.4

起電力はニッケル・カドミウム電池と同じであるので，ニッケル・カドミウムの代替電池として使うことができる．水素吸蔵合金としては，LaNi$_5$ やMmNi$_5$*などいろいろな合金が用いられており，いずれの合金においても容量密度はカドミウム金属より大きく，MmNi$_5$を負極に用いた蓄電池のエネルギー密度はニッケル・カドミウム蓄電池のそれより1.6倍程度となる．したがって，カドミウムを用いることの環境問題も視点に入れて，徐々にニッケル・カドミウム蓄電池からニッケル・水素電池へ転換されるようになってきた．最近では，電気自動車およびハイブリッド自動車用の電源として用いられるようになってきた．

　二次電池においても容量密度の大きいリチウム金属を負極に用いる研究が行われている．しかし，一次電池のように有機溶媒を用いた電解液中で充電を行うと，リチウム金属表面にデンドライトと呼ばれる針状のリチウム金属が析出し，充放電サイクルを繰り返すと急速に容量が低下する．それをおさえるためにリチウム金属の合金を用いるなどの研究が行われているが，まだ解決するに至っていない．

　一方，グラファイトなどの炭素材料を負極に用いると，リチウムの標準電極電位よりも少し正側の電位で酸化還元反応を示し，充電(還元)時にリチウムイオンが層間に挿入し，放電(酸化)時にそれが放出されるということが見いだされた．それと正極活物質としてLiCoO$_2$を組み合わせた**リチウムイオン電池**(lithium ion battery)が作製され，市販されるようになった．公称電圧は4Vと高く，エネルギー密度も大きいので携帯電話を初めとするいろいろなポータブル電子機器用の電源として幅広く用いられている．

* Mmはセリウム族希土類元素の混合物で，ミッシュメタルと呼ばれる．

3.5.4　燃料電池

　燃料電池は，水素，メタノール，天然ガスなどの燃料を改質して得られる水素を，燃焼してエネルギーを得る代わりに，電気化学的に反応させることによって直接的に発電させる機関である．したがって，電池という名前がついているが，発電システムとして考えるほうが理解しやすい．

　図3.12にリン酸水溶液を電解液とする**酸素－水素燃料電池**の原理図を示す．電解液が二つの多孔性電極によってはさまれており，各電極にはそれぞれ水素ガスと空気(酸素)が供給される．負極では，水素ガスが電極上に存在する触媒(白金粒子など)に接触してH$^+$に酸化される．生成したH$^+$が電解液中を拡散して，正極の酸素ガスと反応して水が生成する．それぞれの電極での反応式および全体の反応式はつぎのようになる．

$$\text{負極:} \quad H_2 \longrightarrow 2H^+ + 2e^- \tag{3.66}$$

$$\text{正極:} \quad \frac{1}{2}O_2 + 2H^+ + 2e^- \longrightarrow H_2O \tag{3.67}$$

$$\text{全反応:} \quad H_2 + \frac{1}{2}O_2 \longrightarrow H_2O \tag{3.68}$$

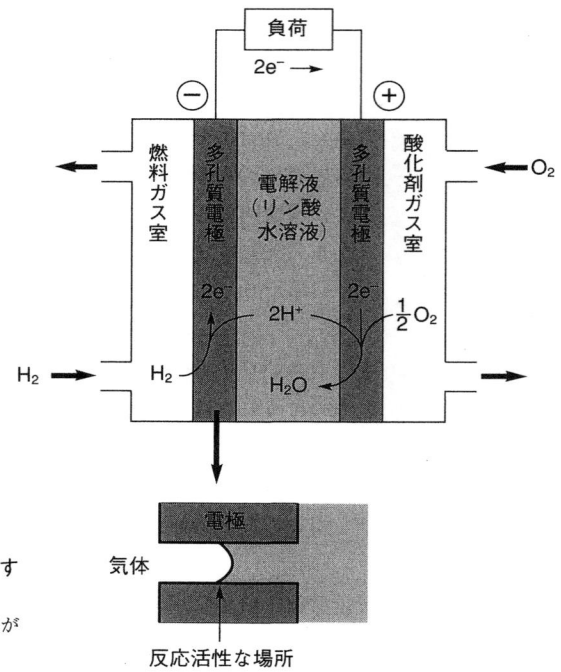

図3.12 リン酸水溶液を電解液とする酸素−水素燃料電池の原理図
電極反応は電極，電解液，気体の3相が共存するメニスカス部分で進行する．

理論的な起電力は 1.23 V となる．全反応は水素の燃焼の反応式と同じであり，燃料電池はこの反応を酸化と還元に分けることによって発電している．

燃料から熱エネルギーを得て，それを熱機関によって仕事エネルギーや電気エネルギーに変換するときの変換効率(η)の最大値は，熱力学のカルノー・サイクルにおける高熱だめ（温度 T_H）と低熱だめ（温度 T_L）の温度のみで決定され，$\eta = (T_H - T_L)/T_H$ となることが証明されている．しかし，熱機関を用いず，化学エネルギーを直接電気エネルギーに変換する燃料電池の場合はそのような制約を受けない．3.4節で説明したように，電気化学反応では原理的には ΔG をすべて電気エネルギーに変換できる．

物質の燃焼によって得られるエネルギーは ΔH（エンタルピー変化）であるが，両者にはつぎの関係式が成り立つ．

$$\Delta G = \Delta H - T\Delta S \tag{3.69}$$

（T：絶対温度，ΔS：エントロピー変化）

燃料電池の場合，エネルギー変換の最大効率（理論効率：ε）は，

$$\varepsilon = \frac{\Delta G}{\Delta H} = \frac{(\Delta H - T\Delta S)}{\Delta H} \tag{3.70}$$

となり，$T\Delta S$ のみが変換における損失分となる．酸素−水素燃料電池を 25℃ で運転したときの式 (3.68) に示す反応の ΔH および ΔG の値はそれぞれ -285.83 kJ mol^{-1}, -237.13 kJ mol^{-1}（H$_2$O が液体の場合）なので，ε は 83.0 %

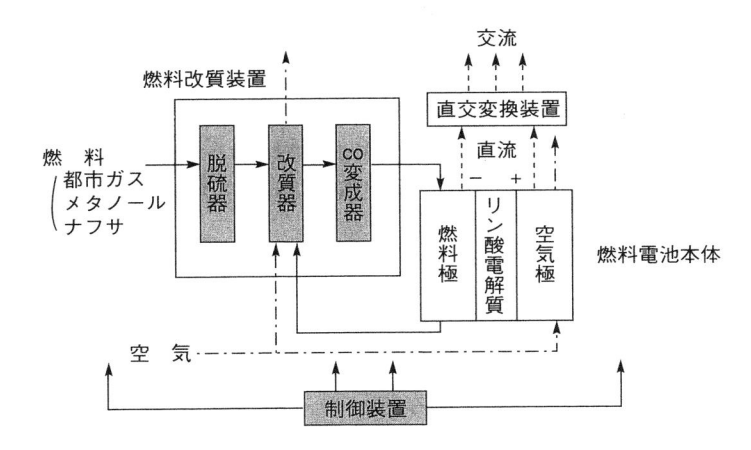

図3.13 リン酸型燃料電池を用いた発電システムの基本構造
〔電池便覧編集委員会編,「電池便覧」, 丸善 (1990), p.357 より転載〕

と高い値となる．熱機関で同じ効率を得るには，1455℃の高熱だめ[*1]と25℃の低熱だめが必要となる．実際に運転を行った場合には過電圧などの影響により効率が低下するが，現在開発されている燃料電池のなかには約70％の効率[*2]が得られているものもある．

実用的な燃料電池は，使用される電解質の種類によって分類され，リン酸型燃料電池 (phosphoric acid fuel cell)，溶融炭酸塩型燃料電池 (molten carbonate fuel cell)，固体電解質 (酸化物) 型燃料電池 (solid electrolyte fuel cell または solid oxide fuel cell)，アルカリ型燃料電池 (alkaline fuel cell)，固体高分子型燃料電池 (polymer electrolyte fuel cell) などがある．

リン酸型燃料電池は，高濃度のリン酸水溶液を電解液に用い，負極には天然ガスやメタノールなどを改質することで得られる水素を，正極には空気を供給し，約200℃に熱して発電を行う．発電システムの基本構成を図3.13に示す．燃料は脱硫された後，改質器でつぎの反応によって水素が主成分であるガスに改質される．

$$CH_4 + H_2O \longrightarrow CO + 3H_2 \tag{3.71}$$

$$CH_3OH \longrightarrow CO + 2H_2 \tag{3.72}$$

このとき生成するCOは電極の触媒を被毒させるため，CO変成器でつぎの反応によって二酸化炭素に変換される．

$$CO + H_2O \longrightarrow CO_2 + H_2 \tag{3.73}$$

電極には白金などの貴金属微粒子を担持したカーボンとフッ素樹脂の粒子でつくられた多孔性電極が用いられている．出力電圧は1セル当たり0.6〜0.8 Vと低いので，直列に数百のセルを積層して運転される．

[*1] 大型火力発電のボイラーの温度がせいぜい540〜560℃なので，この温度がいかに高いものかが理解できるであろう．

[*2] ほかの機関のエネルギー変換効率：水蒸気タービン 約40％，ディーゼル機関 約30％，ガソリン機関 約25％，太陽電池 約15％．

政府と民間との協力体制で大規模な発電システムの開発が行われ，50～200 kWの実用的な発電プラントが作製された．発電によるエネルギー変換効率は40％程度であるが，燃料の改質によって生成した熱を暖房や給湯などに利用すると，トータルとしてのエネルギー効率は50～60％程度にまで達する．燃料電池による発電システムを火力発電と比較した場合の利点として，

1）発電効率が高いので，CO_2の排出を抑制でき，環境問題の観点から優れている．
2）発電効率が設備の規模に影響されないので，小規模，大規模のさまざまな発電機をつくることができる．
3）電気と熱を同時に利用できる．
4）大気汚染物質（NO_x, SO_x）の排出量や騒音が少ない．

などがあげられる．

溶融炭酸塩型燃料電池は，まだ実用化には至っていないが，次世代の燃料電池として開発が進められている．電解質に溶融アルカリ炭酸塩を用い，約650℃の高温で運転される．炭酸塩としては，Li_2CO_3とK_2CO_3の共晶塩が用いられており，融点が491℃なので燃料電池の運転時には流体となっている．この流体を安定化するために，γ-$LiAlO_2$が混合されている．負極には水素，正極には酸素と二酸化炭素が供給され，それぞれの電極での反応は次式のように書ける．

$$負極：H_2 + CO_3^{2-} \longrightarrow H_2O + CO_2 + 2e^- \tag{3.74}$$

$$正極：CO_2 + \frac{1}{2}O_2 + 2e^- \longrightarrow CO_3^{2-} \tag{3.75}$$

$$全反応：H_2 + \frac{1}{2}O_2 \longrightarrow H_2O \tag{3.76}$$

式（3.66），（3.67）に示した，標準的な酸素-水素燃料電池に見られるプロトン移動による発電とは異なり，炭酸塩が電解質を移動するイオンとなっている．しかし，全反応は式（3.68）の反応と同じである．

固体高分子型燃料電池は，プロトンを輸送することのできるペルフルオロスルホン酸系カチオン交換膜*を電解質に用い，白金微粒子を担持した多孔質電極でその高分子膜をサンドイッチするという構造の燃料電池である．負極に水素を，正極に空気を供給すると，それぞれの極で式（3.66），（3.67）の反応が起こり，負極から正極へ高分子膜中を通してH^+が移動する．構造が簡単で，60～80℃の反応温度で安定な動作が得られることから，電気自動車用の電池として用いる研究が行われている．

以上，代表的な一次電池，二次電池，そして燃料電池を取りあげたが，ほかにもさまざまな電池がある．詳細についてはほかの書物を参照してほしい．

＊　下図の構造式をもつ高分子膜で，Nafion®，Aciplex®，Flemion®，Dow膜などの商品名で販売されている．

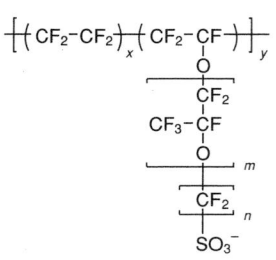

3.6 ポテンシオメトリーとイオン選択性電極

電池の起電力を測定して溶液中のイオンなどを定量する測定法を**ポテンシオメトリー**（potentiometry）と呼ぶ．そして，溶液（通常は水溶液）中の特定のイオンに選択的に応答する電極を**イオン（選択性）電極**（ion-selective electrode; ISE）または**イオンセンサー**（ion sensor）という．適当な参照電極と組み合わせて，次の(1)か(2)のような電池系を構成し，その起電力を測定する．

(1) 参照電極｜試料液｜感応膜｜内部液｜内部電極
　　　　　　　└──────イオン電極──────┘

(2) 参照電極｜試料液｜感応膜｜金属電極
　　　　　　　└───イオン電極───┘

図3.14に示すように，感応膜の種類によってガラス電極，固体膜電極，液体膜電極，高分子膜電極などに分類される．ガラス電極はpH測定用として古くから用いられているが，現在では参照電極と一体化した複合型電極が普及している．固体膜電極はハロゲン化銀などの難溶性塩類の粉末を加圧成型または溶融成型したものや，単結晶膜（LaF_3）を感応膜とする．液体膜電極は，第四級アンモニウムなどのイオン交換基やバリノマイシン，クラウンエーテルなどの中性イオンキャリヤーを含有する有機溶媒（o-ニトロフェニルオクチルエーテル，ジオクチルフェニルホスホネートなど）を多孔質膜に含浸・保持させたものである．最近は，ポリ塩化ビニル（PVC），シリコンゴム，天然漆などの高分子支持体に有機溶媒（可塑剤）を用いてイオン感応物質を溶解固定化し，取り扱いを容易にした高分子膜電極がよく用いられている．また，高分子膜電極やpHガラス電極上にテフロン製ガス透過膜を張り，アルカリ溶液中でガス化したアンモニアなどを測定するガス感応電極も開発されている．表3.2に代表的なイオン電極を応答イオンとともに示した．なお，これらの

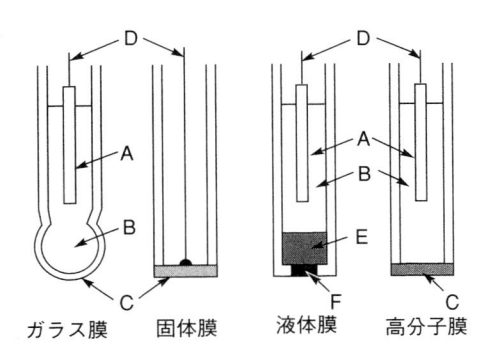

図3.14 いろいろな感応膜を用いたイオン電極の構造
A：内部電極，B：内部液，C：感応膜，D：リード線
E：イオン感応液，F：多孔質膜

表 3.2 イオン電極の種類

イオン電極	イオン感応物質など	応答イオン
ガラス電極	ガラス	H^+, Na^+, Li^+, K^+
固体膜電極	ハロゲン化銀など	Cl^-, Br^-, I^- など
	$MS-Ag_2S$ (M = Cu, Cd, Pd)	Cu^{2+}, Cd^{2+}, Pb^{2+}
	LaF_3	F^-
液体膜電極 または 高分子膜電極	$R_4N^{+a)}$	Cl^-
	FeL_3^{2+}, $NiL_3^{2+ b)}$	ClO_4^-, NO_3^-, BF_4^-
	$(RO)_2PO_2^{- c)}$	Ca^{2+}
	天然イオノホア$^{d)}$	K^+, NH_4^+
	クラウンエーテル$^{e)}$	Na^+, K^+, Li^+
	有機スズ化合物$^{f)}$	PO_4^{3-} など
ガス感応電極	PTFE 製ガス透過膜	アンモニア

a) メチルトリオクチルアンモニウムなど, b) L: オルトフェナントロリン誘導体, c) ジデシルリン酸など, d) バリノマイシンなど, e) ビスクラウンエーテル, ジベンジル-14-クラウン-4 など, f) 塩化トリオクチルスズなど.

電極の多くはすでに市販されており, 工業プロセス, 食品, 医療, 環境などの分野で広く利用されている.

イオン電極の起電力 E は目的イオン i の活量 a_i の対数に依存し, 理想的にはネルンスト式に従う.

$$E = E_i^\circ + \frac{2.303RT}{z_iF} \log a_i \tag{3.77}$$

ここで E_i° はイオン種と電極の構成 (内部・参照電極, 感応膜, 内部液など) によって決まる定数, z_i は i イオンの電荷数 (符号を含む) である. 式 (3.77) に従うネルンスト応答 (Nernstian response) の起電力は, イオン活量が 10 倍増加するごとに $59.16/z_i$ mV (25 ℃) 変化する. この関係から E の測定によって a_i が求められる.

式 (3.77) は目的イオン以外にイオン電極の電位に影響を及ぼすイオンが存在しないときに成り立つ式であるが, 実際にはほかの共存イオンの妨害を多かれ少なかれ受けるため, 起電力は次式に従うとされている.

$$E = E_i^\circ + \frac{2.303RT}{z_iF} \log \left\{ a_i + \sum_{j \neq i} k_{ij}^{\text{pot}} (a_j)^{z_i/z_j} \right\} \tag{3.78}$$

この式はニコルスキー式 (Nicolsky equation) またはニコルスキー・アイゼンマン式 (Nicolsky - Eisenman equation)* と呼ばれる. a_j, z_j は共存する同符号電荷の j イオンの活量およびイオン価, k_{ij}^{pot} は選択係数 (selectivity coefficient) と呼ばれ, i イオンの分析を目的とする電極に対する j イオンの妨害の程度を示す値である. k_{ij}^{pot} の値が小さいほど目的イオンへの選択性が高

* この式は主として感応膜中のイオンの拡散電位 (次章参照) を基本とする式であり, 経験的には実験事実に合うが, 実際のイオン電極の電位応答は, 試料溶液 | 感応膜界面でのイオンの分配電位によることが近年明らかになってきた.

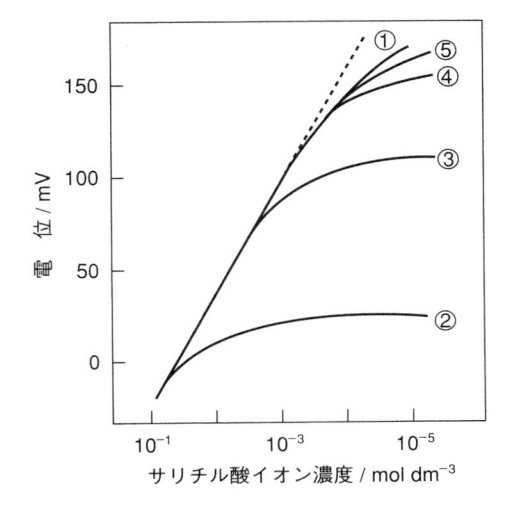

図3.15 サリチル酸選択性PVC膜電極の電位応答と共存イオンの影響
破線：ネルンスト応答，共存陰イオン：① なし，② NO_3^-，③ Cl^-，④ CH_3COO^-，⑤ SO_4^{2-} (0.05 mol dm^{-3}，ほかのイオンは 0.1 mol dm^{-3}).

い．図 3.15 に実際のイオン電極の電位応答と共存イオンの妨害の例を示す．どんなに優れたイオン電極でも妨害イオンは必ず存在する．イオン電極の使用に際しては，妨害イオンにとくに注意を払う必要がある．

章末問題

3.1 互いに混じり合わない二つの溶媒（ⅠとⅡ）にイオン i（電荷数 z_i）が溶解して分配平衡にある．このとき，界面のガルバニ電位差 $\Delta_\mathrm{I}^\mathrm{II}\phi (\equiv \phi^\mathrm{II} - \phi^\mathrm{I})$ とイオン i の両相での活量 (a_i^I および a_i^II) との間にはどのような関係があるか．

3.2 一電子が関与する酸化還元系で，酸化体と還元体の活量の比が 10 倍変化すると，平衡電極電位（25 ℃）は何 mV 変化するか．

3.3 濃度 $c_{\mathrm{AgNO_3}}$ (M) の $AgNO_3$ 溶液 (a) および同濃度の $AgNO_3$ と c_EDTA (M) ($\gg c_{\mathrm{AgNO_3}}$) の EDTA（エチレンジアミン四酢酸）を含む溶液 (b) の電位を，それぞれ銀電極を用いて測定した．その結果，溶液 (b) の電位は溶液 (a) に比べて ΔE (V) だけ負の値を示した．$Ag^+ + EDTA \rightleftharpoons AgEDTA$ の錯生成定数 K (M^{-1}) を ΔE と c_EDTA を用いて表しなさい．ただし，すべての溶存種について活量＝濃度として扱ってよい．

3.4 $Fe^{3+} + 6\,CN^- \rightleftharpoons Fe(CN)_6^{3-}$ の錯生成定数 $K_{\mathrm{Fe(III)}}$ および $Fe^{2+} + 6\,CN^- \rightleftharpoons Fe(CN)_6^{4-}$ の錯生成定数 $K_{\mathrm{Fe(II)}}$ はそれぞれ $K_{\mathrm{Fe(III)}} = 10^{31}$ (M^{-6}) および $K_{\mathrm{Fe(II)}} = 10^{24}$ (M^{-6}) である．これらの値を用いて，付表 2 の Fe^{3+}/Fe^{2+} と $Fe(CN)_6^{3-}/Fe(CN)_6^{4-}$ の酸化還元対の標準電位の差を説明しなさい．問題 3.3 と同様，活量＝濃度としてよい．

3.5 ある Ru(Ⅲ) 2 核錯体〔Ru(Ⅲ)-LH$_2$-Ru(Ⅲ)；LH$_2$ は二段解離する酸解離基を有する配位子〕は

Ru(Ⅲ)-LH$_2$-Ru(Ⅲ) + e$^-$ $\rightleftharpoons$ Ru(Ⅱ)-LH$_2$-Ru(Ⅲ)

Ru(Ⅱ)-LH$_2$-Ru(Ⅲ) + e$^-$ $\rightleftharpoons$ Ru(Ⅱ)-LH$_2$-Ru(Ⅱ)

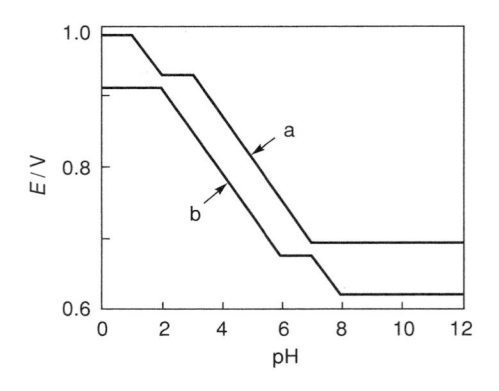

の二段階の一電子型の酸化還元反応を行う．上図の a および b の折れ線は第一段目および第二段目の見かけの酸化還元電位（$E_1°$, $E_2°$）の pH 依存性を示す．図から，Ru（Ⅲ）–LH_2–Ru（Ⅲ），Ru（Ⅱ）–LH_2–Ru（Ⅲ），および Ru（Ⅱ）–LH_2–Ru（Ⅱ）の LH_2 の pK_a を求めなさい．また，Ru（Ⅲ）–LH_2–Ru（Ⅲ）/Ru（Ⅱ）–LH_2–Ru（Ⅱ）の二電子酸化還元反応の酸化還元電位を図中に示しなさい．

3.6 図 3.4 のガルバニ電池において，起電力が両端に接続する金属 T の種類に依存しないことを証明しなさい．

3.7 （電気）化学ポテンシャルを用いて SHE の起電力が式 (3.32) で与えられることを示しなさい．

3.8 付表 2 を用いて，代表的な金属電極反応（$M^{n+} + ne^- \rightleftharpoons M$）の標準電位を低い順に並べて**電気化学系列**（electrochemical series）をつくり，**イオン化傾向**について論じなさい．

3.9 15g の重さのボタン電池の正極と負極の間に 200 Ω の抵抗をつないで放電を行ったところ，放電の間電圧は 1.5 V と一定の値を示し，60 時間で完全に放電した．この電池の重量容量密度とエネルギー密度を求めなさい．

3.10 リチウム二次電池の正極として使われている $LiCoO_2$（密度 3.8 g cm^{-3}）の理論的な重量容量密度および体積容量密度を求めなさい．

3.11 夜釣りの電気ウキ用の一次電池として，塩化銀・マグネシウム電池がある．これは，AgCl 板と Mg 板の間に紙をはさんだ単純な構成で，海水を入れると発電してランプが点灯する．放電した後は，Mg は溶解し，Ag 電極が残る．この電池の正極と負極の反応ならびに全反応を書き，付表 2 からおおよその開回路電圧を推定しなさい．

3.12 式 (3.68) の反応式で，H_2O が気体の状態の場合，$\Delta H = -241.82$ kJ mol^{-1}，$\Delta G = -228.57$ kJ mol^{-1} である．酸素-水素燃料電池において，生成した H_2O を気体の状態で除去することができれば，その電池のエネルギー変換の理論値は何 % になるか．

3.13 実用電池に要求される条件を列挙しなさい．

3.14 市販の pH ガラス電極の構造を調べ，電池系の構成を示しなさい．

4 液間電位

電気化学系には，異なった組成の電解質溶液が接する液々界面が含まれることが多い．この液々界面ではイオンの拡散が起こるため，これによって液間に電位差が生じる．この電位差を**液間電位**（liquid junction potential），または**拡散電位**（diffusion potential）という．本章では液間電位の発生のメカニズムとその理論について述べる．

4.1 ネルンスト・プランクの式

まず，溶液中の物質の移動を支配する基本原理について説明しよう．物体が位置エネルギーの高い所から低い所に移ろうとするのと同様に，溶液中の物質の移動も自由エネルギーの勾配を駆動力にして起こる．

いま，対流などによって乱されていない溶液（静止溶液）のなかでの荷電粒子の移動を考える．ただし，この溶液中には電位勾配と濃度勾配があるものとする．溶液中のある地点における電位が ϕ で，対象となる荷電粒子（電荷数 $=z$）の濃度が c であるとき，その荷電粒子の電気化学ポテンシャルは次式で与えられる．

$$\tilde{\mu} = \mu^\circ + RT \ln c + zF\phi \tag{4.1}$$

ただし，μ° は標準状態の化学ポテンシャルであり，ここでは活量を濃度に近似した〔式(3.5)参照〕．したがって，図4.1に示すような自由エネルギー勾配のなかで1モルの粒子が受ける力は

$$f(\text{per mol}) = -\left(\frac{d\tilde{\mu}}{dx}\right) = -\frac{RT}{c}\left(\frac{dc}{dx}\right) - zF\left(\frac{d\phi}{dx}\right) \tag{4.2}$$

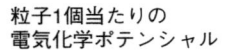

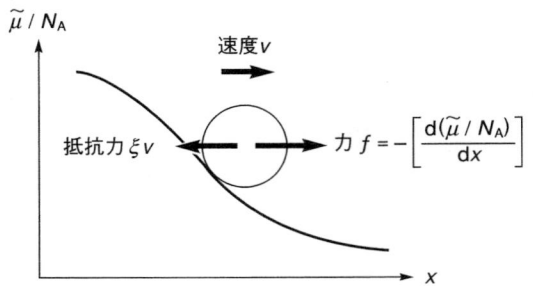

図4.1 自由エネルギー勾配での荷電粒子の移動

のように与えられる．

図4.1のように，荷電粒子が粘性流体中で自由エネルギー勾配による力を受けて速度vで移動するとき，周囲の流体からは速度に比例する流体抵抗力ξv(ξは摩擦係数)を受ける．粒子が非常に小さい場合，粒子にかかっている二つの力は常につり合っているとみなしてよい(このような状態を定常状態という)．したがって，

$$N_A \xi v = -\frac{RT}{c}\left(\frac{dc}{dx}\right) - zF\left(\frac{d\phi}{dx}\right) \tag{4.3}$$

$$\therefore v = -\frac{RT}{N_A \xi c}\left(\frac{dc}{dx}\right) - \frac{zF}{N_A \xi}\left(\frac{d\phi}{dx}\right) \tag{4.4}$$

単位時間に単位断面積を通過する粒子の量を**フラックス**(流束)というが，フラックス J は粒子の濃度と速度の積 ($J = cv$) で表される．したがって，式 (4.4) から，

$$J = -\frac{RT}{N_A \xi}\left(\frac{dc}{dx}\right) - \frac{zFc}{N_A \xi}\left(\frac{d\phi}{dx}\right) \tag{4.5}$$

ここで，イオンの移動のしやすさを表す一つの尺度である**モル移動度**(molar mobility) ω を

$$\omega \equiv \frac{1}{N_A \xi} \tag{4.6}$$

のように定義すると，式 (4.5) は次式のようになる．

$$\boxed{J = -\omega RT\left(\frac{dc}{dx}\right) - zF\omega c\left(\frac{d\phi}{dx}\right)} \tag{4.7}$$

この式はネルンスト・プランクの式(Nernst–Planck equation)と呼ばれる．このように，静止溶液中でイオンは濃度勾配による**拡散**(diffusion)と電位勾配

4.2 液間電位 61

による泳動（migration）によって移動する．

なお，モル移動度 ω は拡散係数（diffusion coefficient）D と

$$D \equiv \omega RT \tag{4.8}$$

の関係があり，また 2.2.3 項で述べた**イオン移動度** u と

$$u \equiv |z|\omega F \tag{4.9}^{*1}$$

のような関係にあるので，式(4.7)のネルンスト・プランクの式は以下のようにも表される．

$$\boxed{J = -D\left(\frac{dc}{dx}\right) - \frac{z}{|z|}uc\left(\frac{d\phi}{dx}\right)} \tag{4.10}$$

*1 この式に式(4.8)を代入して，次式を得る．

$$u = |z|\frac{F}{RT}D$$

この関係は二つの移動パラメータ間のネルンスト・アインシュタインの法則（Nernst-Einstein law）として知られている．ただし，厳密には無限希釈の場合に適用できるものであり，より高濃度では活量係数を考慮に入れる必要がある．

4.2 液間電位

図4.2に示すように，陽イオン⊕と陰イオン⊖とからなる電解質が，濃度の濃いところ（左側）から薄いところ（右側）に拡散する状況を考えよう．この場合，陽イオンも陰イオンも濃度勾配によって左から右に移動しようとするが，両イオンの移動のしやすさ，すなわち ω の値が異なると，このままでは同じ速度で移動できない．もし，異なった速度で移動したとすると，溶液中の場所によって陽イオンと陰イオンの濃度に差が生じ，電荷の偏り（電荷分離）が起こってしまう．しかし実際には，このような電荷分離は顕著には現れない．イオンの移動度の違いによってほんの少しでも電荷分離が生じると，溶液中に非常に大きな電場が生じ，この電場が移動しやすいイオンの移動を妨げ，逆に移動しにくいイオンの移動を助けるからである．図4.2の場合，右側が正の液間電位（$\Delta\phi$）が発生し，陽イオンと陰イオンが実際上ほとんど同じ速度で移動できるようになる[*2]．

このようにして発生する液間電位の理論式は，適当な条件を設定して式

*2 このため，溶液のどの部分をとっても電気的中性条件がよい近似で成立する．

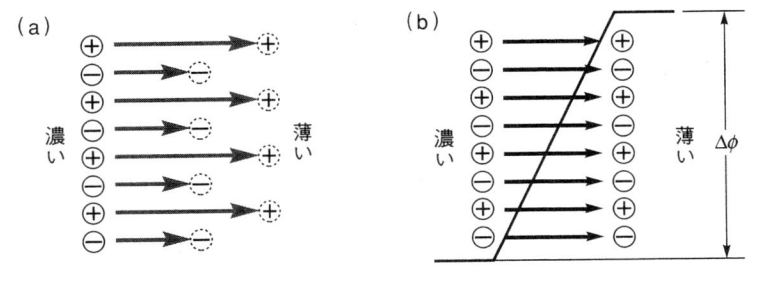

図4.2 液間電位の発生のメカニズム
（a）のように，陽イオンと陰イオンがまったく独立に違った速度で移動すると，大きな電荷分離が生じることになるが，実際はそうならない．（b）のように，液間電位（$\Delta\phi$）が発生し，陽イオンと陰イオンが実際上ほとんど同じ速度で移動する．

(4.7)のネルンスト・プランクの式を解くことで得られる．しかし，この式には(dc/dx)と$(d\phi/dx)$という二つの微分項があるため簡単には解くことはできない．そこで，二つの微分項のうち，どちらか一方が一定という仮定を使うと，以下に述べるゴールドマンの式またはヘンダーソンの式が得られる．

4.2.1 ゴールドマンの式

式(4.7)の微分項$(d\phi/dx)$が一定であるという仮定，すなわち定電場(constant field)の仮定を行う．液々界面において，$0 \leq x \leq d$（x軸は界面に対して垂直にとる）の間に電位差$\Delta\phi$がかかっているとすると，式(4.7)は

$$J = -\omega RT \left(\frac{dc}{dx}\right) - zF\omega c \frac{\Delta\phi}{d} \tag{4.11}$$

のように書ける．定常状態を仮定すると，$0 \leq x \leq d$においてイオンはどこにもとどまらないから，フラックスは場所によらず一定である．そこで，式(4.11)を変数x，関数cについて変数分離すると，次式を得る．

$$dx = \frac{-\omega RT\, dc}{zF\omega \frac{\Delta\phi}{d} c + J} \tag{4.12}$$

両辺を$x[0,d]$，$c[c_0, c_d]$にわたり，それぞれ積分すると，

$$d = -\frac{RTd}{zF\Delta\phi} \ln\left(\frac{\frac{zF\omega\Delta\phi}{d} c_d + J}{\frac{zF\omega\Delta\phi}{d} c_0 + J}\right) \tag{4.13}$$

の関係を得る．さらに，この式をJについて解くと，

$$J = \frac{zF\omega\Delta\phi}{d} \left[\frac{c_d - c_0 \exp\left(-\frac{zF}{RT}\Delta\phi\right)}{\exp\left(-\frac{zF}{RT}\Delta\phi\right) - 1}\right] \tag{4.14}$$

となる．この式は一つのイオン種についてのフラックスを表す関係式である．

実際には少なくとも二種類のイオンが関与するので，各イオンについて式(4.14)が成立することになる．ここで，一種類のイオンについての量には添字のiをつけることにする．いま，いくつかのイオンが断面積Aの液々界面を移動し，正味の電流Iが流れたとすると，Iは次式で与えられる．

$$
\begin{aligned}
I &= \sum_i z_i F J_i A \\
&= \frac{F^2 A \Delta\phi}{d} \sum_i z_i^2 \omega_i \left[\frac{c_{i,d} - c_{i,0} \exp\left(-\dfrac{z_i F}{RT}\Delta\phi\right)}{\exp\left(-\dfrac{z_i F}{RT}\Delta\phi\right) - 1} \right]
\end{aligned}
\quad (4.15)
$$

z_i を一般的に扱うと，この式はこれ以上変形できない．そこで，電解質を 1-1 電解質 ($z_i = \pm 1$) に限って話を進める．以後，陽イオンに関係する量には添字の j をつけ，陰イオンに関する量には添字の k をつけることにする．結局，式 (4.15) はつぎのように変形できる．

$$
I = \frac{F^2 A \Delta\phi}{d\left[\exp\left(-\dfrac{F\Delta\phi}{RT}\right) - 1\right]} \left[\sum_j \omega_j c_{j,d} + \sum_k \omega_k c_{k,0} - \left(\sum_j \omega_j c_{j,0} + \sum_k \omega_k c_{j,d}\right)\exp\left(-\dfrac{F\Delta\phi}{RT}\right) \right]
\quad (4.16)
$$

通常は界面に電流は流れないから，$I = 0$ とおくと，

$$
\left(\sum_j \omega_j c_{j,0} + \sum_k \omega_k c_{j,d}\right) \exp\left(-\frac{F\Delta\phi}{RT}\right) = \sum_j \omega_j c_{j,d} + \sum_k \omega_k c_{k,0}
\quad (4.17)
$$

を得る．さらに，この式を $\Delta\phi$ について解くと，最終的に次式を得る．

$$
\boxed{\Delta\phi = -\frac{RT}{F} \ln \frac{\sum_j \omega_j c_{j,d} + \sum_k \omega_k c_{k,0}}{\sum_j \omega_j c_{j,0} + \sum_k \omega_k c_{k,d}}}
\quad (4.18)
$$

この式はゴールドマンの式 (Goldman equation) と呼ばれる．

4.2.2 ヘンダーソンの式

ゴールドマンの式が電位勾配 ($d\phi/dx$) を一定と仮定したのに対し，濃度勾配 (dc/dx) が一定であると仮定する解き方もある．このような仮定をすると，イオン i について式 (4.7) はつぎのように書ける．

$$
J_i = -\omega_i RT \frac{c_{i,d} - c_{i,0}}{d} - z_i F \omega_i \left(c_{i,0} + \frac{c_{i,d} - c_{i,0}}{d}x\right)\frac{d\phi}{dx}
\quad (4.19)
$$

したがって，全電流は次式で与えられる．

$$
\begin{aligned}
I &= \sum_i z_i F J_i A \\
&= FA \sum_i z_i \left[-\omega_i RT \frac{c_{i,d} - c_{i,0}}{d} - z_i F \omega_i \left(c_{i,0} + \frac{c_{i,d} - c_{i,0}}{d} x \right) \frac{d\phi}{dx} \right] \\
&= -FA \left[\frac{RT}{d} \sum_i z_i \omega_i \left(c_{i,d} - c_{i,0} \right) + F \sum_i z_i^2 \omega_i c_{i,0} \frac{d\phi}{dx} \right. \\
&\qquad \left. + F \frac{1}{d} \sum_i z_i^2 \omega_i \left(c_{i,d} - c_{i,0} \right) x \frac{d\phi}{dx} \right]
\end{aligned}
\tag{4.20}
$$

先と同様に $I=0$ とおくことにより，次式が得られる．

$$
\frac{RT}{Fd} \sum_i z_i \omega_i \left(c_{i,d} - c_{i,0} \right) + \sum_i z_i^2 \omega_i c_{i,0} \frac{d\phi}{dx} \\
+ \frac{1}{d} \sum_i z_i^2 \omega_i \left(c_{i,d} - c_{i,0} \right) x \frac{d\phi}{dx} = 0 \tag{4.21}
$$

ここで，つぎのような置き換えをすると，

$$
A = \sum_i z_i \omega_i \left(c_{i,d} - c_{i,0} \right) \tag{4.22}
$$

$$
B = \sum_i z_i^2 \omega_i c_{i,0} \tag{4.23}
$$

$$
C = \sum_i z_i^2 \omega_i \left(c_{i,d} - c_{i,0} \right) = \sum_i z_i^2 \omega_i c_{i,d} - B \tag{4.24}
$$

式 (4.21) は

$$
\frac{RT}{Fd} A + B \frac{d\phi}{dx} + C \frac{x}{d} \frac{d\phi}{dx} = 0 \tag{4.25}
$$

という簡単なかたちに表現できる．この式は $\phi(x)$ という関数の一階常微分方程式であるから，変数分離して，

$$
d\phi = -\frac{RT}{F} \frac{A}{C} \frac{dx}{x + \frac{B}{C} d} \tag{4.26}
$$

となる．両辺をそれぞれ $\phi[\phi_0, \phi_d], x[0,d]$ の範囲で積分すると，

$$\int_{\phi_0}^{\phi_d} d\phi = \phi_d - \phi_0 = \Delta\phi$$

$$= -\frac{RT}{F}\frac{A}{C}\int_0^d \frac{dx}{x + \frac{B}{C}d} = -\frac{RT}{F}\frac{A}{C}\ln\frac{C+B}{B} \tag{4.27}$$

A, B, C を代入すると，次式を得る．

$$\Delta\phi = -\frac{\sum_i z_i \omega_i (c_{i,d} - c_{i,0})}{\sum_i z_i^2 \omega_i (c_{i,d} - c_{i,0})}\frac{RT}{F}\ln\frac{\sum_i z_i^2 \omega_i c_{i,d}}{\sum_i z_i^2 \omega_i c_{i,0}} \tag{4.28}$$

この式ではモル移動度 ω_i を用いているが，式(4.9)の関係を用いると，つぎのように書き換えられる．

$$\boxed{\Delta\phi = -\frac{\sum_i |z_i|\frac{u_i}{z_i}(c_{i,d} - c_{i,0})}{\sum_i |z_i|u_i (c_{i,d} - c_{i,0})}\frac{RT}{F}\ln\frac{\sum_i |z_i|u_i c_{i,d}}{\sum_i |z_i|u_i c_{i,0}}} \tag{4.29}$$

この式はヘンダーソンの式 (Henderson equation) と呼ばれる．このように，ヘンダーソンの式はゴールドマンの式と違い，1-1電解質でなくても成立する．また，この式で見積もった液間電位は，表4.1に示すように実測値ともおおむねよい一致が見られることもわかっており，各種界面の液間電位の見積りに広く用いられている．

表 4.1 液間電位 ($\Delta\phi$) の実測値と計算値の比較 (25 ℃)

濃度 c	系	実測値[a] (mV)	計算値[b] (mV)
0.1M	HCl | KCl	26.78	26.9
	HCl | NaCl	33.09	31.2
	KCl | NaCl	6.42	4.36
	KCl | NH$_4$Cl	2.16	0.00
	NaCl | NH$_4$Cl	−4.21	−4.36
0.01M	HCl | KCl	25.73	26.9
	HCl | NaCl	31.16	31.2
	KCl | NaCl	5.65	4.36
	KCl | NH$_4$Cl	1.31	0.00

[a] 電池 Ag|AgCl|MCl(c)|M'Cl(c)|AgCl|Ag の両端間の電位差．ただし，二つの電解質溶液を流動させながら接触させて液々界面（流動界面）をつくった．
[b] 式(4.29)を用いて計算した．

4.3 生体膜電位

生物の細胞膜(主としてリン脂質からなる)には一定の電位差がかかっている．この生体膜電位は，生物がエネルギーを得るための呼吸鎖電子伝達系（10.2 節参照）や，神経系での情報伝達などの生命活動においてきわめて重要な役割を担っている．

ニューロンと呼ばれる神経細胞は，刺激を受けていない状態，すなわち興奮していない状態では $-60 \sim -90$ mV の**静止電位** (resting potential) にあり，興奮すると $+100$ mV 前後の**活動電位** (action potential) が発生する（図 4.3）．このパルス状の活動電位が神経線維を伝わって情報伝達を行う．

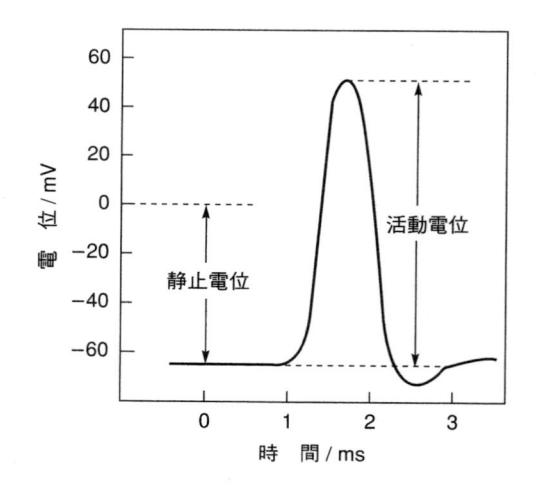

図 4.3 細胞の活動電位

静止状態の神経細胞の内側は Na^+ などは少なく，K^+ に富んでいる．もし，K^+ だけが膜を透過でき，陰イオンや Na^+ などは透過できないと仮定すると，静止電位はつぎのネルンスト式で与えられる．

$$E = \frac{RT}{F} \ln \frac{[K^+]_o}{[K^+]_i} \tag{4.30}$$

ただし，膜電位 E は細胞膜の外側を基準にした内側の電位であり，$[K^+]_o$, $[K^+]_i$ はそれぞれ細胞の外側と内側の K^+ 濃度である．この式は $[K^+]_o$ がある程度大きい領域で成り立つことがわかっている（図 4.4）．

しかし，図 4.4 からもわかるように，$[K^+]_o$ が小さくなるとネルンスト式から予想される直線からずれてくる．この場合，K^+ だけでなく Na^+ と Cl^- も生体膜を透過できるとした理論式〔**ホジキン・カッツの式** (Hodgkin-Katz equation)〕が適用できる．

$$E = \frac{RT}{F} \ln \frac{P_K[K^+]_o + P_{Na}[Na^+]_o + P_{Cl}[Cl^-]_i}{P_K[K^+]_i + P_{Na}[Na^+]_i + P_{Cl}[Cl^-]_o} \tag{4.31}$$

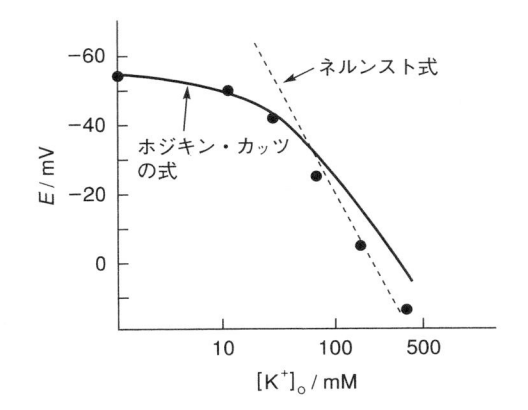

図 4.4 ヤリイカ巨大神経線維の静止電位の外液（人工海水）中の K^+ 濃度に対する依存性
●は実測値．点線はネルンスト式，実線はホジキン・カッツの式の理論曲線．

この式は液間電位のゴールドマンの式を変形したものである．P_K, P_{Na}, P_{Cl} は透過係数と呼ばれ，それぞれのイオンの膜中での移動のしやすさ（移動度）に，さらに膜への溶け込みやすさ（分配係数）を加味した値である．図 4.4 のイカの神経線維[1]の実験では，外液（人工海水）の $[K^+]_o$ を海水[2]と等浸圧になるように Na^+ と K^+ を置き換えて変化させているが，$P_K:P_{Na}:P_{Cl}=1:0.04:0.45$ とおくと，実線で示したように $[K^+]_o$ が小さい範囲での実測値とよく一致する．

興奮状態の電位，すなわち活動電位については，イオンチャネル（膜タンパク質の一種）が Na^+ の細胞内への流入を促進するためと考えられている．イカの神経線維の活動電位にホジキン・カッツの式を適用すると，$P_K:P_{Na}:P_{Cl}=1:20:0.45$ の比が得られる．

これまで生体膜電位は，ここで述べたような膜中で発生する液間電位によって説明されてきたが，最近は膜の内外での二つの膜｜溶液界面におけるイオンの分配電位に基づく新しい考え方も提案されている．近い将来，この節の内容は大きく書き換えられる可能性があるだろう．

[1] 細胞内の各イオンの濃度は，$[K^+]_i = 345\,mM$, $[Na^+]_i = 72\,mM$, $[Cl^-]_i = 61\,mM$.

[2] $[K^+]_o = 10\,mM$, $[Na^+]_o = 460\,mM$, $[Cl^-]_o = 540\,mM$.

章末問題

4.1 塩橋を作製する際，電解質に KCl を用いると液間電位を小さくすることができる．このことを示すため，$0.1\,M\,HCl\,|\,4.2\,M\,KCl$（飽和溶液）の液間電位をヘンダーソンの式を用いて計算しなさい．

4.2 液々界面 $[MCl\,(c)\,|\,M'Cl\,(c)]$ の液間電位をヘンダーソンの式を用いて評価すると，表 4.1 に示したように電解質濃度 c に依存しないことを示しなさい．

4.3 液々界面 $(0.1\,M\,NaOH\,|\,0.1\,M\,NaCl)$ の液間電位（左に対して右の電位）が正になるか負になるかを，理論式を使わずに予想しなさい．

4.4 イオンの電気化学ポテンシャル〔式 (4.1)〕を用いて，生体膜電位に関するネルンスト式〔式 (4.30)〕を導きなさい．

5 溶液と電極の界面

3章で説明したように,電極において一種類の電極反応が平衡にある場合,電極と溶液の界面には反応種の化学ポテンシャルの差によって決まる電位(平衡電極電位)が生じる.一種類または複数の電極反応が進行中で非平衡状態にある場合や,何の電極反応も起こっていない場合でも,一般に電極界面には正か負の何らかの電位がかかっている.これによって,この電位の符号と反対符号のイオンが溶液から電極に引き寄せられ,同じ符号のイオンは電極から引き離される.このような現象を**電荷分離**(charge separation)といい,電荷分離によって形成された電極界面の微細構造を**電気二重層**(electric double layer)という.電気二重層の構造は溶液の組成によって変化し,電極界面で起こる電極反応の速度に影響を与える.

外部から電極に電荷を与えても電極反応が起こらず,コンデンサーのように静電的な条件だけで電極電位が決まるような電極を**理想分極性電極***(ideal polarizable electrode)という.電極の電気二重層構造を調べるためにはこのような電極が望ましいが,後述の滴下水銀電極がこれに該当し,古くから詳しい研究が行われている.

* これに対し,ネルンスト式が成り立つような平衡状態にある電極(たとえば銀-塩化銀電極)では,外部から電極に電荷を供給すると,余分の電荷は電極反応によってすみやかに消費されるため,電極電位を自由に変えることはできない.このような電極を**理想非分極性電極**(ideal non-polarizable electrode)という.

5.1 熱力学基本式

5.1.1 ギブズの吸着等温式

界面の熱力学平衡についての最も基本的な式にギブズの吸着等温式がある.いま図5.1に示すように,相ⅠとⅡが接触し,平衡状態にあるとする.このとき,境界層 σ の各成分の濃度はそれぞれの相における濃度とは異なり,濃くなったり薄くなったりしていると考えられる.

この系全体のギブズ自由エネルギーを G,各相とも仮想的な境界面まで均

5章 溶液と電極の界面

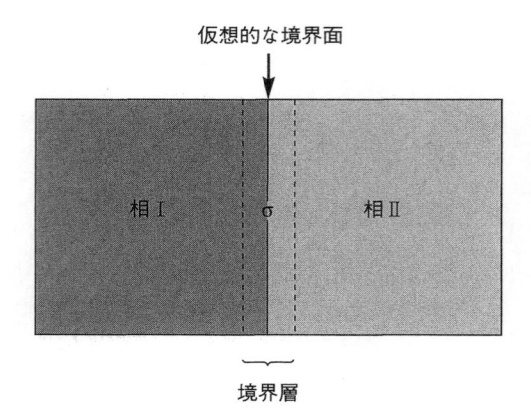

図5.1 平衡状態にある界面を含む二相系

一と考えたときのギブズ自由エネルギーを G^{I} および G^{II} として，界面層のギブズ自由エネルギー G^σ を次式で定義する．

$$G^\sigma \equiv G - \left(G^{\mathrm{I}} + G^{\mathrm{II}}\right) \tag{5.1}$$

同様に，任意の成分 i についての界面層における過不足分を

$$n_i^\sigma \equiv n_i - \left(n_i^{\mathrm{I}} + n_i^{\mathrm{II}}\right) \tag{5.2}$$

と定義する．ここで，n_i は成分 i の系全体の量，n_i^{I} および n_i^{II} は成分 i の相Ⅰおよび Ⅱ 中の量である．そして，n_i^σ を界面の単位面積当たりに割りつけたものを**界面過剰量**あるいは**表面過剰量**(surface excess)といい，次式で表す．

$$\varGamma_i \equiv \frac{n_i^\sigma}{A} \tag{5.3}$$

ここで，A は界面の表面積である．

系全体のギブズ自由エネルギー G は，一般に温度 (T)，圧力 (P)，A および n_i ($i = 1, 2, \cdots$) の関数であり，その微小変化は次式で表される．

$$\mathrm{d}G = -S\mathrm{d}T + V\mathrm{d}P + \gamma\mathrm{d}A + \sum_i \mu_i \mathrm{d}n_i \tag{5.4}$$

ここで，S は系のエントロピー，V は系の体積，γ は T, P, n_i 一定のときに単位面積の界面をつくりだすために必要な可逆仕事で，**表面張力**(surface tension) または**界面張力**(interfacial tension)* と呼ばれる．式で表すと，

$$\gamma \equiv \left(\frac{\partial G}{\partial A}\right)_{T, P, n_i} \tag{5.5}$$

相Ⅰおよび Ⅱ については，つぎのような関係式が成立する．

* 国際単位系の SI 単位は $\mathrm{N\,m^{-1}} = \mathrm{J\,m^{-2}}$ である．

$$dG^{\mathrm{I}} = -S^{\mathrm{I}}dT + V^{\mathrm{I}}dP + \sum_i \mu_i^{\mathrm{I}} dn_i^{\mathrm{I}} \tag{5.6}$$

$$dG^{\mathrm{II}} = -S^{\mathrm{II}}dT + V^{\mathrm{II}}dP + \sum_i \mu_i^{\mathrm{II}} dn_i^{\mathrm{II}} \tag{5.7}$$

ここで，式 (5.1) の定義から，

$$dG^{\sigma} = dG - \left(dG^{\mathrm{I}} + dG^{\mathrm{II}}\right) \tag{5.8}$$

であるから，右辺の各項に式 (5.4)，(5.6)，(5.7) を代入し，T, P 一定とすると，つぎの関係が得られる．

$$dG^{\sigma} = \gamma dA + \sum_i \mu_i dn_i - \left(\sum_i \mu_i^{\mathrm{I}} dn_i^{\mathrm{I}} + \sum_i \mu_i^{\mathrm{II}} dn_i^{\mathrm{II}}\right) \tag{5.9}$$

平衡では各相中の各成分の化学ポテンシャルは等しく，また $dn_i^{\sigma} = dn_i - (dn_i^{\mathrm{I}} + dn_i^{\mathrm{II}})$ であるから次式を得る．

$$dG^{\sigma} = \gamma dA + \sum_i \mu_i dn_i^{\sigma} \tag{5.10}$$

この式を積分すると，

$$G^{\sigma} = \gamma A + \sum_i \mu_i n_i^{\sigma} \tag{5.11}$$

を得る．熱力学の常法に従って，この式の全微分をとると，

$$dG^{\sigma} = \gamma dA + A d\gamma + \sum_i \mu_i dn_i^{\sigma} + \sum_i n_i^{\sigma} d\mu_i \tag{5.12}$$

この式と式 (5.10) を比較することにより，つぎの関係が得られる．

$$A d\gamma + \sum_i n_i^{\sigma} d\mu_i = 0 \tag{5.13}$$

両辺を A で割って，式 (5.3) の関係を用いると，

$$d\gamma = -\sum_i \Gamma_i d\mu_i \quad (T, P：一定) \tag{5.14}$$

が得られる．この式をギブズの**吸着等温式**(Gibbs adsorption isotherm)という．この式をイオンを含む電気化学系に適用する場合は，化学ポテンシャルを電気化学ポテンシャルにして一般化すればよい．

$$\boxed{d\gamma = -\sum_i \Gamma_i d\tilde{\mu}_i \quad (T, P：一定)} \tag{5.15}$$

5.1.2 電極系への適用

簡単な例として，基準電極（ここでは銀 – 塩化銀電極）と金属 M の理想分極性電極からなるガルバニ電池を考える．

$$\text{Cu} \mid \text{Ag} \mid \text{AgCl} \mid \text{KCl, H}_2\text{O} \mid \text{M} \mid \text{Cu} \qquad (5.16)$$
$$\text{I} \quad \text{II} \quad \text{III} \quad \text{IV} \quad \text{V} \quad \text{I}'$$

ここで,相IVは塩化カリウム水溶液を示す.

式(5.15)の関係を,相IVとVの界面に適用してみよう.金属電極相V中には金属イオンM^+と自由電子e^-が,また溶液相IV中にはK^+, Cl^-, H_2Oが存在するので,

$$-d\gamma = \Gamma_{\text{M}^+} d\tilde{\mu}_{\text{M}^+}^{\text{V}} + \Gamma_{\text{e}^-} d\tilde{\mu}_{\text{e}^-}^{\text{V}} + \Gamma_{\text{K}^+} d\tilde{\mu}_{\text{K}^+}^{\text{IV}}$$
$$+ \Gamma_{\text{Cl}^-} d\tilde{\mu}_{\text{Cl}^-}^{\text{IV}} + \Gamma_{\text{H}_2\text{O}} d\mu_{\text{H}_2\text{O}}^{\text{IV}} \qquad (5.17)$$

のようになる.電極相V中のM^+の濃度が電極の表面まで一定とすれば,右辺第一項は無視できる.右辺第二項は,電極表面の電荷密度q^{M}(符号を含む)が

$$q^{\text{M}} = -F\Gamma_{\text{e}^-} \qquad (5.18)$$

で表されることと,電子の電気化学ポテンシャルの定義〔式(3.5)〕,および相VとI'の平衡条件

$$\tilde{\mu}_{\text{e}^-}^{\text{V}} = \tilde{\mu}_{\text{e}^-}^{\text{I}'} = \mu_{\text{e}^-}^{\text{I}'} - F\phi^{\text{I}'} \qquad (5.19)$$

を考慮すると,

$$\Gamma_{\text{e}^-} d\tilde{\mu}_{\text{e}^-}^{\text{V}} = -q^{\text{M}} d\left(\frac{\mu_{\text{e}^-}^{\text{I}'}}{F} - \phi^{\text{I}'}\right) \qquad (5.20)$$

で与えられる.また,式(5.17)の右辺第四項は,銀-塩化銀電極についての平衡の条件,

$$\mu_{\text{AgCl}}^{\text{III}} + \tilde{\mu}_{\text{e}^-}^{\text{II}} = \mu_{\text{Ag}}^{\text{II}} + \tilde{\mu}_{\text{Cl}^-}^{\text{IV}} \qquad (5.21)$$

と相IIとIの平衡条件

$$\tilde{\mu}_{\text{e}^-}^{\text{II}} = \tilde{\mu}_{\text{e}^-}^{\text{I}} \qquad (5.22)$$

さらに,相IIIのAgClおよび相IIのAgの化学ポテンシャルが一定であることを考慮すると,

$$\Gamma_{\text{Cl}^-} d\tilde{\mu}_{\text{Cl}^-}^{\text{IV}} = \Gamma_{\text{Cl}^-} d\tilde{\mu}_{\text{e}^-}^{\text{I}} = \Gamma_{\text{Cl}^-} d\left(\mu_{\text{e}^-}^{\text{I}} - F\phi^{\text{I}}\right) \qquad (5.23)$$

となる.さらに,相IVとVの界面の溶液側における表面電荷密度q^{L}(符号を含む)は

$$q^{\text{L}} = F\left(\Gamma_{\text{K}^+} - \Gamma_{\text{Cl}^-}\right) \qquad (5.24)$$

で与えられ,電気的中性条件から$q^{\text{M}} = -q^{\text{L}}$であるから,つぎの関係が得ら

れる．

$$\Gamma_{\text{Cl}^-} = \Gamma_{\text{K}^+} + \frac{q^{\text{M}}}{F} \tag{5.25}$$

以上の関係を用いると，次式を得る．

$$d\gamma = -q^{\text{M}} d\left(\phi^{\text{I}'} - \phi^{\text{I}}\right) - \left[\Gamma_{\text{K}^+} d\left(\tilde{\mu}_{\text{K}^+}^{\text{IV}} + \tilde{\mu}_{\text{Cl}^-}^{\text{IV}}\right) + \Gamma_{\text{H}_2\text{O}} d\mu_{\text{H}_2\text{O}}^{\text{IV}}\right] \tag{5.26}$$

ここで，右辺の $(\phi^{\text{I}'} - \phi^{\text{I}})$ は Cl^- に可逆な，すなわちネルンスト応答する銀-塩化銀電極（基準電極）に対する金属電極 M の電位に相当するから，E_- と記述することにする．さらに，イオンの電気化学ポテンシャルの定義から明らかな関係

$$\tilde{\mu}_{\text{K}^+}^{\text{IV}} + \tilde{\mu}_{\text{Cl}^-}^{\text{IV}} = \mu_{\text{K}^+}^{\text{IV}} + \mu_{\text{Cl}^-}^{\text{IV}} = \mu_{\text{KCl}}^{\text{IV}} \tag{5.27}$$

およびギブズ・デュエム（Gibbs–Duhem）の式

$$x\, d\mu_{\text{KCl}}^{\text{IV}} + y\, d\mu_{\text{H}_2\text{O}}^{\text{IV}} = 0 \tag{5.28}$$

から $d\mu_{\text{H}_2\text{O}}^{\text{IV}}$ を求めると（x および y は，それぞれ KCl および H_2O のモル分率），式(5.26)はさらに簡単になって，

$$d\gamma = -q^{\text{M}} dE_- - \Delta\Gamma_{\text{K}^+} d\mu_{\text{KCl}}^{\text{IV}} \tag{5.29}$$

となる．ただし，$\Delta\Gamma_{\text{K}^+}$ は K^+ の H_2O に対する**相対表面過剰量**（relative surface excess）と呼ばれ，次式で与えられる．

$$\Delta\Gamma_{\text{K}^+} \equiv \Gamma_{\text{K}^+} - \frac{x}{y}\Gamma_{\text{H}_2\text{O}} \tag{5.30}$$

上とまったく同様にして，溶液相中の陽イオン（上の場合は K^+）に可逆な電極を参照電極として用いた場合には次式が得られる．

$$d\gamma = -q^{\text{M}} dE_+ - \Delta\Gamma_{\text{Cl}^-} d\mu_{\text{KCl}}^{\text{IV}} \tag{5.31}$$

ただし，

$$\Delta\Gamma_{\text{Cl}^-} \equiv \Gamma_{\text{Cl}^-} - \frac{x}{y}\Gamma_{\text{H}_2\text{O}} \tag{5.32}$$

式(5.29)および式(5.31)の関係は，理想分極性電極の電気二重層の構造を熱力学的に解析するうえで重要である．

5.2 電気毛管曲線

前述の熱力学基本式を用いて電極の電気二重層構造を調べるためには理想分極性電極の表面張力を測定する必要がある．

5.2.1 測定法

図 5.2 に理想分極性電極である**滴下水銀電極**（dropping mercury electrode;

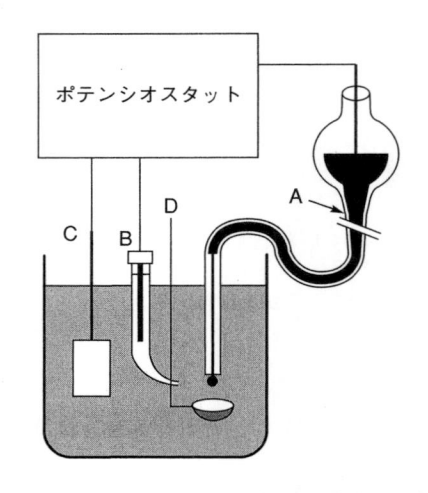

図 5.2　水銀電極による電気毛管曲線の測定
A：水銀滴下電極，B：参照電極，C：対極，D：水銀滴の受け皿
ポテンシオスタットで電極電位を一定に保ちながら，ガラス毛細管の先端から落ちる水銀滴をDの受け皿で採取し，その重量を電位の関数として測定する．

DME）の表面張力を測定する装置の一例を示す．ガラス毛細管から滴下する水銀滴の重量 m を，任意の電位で測定し，次式によって表面張力が求められる．

$$\gamma = \frac{mg}{2\pi r} \tag{5.33}$$

ここで，g は重力加速度，r は毛細管の半径である．表面張力既知（γ_0）のものがあるとき，その m_0 を測れば，次式により目的の表面張力が得られる．

$$\gamma = \frac{m\gamma_0}{m_0} \tag{5.34}$$

5.2.2 電極の表面電荷密度

図 5.3 に表面張力 - 電位曲線の一例を示す．このような曲線のことを**電気毛管曲線**（electrocapillary curve）と呼ぶ．図のように，通常，電気毛管曲線は極大点の両側で放物線に近いかたちになる．

いま，式 (5.29) および式 (5.31) からつぎの関係が得られる．

5.2 電気毛管曲線

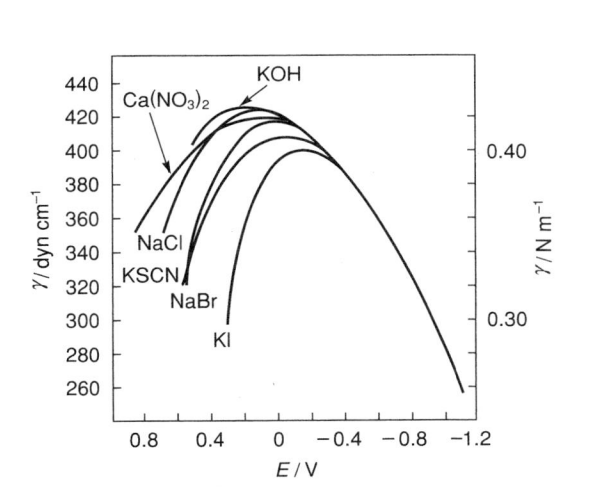

図 5.3 電気毛管曲線の例
陰イオンが正側の電位で電極表面に特異吸着（5.3.4項）すると表面張力が低下する．

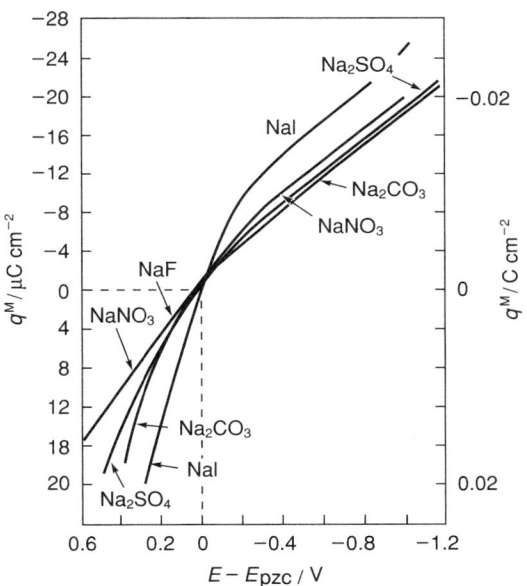

図 5.4 表面電荷と電位の関係
〔喜多英明，魚崎浩平著，「電気化学の基礎」，技報堂 (1983)，p.130 より転載〕

$$\left(\frac{\partial \gamma}{\partial E}\right)_\mu = -q^M \tag{5.35}$$

微分の条件を示す下つきの T と P は省略してある（以下同様）．この式は，界面張力を電位について微分すると電極の表面電荷密度が求められることを示したもので，**リップマン式**（Lippmann equation）と呼ばれている．この関係は，電池〔式(5.16)〕の参照電極が陰イオンに対して可逆であるか，または陽イオンに対して可逆であるかには無関係であることに注意してほしい．したがって，電極電位の下つきの＋，－の記号はつけていない．

リップマン式から明らかなように，界面張力が極大を示す点では接線の傾きはゼロであるから，

$$-q^M = q^L = 0 \tag{5.36}$$

である．このときの電位を**ゼロ電荷点**（point of zero charge；pzc）または**電気毛管極大**（electrocapillary maximum）という．図 5.3 に見られるようにゼロ電荷点が電解質の種類によって異なるのは，イオンの特異吸着（5.3.4項）によるためである．

ゼロ電荷点（E_pzc）よりも正の電位では，電気毛管曲線の勾配は負であるから，電極表面電荷密度は正になり，逆に負の電位では電荷密度は負になる．この様子を図 5.4 に示す．

5.2.3 相対表面過剰量

式 (5.29) および式 (5.31) からは，つぎのような関係も得られる．

$$\left(\frac{\partial \gamma}{\partial \mu_{\mathrm{KCl}}^{\mathrm{IV}}}\right)_{E_-} = -\Delta\Gamma_{\mathrm{K}^+} \tag{5.37}$$

$$\left(\frac{\partial \gamma}{\partial \mu_{\mathrm{KCl}}^{\mathrm{IV}}}\right)_{E_+} = -\Delta\Gamma_{\mathrm{Cl}^-} \tag{5.38}$$

これらの式は，電極電位一定の条件下で溶液中の電解質の濃度，すなわち化学ポテンシャルを変化させて界面張力を測定すれば，その変化の大きさからイオンの相対表面過剰量が求められることを示している．

図 5.5 に測定例を示す．$\Delta\Gamma_{\mathrm{K}^+}$ が正の電位領域で再び増大しているのは，Cl^- の特異吸着によると考えられている．

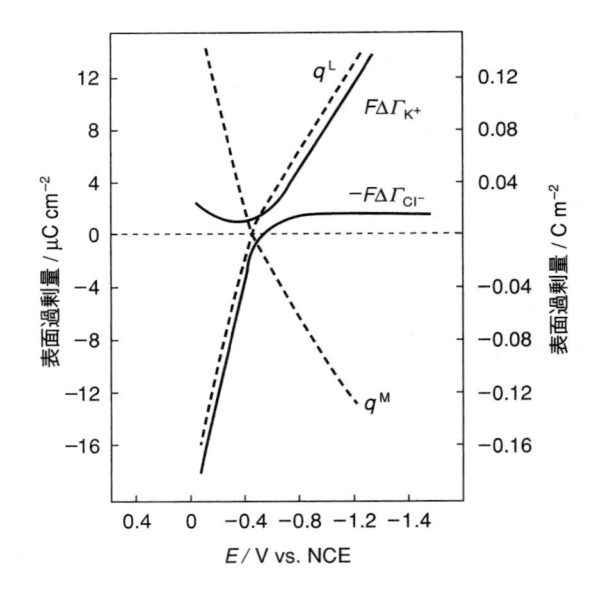

図 5.5　相対表面過剰量と電位の関係 (0.1 M KCl)
電位は 0.1 M 塩化ナトリウム-カロメル電極を基準とした．
〔喜多英明，魚崎浩平著，「電気化学の基礎」，技報堂 (1983)，p.131 より転載〕

5.2.4 電気二重層の静電容量

式 (5.35) のリップマン式より，電極界面の静電容量 C が次式で表される．

$$\boxed{C \equiv \left(\frac{\partial q^{\mathrm{M}}}{\partial E}\right)_\mu = -\left(\frac{\partial^2 \gamma}{\partial E^2}\right)_\mu} \tag{5.39}$$

このように，電気毛管曲線を電極電位で 2 回微分すると C が求まる．このため，静電容量は**微分容量**（differential capacity）とも呼ばれる．図 5.6 に一例を示すが，微分容量は電位や電解質の濃度によって大きく影響を受ける．

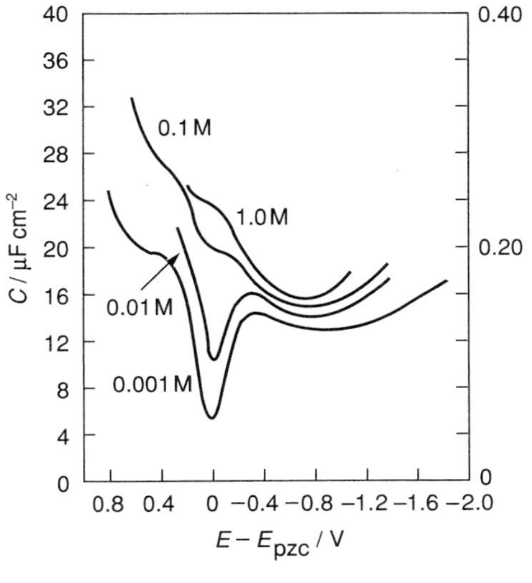

図5.6 NaF水溶液中の水銀電極表面の微分容量(25℃)
〔喜多英明, 魚崎浩平著, 「電気化学の基礎」, 技報堂(1983), p.131 より転載〕

微分容量は, 交流電圧を電極界面に印加するインピーダンス法によって直接測定することができる (7.10節参照). この微分容量をゼロ電荷点 (別の方法で測定する必要がある) から積分することによって表面電荷密度が求まり, さらにもう一回積分することによって界面張力が求まる.

$$q^M = \int_{E_{pzc}}^{E} C \, dE \tag{5.40}$$

$$\gamma = \gamma_{pzc} - \iint_{E_{pzc}}^{E} C \, dE^2 \tag{5.41}$$

このように, ゼロ電荷点さえわかれば, 微分容量の測定からも表面張力と同等の情報が得られる. むしろ, 微分容量を積分したほうが, 表面張力を微分するよりも正確な電荷密度を求めやすい. また, 固体電極などでは微分容量のほうが測定しやすいため, 電気二重層の研究によく用いられている.

5.3 電気二重層のモデル

前節において, 電気二重層や微分容量の測定から表面電荷密度や相対表面過剰量が求められることを示したが, これらの量から電極界面のイオン分布や特異吸着しているイオンの量などを知るには, 電気二重層のモデルを導入する必要がある. 以下に, 最も単純なモデルからより進歩したモデルまでを紹介する.

5.3.1 ヘルムホルツのモデル

電極界面において反対符号の電荷が一定の距離を隔てて向かい合った平板

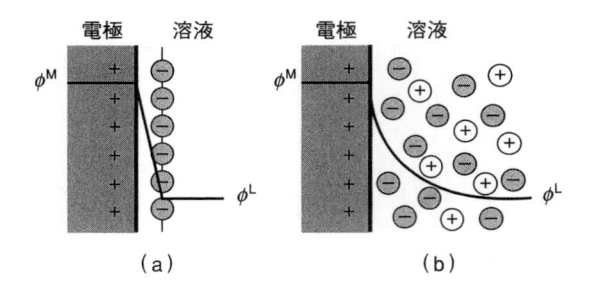

図5.7 (a) ヘルムホルツおよび (b) グイ・チャップマンの電気二重層モデル

コンデンサーモデルがある．図 5.7 (a) に，このヘルムホルツのモデル (Helmholtz model) を示す．この場合，静電容量は

$$C = \frac{\varepsilon_0 \varepsilon_r}{d} \tag{5.42}$$

で与えられる．ここで，d は向かい合って存在する電荷間の距離で，ε_r は電気二重層内の比誘電率である．したがって，d や ε_r が一定であるかぎり，静電容量は一定であり，このモデルでは図5.6に見られるような複雑な挙動を説明することは難しい．

5.3.2 グイ・チャップマンのモデル

グイ (G. Gouy) とチャップマン (D. L. Chapman) は，電気二重層内の過剰のイオンが特定の箇所に集まるのは不自然であり，イオンの一部は溶液相の内部へ拡散し平衡状態を保つと考えた．彼らの理論は，イオン–イオン相互作用に関する有名なデバイ・ヒュッケルの理論(1923年)にきわめて類似しているが，すでに10年前 (1913年) に発表されている．

それでは，グイ・チャップマンの電気二重層〔拡散二重層 (diffuse double layer) とも呼ばれる〕に基づく静電容量の理論式を導いてみよう．図5.7 (b) において，電極表面から垂直に溶液側に x 軸をとり，

$$\Delta\phi \equiv \phi - \phi^L \tag{5.43}$$

によって内部電位 $\Delta\phi$ を定義すると，つぎのような一次元のポアソン方程式が書ける．

$$\frac{d^2 \Delta\phi}{dx^2} = -\frac{\rho}{\varepsilon_0 \varepsilon_r} \tag{5.44}$$

ここで，ρ は単位体積中の電荷密度であり，イオンの分布がボルツマン分布則に従うとすると，

$$\rho = \sum_i z_i e n_i \exp\left(-\frac{z_i e \Delta\phi}{kT}\right) \tag{5.45}$$

ただし，n_i はイオン i の単位体積中の個数である．

ここで，ポアソン方程式の左辺は，

$$\frac{d^2\Delta\phi}{dx^2} = \frac{1}{2}\frac{d}{d\Delta\phi}\left(\frac{d\Delta\phi}{dx}\right)^2 \tag{5.46}$$

のように変形できるので，式(5.44)〜(5.46)より次式が得られる．

$$\frac{d}{d\Delta\phi}\left(\frac{d\Delta\phi}{dx}\right)^2 = -\frac{2}{\varepsilon_0\varepsilon_r}\sum_i z_i e n_i \exp\left(-\frac{z_i e \Delta\phi}{kT}\right) \tag{5.47}$$

この式を積分するにあたり，境界条件

$$\left(\frac{d\Delta\phi}{dx}\right)_{x=\infty} = 0 \tag{5.48}$$

を考慮し，$x=\infty$ から $x=x$ まで積分すると，

$$\left(\frac{d\Delta\phi}{dx}\right)^2 = \frac{2kT}{\varepsilon_0\varepsilon_r}\sum_i n_i\left[\exp\left(-\frac{z_i e\Delta\phi}{kT}\right) - 1\right] \tag{5.49}$$

となる．簡単のために，$z_+ = -z_- \equiv z$，$n_+ = n_- \equiv n$ とすると，式(5.49)は次式のようになる．

$$\left(\frac{d\Delta\phi}{dx}\right)^2 = \frac{2kT}{\varepsilon_0\varepsilon_r} n\left[\exp\left(\frac{ze\Delta\phi}{kT}\right) - 1 + \exp\left(-\frac{ze\Delta\phi}{kT}\right) - 1\right]$$

$$= \frac{2kT}{\varepsilon_0\varepsilon_r} n\left[\exp\left(\frac{ze\Delta\phi}{2kT}\right) - \exp\left(-\frac{ze\Delta\phi}{2kT}\right)\right]^2$$

$$= \frac{8kT}{\varepsilon_0\varepsilon_r} n \sinh^2\left(\frac{ze\Delta\phi}{2kT}\right) \tag{5.50}$$

ただし，$\sinh x = (e^x - e^{-x})/2$ である．したがって，

$$\frac{d\Delta\phi}{dx} = -\sqrt{\frac{8kTn}{\varepsilon_0\varepsilon_r}}\sinh\left(\frac{ze\Delta\phi}{2kT}\right) \tag{5.51}$$

−の符号をとったのは，$x=\infty$ で $\Delta\phi=0$ になるためには，$\Delta\phi>0$ では $d\Delta\phi/dx<0$ にならなければならないからである〔sinh( )は常に正の値をとる〕．

一方，ガウス(Gauss)の定理によれば，電極の表面電荷密度と電極表面での電位勾配とはつぎの関係にある．

$$q^M = -\varepsilon_0\varepsilon_r\left(\frac{d\Delta\phi}{dx}\right)_{x=0} \tag{5.52}$$

したがって，式 (5.51) により次式を得る．

$$q^M = \sqrt{8kT\varepsilon_0\varepsilon_r n}\ \sinh\left[\frac{ze\left(\phi^M - \phi^L\right)}{2kT}\right] \tag{5.53}$$

また，微分容量はこの表面電荷密度を電位で微分して得られる．

$$C = \frac{dq^M}{d\left(\phi^M - \phi^L\right)} = \sqrt{\frac{2z^2e^2\varepsilon_0\varepsilon_r n}{kT}}\ \cosh\left[\frac{ze\left(\phi^M - \phi^L\right)}{2kT}\right] \tag{5.54}$$

ただし，$\cosh x = (e^x + e^{-x})/2$ である．1-1 電解質の 25 ℃ の水溶液について求めた微分容量を図 5.8 に示す．このように，ゼロ電荷点において鋭い極小値を示し，電解質濃度によって著しく変化を受ける．これを図 5.6 の実測値と比較すると，低濃度での極小値は説明できるが，ゼロ電荷点から離れた電位での挙動は説明できない．

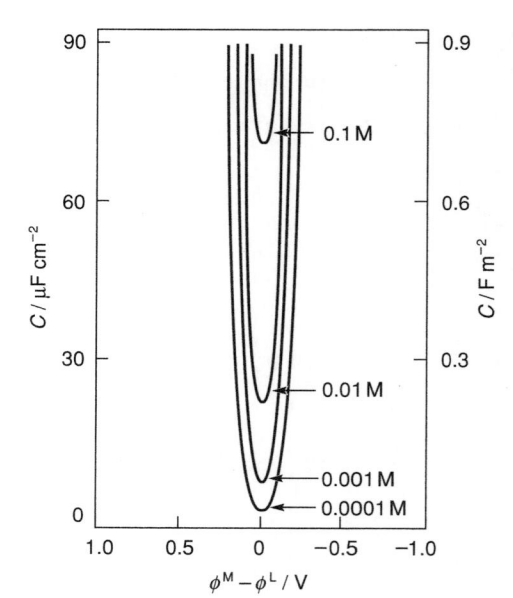

図 5.8 グイ・チャップマンのモデルによる微分容量（1-1 電解質の水溶液，25 ℃）
〔喜多英明，魚崎浩平著，「電気化学の基礎」，技報堂(1983), p.135より転載〕

5.3.3 シュテルンのモデル

グイ・チャップマンのモデルではイオンを点電荷として取り扱っている．しかし，実際にはイオンは大きさをもっていて，水和（溶媒和）も考えるとイオンはある一定の距離までしか電極表面に近づくことができない．そこでシュテルン (O. Stern) は，ヘルムホルツとグイ・チャップマンの二つのモデ

5.3 電気二重層のモデル

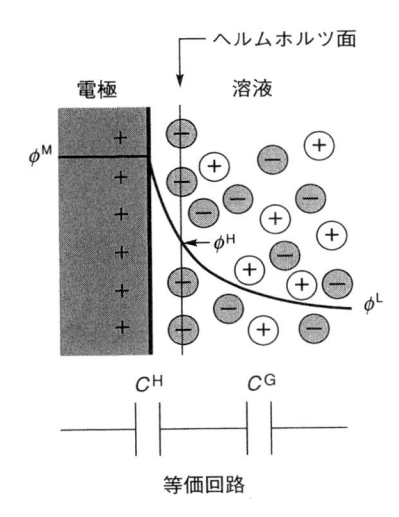

図5.9 シュテルンの電気二重層のモデル

ルを組み合わせたモデルを提案した（1924年）．

図5.9にシュテルンの電気二重層のモデルを示す．電極にイオンが最も近づいたときのイオンの中心を結ぶ面（**最近接面**，plane of closest approach）を**ヘルムホルツ**（Helmholtz）**面**と呼び，それより電極側をヘルムホルツ層，溶液側をグイ・チャップマン層と呼ぶ．

シュテルンの電気二重層内の内部電位差は二つの部分に分けて考えることができる．

$$\phi^M - \phi^L = \left(\phi^M - \phi^H\right) + \left(\phi^H - \phi^L\right) \tag{5.55}$$

ここで，ϕ^Hはヘルムホルツ面の電位である．この式の両辺をq^Mで微分すると次式を得る．

$$\frac{\partial\left(\phi^M - \phi^L\right)}{\partial q^M} = \frac{\partial\left(\phi^M - \phi^H\right)}{\partial q^M} + \frac{\partial\left(\phi^H - \phi^L\right)}{\partial q^M} \tag{5.56}$$

この式の左辺は，微分容量の定義から電気二重層全体の微分容量Cの逆数であり，右辺の第一項と第二項をそれぞれヘルムホルツ層とグイ・チャップマン層の微分容量（C^HおよびC^G）の逆数とみなせば，つぎのような関係が得られる．

$$\boxed{\frac{1}{C} = \frac{1}{C^H} + \frac{1}{C^G}} \tag{5.57}$$

$$C = \frac{C^H C^G}{C^H + C^G} \tag{5.58}$$

このように，シュテルンの電気二重層の微分容量CはC^HとC^Gの容量をもった二つのコンデンサーを直列に配置した等価回路で説明できる．なお，グイ・

チャップマン層の微分容量は，式 (5.54) から，

$$C^G = \sqrt{\frac{2z^2e^2\varepsilon_0\varepsilon_r n}{kT}} \cosh\left[\frac{ze\left(\phi^H - \phi^L\right)}{2kT}\right] \tag{5.59}$$

で与えられる．

これらの式からわかるように，電解質濃度が低く，かつゼロ電荷点に近い電位領域では，C^G は C^H に比べて相対的に小さく，C は C^G に近い値をとる．反対に，電解質濃度が高く，ゼロ電荷点から遠い電位では C は C^H に近い値をとる．このことは図 5.6 の実験結果に一致しているが，一般にグイ・チャップマン層の全容量に対する寄与はゼロ電荷点近傍以外ではかなり小さくなる．

5.3.4 特異吸着を考慮したモデル

先に，電気毛管曲線の極大が電解質の陰イオンの種類によって大きく異なることを示したが（図 5.3），グレアム（D. C. Grahame）はこの現象を陰イオンが化学的な相互作用によって電極に強く結合すること，すなわち陰イオンの**特異吸着**（specific adsorption）によると考えた．この結果，ヘルムホルツ層のさらに内側に特異吸着した陰イオンの層ができると考えたのである．図 5.10

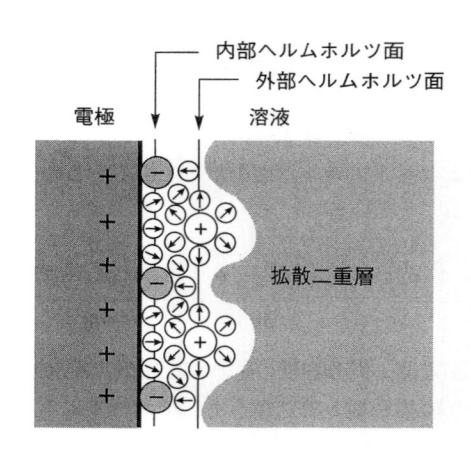

図 5.10　グレアムの電気二重層のモデル
陰イオンが電極表面に特異吸着している場合．水和した陽イオンは陰イオンよりも電極に近づけない．⊖は水分子を示す．

に示すように，シュテルンの電気二重層のヘルムホルツ層は，さらに二つの部分，**内部ヘルムホルツ層**と**外部ヘルムホルツ層**（inner and outer Helmholtz layers）に分かれることになり，特異吸着した陰イオンの中心を結ぶ面を**内部ヘルムホルツ面**，従来のヘルムホルツ面を**外部ヘルムホルツ面**と呼ぶ．なお，この場合の電位分布は特異吸着イオンに影響される（章末問題 5.2 を参照）．

本書では触れないが，最近の電気二重層の理論は，上のような静電気学的な説明から，統計力学に基づく分子論的記述へと移行しつつある．

5.4 界面動電現象

相接する固相または液相のいずれかが移動するとき，さまざまな電気的現象を生じる．このような現象を**界面動電現象**（electrokinetic phenomena）といい，固体-溶液界面の電気二重層が重要な役割をする．

5.4.1 電気浸透

溶液で満たされた毛細管を電場のなかにおくと，毛細管の内部の溶液が移動する．この現象を**電気浸透**（electroosmosis）*という．

溶液と管壁が接した部分には電荷の分離が生じ，電気二重層が形成される．いずれの相が正に帯電するかは系によって異なるが，ガラス毛細管では表面のシラノール基（-Si-OH）の解離によって管壁が負に帯電する．そして，図5.11に示すような静電ポテンシャルが形成される．このような状況で，管壁

> * 電気浸透とは逆に，毛細管や多孔質隔膜のなかの溶液を強制的に流動させると**流動電位**（streaming potential）が発生する．これも界面動電現象の一つである．

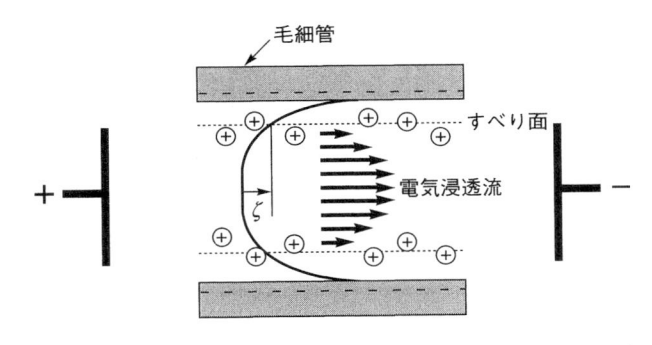

図 5.11 電気浸透
図中の曲線は電気二重層の電位分布（左向きが正）を示している．

に平行に電場を与えると，電気二重層のなかの正電荷（陽イオン）は，静電力によって負極へ引き寄せられる．このとき，溶媒和した溶液も同時に移動し，溶液の流動が引き起こされる．この流れを**電気浸透流**（electroosmotic flow）という．ただし，管壁に接している数分子層の溶液は壁に付着して動くことができず，管壁から一定距離以上離れた領域の溶液だけが移動する．このように流速がゼロになる面を**すべり面**といい，その面の溶液内部に対する電位を**界面動電電位**（electrokinetic potential）あるいは**ゼータ電位**（ζ-potential）と呼ぶ．結果として，すべり面の外側では隣接溶液層間の流動速度の違いが生じる．これに起因する摩擦力や電荷分布および静電ポテンシャルを考慮すると，図5.11の矢印で示したように，流動速度は，すべり面から次第に大きくなり，電気二重層より外側では一定になる．

5.4.2 電気泳動

電気浸透とは逆に，コロイドや高分子イオンなどの荷電粒子を含む溶液に電場を加えると，荷電粒子が静止溶液中を移動する．この現象を**電気泳動**

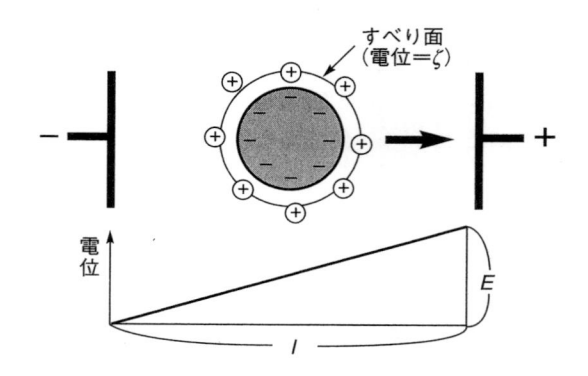

図5.12 電気泳動
実際に溶液にかかる電位差 E は，両電極での分極が起こるため，電極端子間に加えた電位差よりも多少小さくなる．しかし，実際の分離分析的条件（E が非常に大）ではこの違いは無視できる．

(electrophoresis）という．

　図5.12に電気泳動の原理図を示す．二つの電極間（長さ l）の溶液に電圧 E をかける．このとき，たとえば負に荷電した粒子ならば，その表面に形成された電気二重層のすべり面より外側の溶液は正に荷電し，すべり面より内側の溶液と荷電粒子を合わせた正味の電荷は負になる．したがって，荷電粒子

コラム　キャピラリー電気泳動法

　内径100 μm 以下のキャピラリーのなかで電気泳動を行い，短時間に高分解能を達成できる新しい分離システムをキャピラリー電気泳動法（capillary electrophoresis; CE）という．図に示すように，このシステムは① 電源，② 電解槽，③ キャピラリー，④ 検出器からなる．電源には，数十kVの出力電圧のものが用いられる．

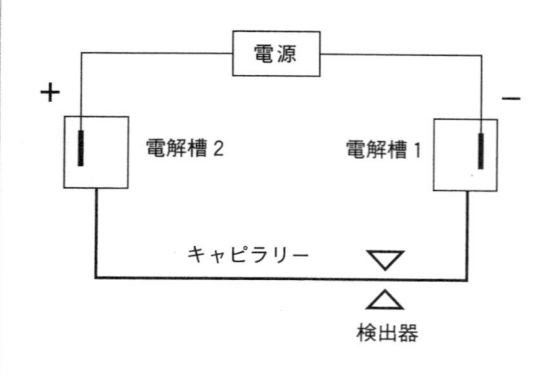

　CE にはさまざまな分離モードがあるが，キャピラリー内に単に電解質溶液を満たして電気泳動を行うのがキャピラリーゾーン電気泳動法（capillary zone electrophoresis；CZE）であり，最もポピュラーなものである．一般に用いられるフューズドシリカキャピラリーの表面は負に帯電しているため，キャピラリー中の正に帯電した溶液は電気浸透流によって負極側に運ばれる．この電気浸透流のなかをイオン性の物質が電気泳動する．したがって，通常のCZEでは陽イオン成分が速く移動し，つぎに中性成分が相互に分離されずに移動し，これに続いて陰イオン成分が移動する．

　なおCZE以外にも，イオン性ミセルへの分配を応用して中性物質の分離も可能にした動電クロマトグラフィー（electrokinetic chromatography；EKC）や，ゲルをキャピラリーに充填したキャピラリーゲル電気泳動法（capillary gel electrophoresis）など，対象物質に応じてさまざまな分離モードが開発されている．

は正の電極のほうへ移動することになる．

　荷電粒子は非常に小さいため，一定の電位勾配をかけた直後にその移動速度は一定になるが，荷電粒子の大きさが電気二重層の厚さよりも大きい場合，その定常速度は次式（Helmholtz–Smoluchowski の式）で表される．

$$v = \frac{\varepsilon_0 \varepsilon_r}{\eta} \frac{E}{l} \zeta \tag{5.60}$$

ここで，η は溶液の粘性係数である．この式は電気浸透における溶液内部の定常速度を表す式でもある．一方，荷電粒子の大きさが小さい場合の移動速度については，たとえば次式が提案されている．

$$v = \frac{2\varepsilon_0 \varepsilon_r}{3\eta} \frac{E}{l} \zeta \tag{5.61}$$

式 (5.60) や式 (5.61) からわかるように，電気泳動法で測定される速度から荷電粒子の ζ 電位を知ることができる．ζ 電位はコロイド，タンパク質などの生体高分子や細胞などの表面の電気二重層構造を知るうえで重要な情報を与えてくれる．

　電気泳動法は，装置的な簡便さ，分解能のよさ，試料の量が少なくても多くてもよいことなどのメリットがあり，とくに生化学の領域において広く利用されている．近年のバイオテクノロジーのめざましい発展を支えたタンパク質や核酸の分離・分析技術において，電気泳動法の果たした役割はきわめて大きいといえる．

―――――― 章末問題 ――――――

5.1　式 (5.49) を導きなさい．

5.2　図 5.10 のグレアムの電気二重層のモデルの電位分布はどのようになるか．

5.3　表面積 A が一定の理想分極性電極に，時間 t とともに $E = vt$（v は比例定数）に従って変化する電圧を加えた場合，これによって流れる**充電電流** I_{ch} から微分容量 C が求まることを示しなさい．

5.4　電気二重層の微分容量 C が電位によらず一定の場合，電気毛管曲線はどのような式で表されるか．

5.5　キャピラリーゾーン電気泳動法の原理について説明しなさい．

6 電極反応

電池の両端にある一定電圧を加えたとき，まずその電極電位に対応する電気二重層を形成するための**充電電流**（charging current）が流れる．5章で述べたように，電気二重層はコンデンサーに類似したものであり，その充電に必要な電気量はきわめて少量であるため，比較的短時間に充電電流は減少する．このようにして電極表面に静電場が形成されると，この静電場のもとで電極反応が起こり，**ファラデー電流**（Faradaic current）が流れる．本章ではこのファラデー電流について説明する．

6.1 電極反応の基本過程

最も単純な電極反応は図6.1のように表現できる．まず，電極反応の主体は電極/溶液界面での電荷移動であり，これを（不均一）**電荷移動過程**〔(heterogeneous) charge-transfer process〕と呼ぶ．この電荷移動過程によって，電極表面と電極近傍の溶液相との間には反応関与物質の濃度差（厳密には電気化学ポテンシャル差）が生じ，物質移動が起こる．これを**物質移動過程**（mass-

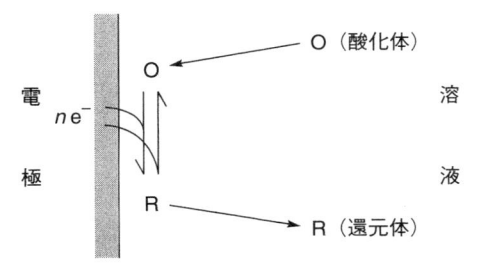

図6.1 最も単純な電極反応の経路

transfer process)と呼ぶ．溶液相内部においては，この電流に見合う電荷が電解質イオンの電気泳動によって運ばれる（イオン電気伝導過程）．これら三種類の過程のうち，最も遅い過程で電流の性質が支配されるが，通常の電極反応系では，イオン電気伝導過程が律速にならないよう，反応に関与しない支持電解質を過剰に共存させるので，実際上，電荷移動過程と物質移動過程が重要になる．ただし，現実の電極反応系では，反応関与物質が溶液相で化学反応する場合や，電極表面に吸着・脱着（adsorption / desorption）し，反応に関与する場合もある．

6.2 電荷移動過程

6.2.1 電極反応速度

いま，つぎのような1ステップn電子系の電極反応を考える．

$$\text{O} + n\text{e}^- \underset{v_\text{b}\,(k_\text{b})}{\overset{v_\text{f}\,(k_\text{f})}{\rightleftarrows}} \text{R} \tag{6.1}$$

ここで，v (mol s^{-1} cm^{-2}) と k (cm s^{-1}) はそれぞれ電極の単位表面積当たりの反応速度と速度定数を表し，下つきのfおよびbはそれぞれ正方向および逆方向の反応を示す．酸化体（O）および還元体（R）の電極表面濃度（電極からの距離 $x = 0$，時間 t における濃度）をそれぞれ $c_\text{O}(0, t)$ と $c_\text{R}(0, t)$ (mol cm^{-3} = mM) とすると，各反応速度はつぎのように表すことができる．

$$v_\text{f} = k_\text{f} c_\text{O}(0, t) \tag{6.2}$$

$$v_\text{b} = k_\text{b} c_\text{R}(0, t) \tag{6.3}$$

これらの速度式は，均一系一次反応の場合と類似しているが，v や k の次元が異なるので注意されたい．

ファラデーの法則〔式(1.1)〕から，電気量 Q (C) と電解によって消費されたOあるいは生成したRの正味のモル数 N (mol) の間には

$$Q = -nFN \tag{6.4}^*$$

の関係があるので，ファラデー電流 I (A = C s^{-1}) は次式で表される．

$$I \equiv \frac{dQ}{dt} = -nF\frac{dN}{dt} \tag{6.5}$$

この式で，dN/dt (mol s^{-1}) は電極反応速度 v (mol s^{-1} cm^{-2}) に電極表面積 A (cm^2) を乗じたものにほかならず，結局，

$$I = -nFAv \tag{6.6}$$

となる．このように，電流とは電極反応速度を表すことをよく理解されたい．なお，式(6.2)および式(6.3)の v_f と v_b についてもつぎのように書ける．

---

* 本書では，電気量（Q）と電流（I）は酸化方向〔式(6.1)の逆方向〕を正にとった．一部の書物では逆になっているので注意されたい．

$$|I_\mathrm{f}| = nFAv_\mathrm{f} \tag{6.7}$$

$$|I_\mathrm{b}| = nFAv_\mathrm{b} \tag{6.8}$$

ここで，I_f および I_b はそれぞれ正（還元）方向および逆（酸化）方向の電解電流である．式（6.6）における正味の電解電流 I は，これらの正・逆方向の電解電流の差〔$I = -(|I_\mathrm{f}| - |I_\mathrm{b}|)$〕であるから，式（6.2）および式（6.3）を用いてつぎのように与えられる．

$$\boxed{I = -nFA[k_\mathrm{f}c_\mathrm{O}(0,t) - k_\mathrm{b}c_\mathrm{R}(0,t)]} \tag{6.9}$$

なお，電流はしばしば単位電極表面積当たりに規格化され，**電流密度** $i\ (\equiv I/A)\ (\mathrm{A\ cm^{-2}})$ で表現されることがある．

6.2.2 電極反応速度定数

電極反応速度定数 k_f および k_b は電極電位に依存する．ここではその依存性を示す基本式を絶対反応速度論に基づいて導く．

まず，速度定数がアレニウス式（Arrhenius equation）によって表されるとする．

$$k_\mathrm{f} = A_\mathrm{f} e^{-\Delta G_\mathrm{f}^\ddagger/RT} \tag{6.10}$$

$$k_\mathrm{b} = A_\mathrm{b} e^{-\Delta G_\mathrm{b}^\ddagger/RT} \tag{6.11}$$

ここで，$\Delta G_\mathrm{f}^\ddagger$ および $\Delta G_\mathrm{b}^\ddagger$ は，それぞれ正反応および逆反応の活性化エネルギーであり，また A_f および A_b は通常のアレニウス式でみられる頻度因子である．一般に，均一相反応の活性化エネルギーは広い温度範囲で一定とみなせるが，電極反応では活性化エネルギーは電極電位によって変化する．これをポテンシャルエネルギー曲線を用いて模式的に示したのが図 6.2 である．ここでポテンシャルエネルギー曲線は電位が変わっても変化しないとする．こ

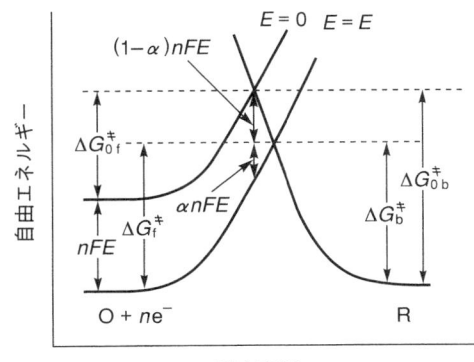

図 6.2 電荷移動過程のポテンシャルエネルギー曲線

*1 酸化体側の曲線だけが，電子のポテンシャルの変化分 ($-nFE$) だけ下方向にシフトしている．溶液中にある酸化体と還元体のポテンシャルはいずれも電極電位によって変化しない．

の図のなかで $E=0$ の曲線は，ある与えられた実験条件下で任意の電位基準に対して電極電位がゼロでのポテンシャルエネルギー曲線に相当し，$E=E$ の曲線*1は電極電位を E だけ正側に変化させた場合に相当している．そして，$\Delta G_{0f}^{\neq}$ と $\Delta G_{0b}^{\neq}$ は，それぞれ $E=0$ での正方向および逆方向の活性化エネルギーである．

図から明らかなように，正反応の電位 E における活性化エネルギーは，全エネルギー変化 (nFE) のうち $\alpha\,(0<\alpha<1)$ の割合だけ $E=0$ の場合より高くなっている．

$$\Delta G_f^{\neq} = \Delta G_{0f}^{\neq} + \alpha nFE \tag{6.12}$$

ここで，α は**移動係数** (transfer coefficient) と呼ばれ，電極反応の**速度論的パラメータ** (kinetic parameter) の一つである．一方，逆反応の電位 E での活性化エネルギーは，$E=0$ の場合より $(1-\alpha)nFE$ だけ低くなっている．

$$\Delta G_b^{\neq} = \Delta G_{0b}^{\neq} - (1-\alpha)nFE \tag{6.13}$$

式 (6.12) と式 (6.13) を式 (6.10) と式 (6.11) に代入すると，つぎのような関係を得る．

$$k_f = A_f \exp\left[-\frac{\Delta G_{0f}^{\neq}}{RT}\right] \times \exp\left[-\frac{\alpha nF}{RT}E\right] \tag{6.14}$$

$$k_b = A_b \exp\left[-\frac{\Delta G_{0b}^{\neq}}{RT}\right] \times \exp\left[\frac{(1-\alpha)nF}{RT}E\right] \tag{6.15}$$

式 (6.14) の右辺の $A_f \exp[-\Delta G_{0f}^{\neq}/RT]$ と式 (6.15) の右辺の $A_b \exp[-\Delta G_{0b}^{\neq}/RT]$ は電位に無関係で，$E=0$ での速度に等しい．そこで，これらの量を k_f^0 または k_b^0 とおくと，式 (6.14) および式 (6.15) はつぎのように表される．

$$k_f = k_f^0 \exp\left[-\frac{\alpha nF}{RT}E\right] \tag{6.16}$$

$$k_b = k_b^0 \exp\left[\frac{(1-\alpha)nF}{RT}E\right] \tag{6.17}$$

*2 平衡状態では見かけ上電極反応は起こらないので，O や R の濃度は電極からの距離に依存せず一定である．電極表面から十分離れた溶液をバルク (bulk) または母液と呼ぶ．

平衡状態では，平衡電位 E^e と O および R のバルク濃度*2 (c_O^* および c_R^*) との間にはつぎのネルンスト式が成立する．

$$\boxed{E^e = E^{\circ\prime} + \frac{RT}{nF}\ln\frac{c_O^*}{c_R^*}} \tag{6.18}$$

ここで，$E^{\circ\prime}$ は**式量電位**（formal potential）と呼ばれるもので，標準酸化還元電位 E° と

$$E^{\circ\prime} = E^\circ + \frac{RT}{nF} \ln \frac{\gamma_O}{\gamma_R} \tag{6.19}$$

の関係にある．ただし，γ_O および γ_R は O および R の活量係数である．いま，$c_O^* = c_R^*$ の場合を考えると，式 (6.18) より $E^e = E^{\circ\prime}$ であり，また平衡状態（$v_f = v_b$）ではバルク濃度と電極表面濃度は等しい［$c_O^* = c_O(0,t)$ および $c_R^* = c_R(0,t)$］から，式 (6.2) および式 (6.3) より $k_f = k_b$ となる．したがって，式 (6.16) および式 (6.17) からつぎの関係を得る．

$$k_f^0 \exp\left[-\frac{\alpha nF}{RT} E^{\circ\prime}\right] = k_b^0 \exp\left[\frac{(1-\alpha)nF}{RT} E^{\circ\prime}\right] = k^\circ \tag{6.20}$$

ここで，k° は式量電位における k_f および k_b に等しく，**標準速度定数**（standard rate constant）と呼ばれる速度論的パラメータの一つである．この k° を用いて式 (6.14) と式 (6.15) を書き換えると，

$$\boxed{k_f = k^\circ \exp\left[-\frac{\alpha nF}{RT}(E - E^{\circ\prime})\right]} \tag{6.21}$$

$$\boxed{k_b = k^\circ \exp\left[\frac{(1-\alpha)nF}{RT}(E - E^{\circ\prime})\right]} \tag{6.22}$$

これらの式は，バトラー（J. A. V. Butler）らによって導かれたものであり，電極反応速度の理論的研究においてきわめて重要な式である．

さらに，式 (6.21) および式 (6.22) を式 (6.9) に代入すると次式を得る．

$$\boxed{I = -nFAk^\circ \left\{ c_O(0,t) \exp\left[-\frac{\alpha nF}{RT}(E - E^{\circ\prime})\right] - c_R(0,t) \exp\left[\frac{(1-\alpha)nF}{RT}(E - E^{\circ\prime})\right] \right\}} \tag{6.23}$$

この式は**バトラー・ボルマー式***（Butler–Volmer equation）と呼ばれ，電荷移動過程における電流と電位の関係を表す一般式である．この式には二つの速度論的パラメータ（k° および α）が含まれており，それぞれつぎのような物理的意味をもつ．

標準速度定数（k°）

電極反応の速度論的容易さを表すパラメータである．この値が大きいほど速やかに平衡に達し，小さい場合には反応が遅い．しかし，k° が小さくても

---

* このB–V式の名称は，しばしば式 (6.21) および式 (6.22) や式 (6.28) にも用いられる．なお，B–V式は，律速段階の素反応に適用されるものであり，電子移動の素反応が 1 電子移動であると考えれば，B–V式に現れる n は $n = 1$ として読み替えるべきである．

電極電位を正または負に大きくすることによって，k_f または k_b を大きくすることができる〔式 (6.21) および式 (6.22) を見よ〕．

移動係数（α）

図6.2に示したポテンシャルエネルギー障壁の対称性を表すパラメータで，対称（すなわちポテンシャルエネルギー曲線の傾きの絶対値が同じ）であれば，$\alpha = 0.5$（通常，この値に近い値をとる）である．通常の理論的取り扱いでは，α は電位に依存しないとしてよいが，厳密には電位に依存するもので，これは理論的にも予測されている（マーカス理論 → コラムを参照）．しかし，α の電位依存性を明確に示した実験例は少ない．

電極反応が平衡（$E = E°$）の場合，正味の電流は流れない（$I = 0$）．また，上で述べたように平衡ではバルク濃度と電極表面濃度は等しいので，式 (6.23) からつぎの関係が得られる．

◁コラム▷　マーカス理論

1992年，カリフォルニア工科大学のマーカス（R. A. Marcus）教授は，「化学系における電子移動反応理論への貢献」によりノーベル賞を受賞した．受賞理由には，「マーカス理論は，緑色植物による光エネルギーの固定化，光化学的な燃料の生産，化学発光，導電性高分子の導電性，腐食，電解合成，電気分析，などなどの広範な電子移動反応の予測ができる」とある．

マーカス理論によると，電子移動反応の活性化エネルギーは単純化した場合，次式で与えられる．

$$\Delta G^{\ne} = \frac{\lambda}{4}\left(1 + \frac{\Delta G°}{\lambda}\right)^2$$

ここで，$\Delta G°$ は反応の標準自由エネルギー，λ は**再配向エネルギー**（reorganization energy）と呼ばれるもので，電子移動反応に伴う分子内の結合状態の変化による寄与（λ_{in}）と溶媒分子の配向変化による寄与（λ_{out}）の和になる．このように，λ の値がわかれば上式から電子移動の活性化エネルギーが計算でき，電子移動の速度が予測できる．ここにマーカス理論の価値がある．なお，マーカスは2章で述べたような溶媒和エネルギーの静電理論に基づいて λ_{out} が評価できることを示した．

電極反応の場合，$\Delta G°$ は $nF\eta$（η は過電圧）で置き換えられる．式 (6.1) の正方向の活性化エネルギーについては，

マーカス（R. A. Marcus, アメリカ, 1923～）
（© The Nobel Foundation）

$$\Delta G_f^{\ne} = \Delta G_{0f}^{\ne} + \frac{1}{2}nF\eta + \frac{(nF\eta)^2}{16\,\Delta G_{0f}^{\ne}}$$

のように書ける．ただし，$\Delta G_{0f}^{\ne}$ は平衡電位での活性化エネルギーで，$\Delta G_{0f}^{\ne} = \lambda/4$ である．過電圧 η が小さくて右辺第三項が無視できる場合，$\alpha = 0.5$ とすれば式 (6.12) と同様になり，バトラー・ボルマー式の場合に一致する．η が大きいと右辺第三項が無視できず，α が電位に依存することになる．

$$nFAk°c_O^* \exp\left[-\frac{\alpha nF}{RT}(E^e - E°)\right] = nFAk°c_R^* \exp\left[\frac{(1-\alpha)nF}{RT}(E^e - E°)\right] \equiv I_0 \tag{6.24}$$

この I_0 は平衡での電解電流を示し，**交換電流** (exchange current) と呼ばれる．また，I_0 を電極の単位面積当たりで定義したものを**交換電流密度** (exchange current density ; $i_0 \equiv I_0/A$) と呼ぶ．

式 (6.24) の $E°$ に式 (6.18) の右辺を代入して，i_0 で表すと，次式を得る．

$$i_0 = nFk°\left(c_O^*\right)^{1-\alpha}\left(c_R^*\right)^{\alpha} \tag{6.25}$$

このように i_0 は $k°$ に比例するので，しばしば $k°$ の代わりに速度論的パラメータとして用いられる．

式 (6.23) のバトラー・ボルマー式を電流密度ならびに式 (6.25) の交換電流密度を用いて書き換えると，つぎのようになる．

$$i = -i_0\left\{\frac{c_O(0,t)}{c_O^*}\exp\left[\frac{-\alpha nF\eta}{RT}\right] - \frac{c_R(0,t)}{c_R^*}\exp\left[\frac{(1-\alpha)nF\eta}{RT}\right]\right\} \tag{6.26}$$

ただし，η は**過電圧** (overpotential または overvoltage) と呼ばれ，電極電位の平衡電位からのずれとして定義される．

$$\boxed{\eta \equiv E - E^e} \tag{6.27}$$

式 (6.26) における界面濃度とバルク濃度の比 $[c(0,t)/c^*]$ は，物質移動過程の影響を表しており，これが 1 に近似できる場合[†]，次式のようになる．

† 溶液を十分に撹拌している場合や電流密度が非常に小さい場合に相当する．

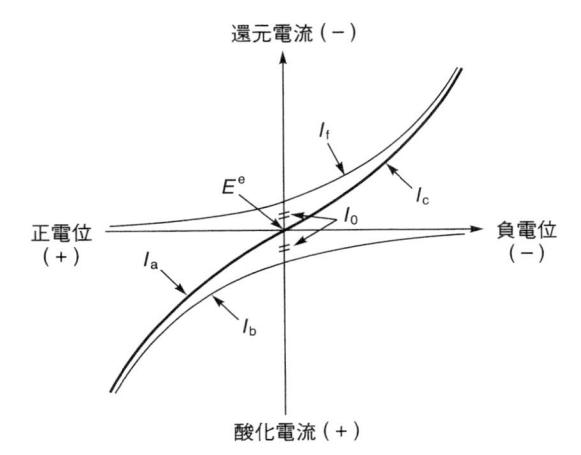

図 6.3 バトラー・ボルマー式による陰極電流と陽極電流

$$i = -i_0\left\{\exp\left[\frac{-\alpha nF\eta}{RT}\right] - \exp\left[\frac{(1-\alpha)nF\eta}{RT}\right]\right\} \quad (6.28)$$

η が正または負に十分大きい場合，このバトラー・ボルマー式はさらに簡略化することができ，その近似式は**ターフェル式**（Tafel equation）と呼ばれる

=コラム= 電気二重層効果

電極反応関与物質がイオンの場合，電極反応速度は電気二重層内の電位分布の影響を受ける．

いま，溶液中に十分な量の支持電解質が存在し，電極表面の電気二重層の構造が支持電解質によってのみ決まるものとする．もし酸化体 O が陽イオン（電荷数 z）であるとするならば，電気二重層内の電位分布に従って図のようにボルツマン分布すると予想される．

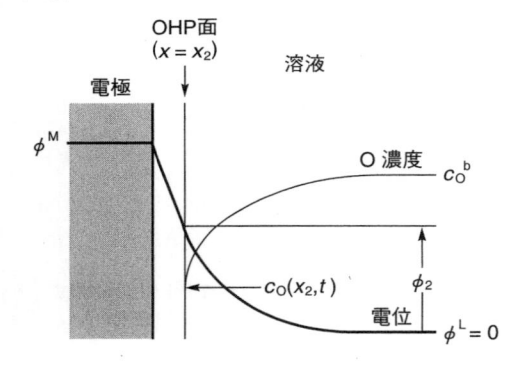

もし O が電極に特異吸着しなければ，O は外部ヘルムホルツ（OHP）面までしか電極に近づけないので，O はこの場所で電極と電子授受を行うことになる．したがって，真の表面濃度はこの OHP 面（$x=x_2$）での濃度 $c_O(x_2, t)$ となり，次式で与えられる．

$$c_O(x_2, t) = c_O^b \exp\left(\frac{-zF\phi_2}{RT}\right) \quad (a)$$

ここで，ϕ_2 は OHP 面の電位であり，c_O^b は電気二重層のすぐ外側の濃度で，通常の電極反応速度の理論的取り扱いにおける表面濃度 $c_O(0, t)$ に相当する．

本論の解説において，O の還元電流 I_f は $c_O(0, t)$ を用いてつぎのように表された．

$$|I_f| = nFAk°c_O(0,t)\exp\left[-\frac{\alpha nF}{RT}(E-E°')\right] \quad (b)$$

しかし，本来の O の濃度は $c_O(0, t)$ ではなく $c_O(x_2, t)$ であり，また図からわかるように，電極表面での電子授受に直接かかわる電位も $E (= \phi^M +$ 定数$)$ ではなく $E-\phi_2 (= \phi^M - \phi_2 +$ 定数$)$ である．したがって，I_f はつぎのように表現すべきである．

$$|I_f| = nFAk_t°c_O(x_2,t)\exp\left[-\frac{\alpha nF}{RT}(E-\phi_2-E°')\right] \quad (c)$$

ただし，$k_t°$ は"真"の標準速度定数である〔簡単のため，α については式 (b) と同じとした〕．式 (c) に式 (a) を代入し，$c_O^b = c_O(0, t)$ を考慮して変形すると，

$$|I_f| = nFAk_t°c_O(0,t)\exp\left[\frac{(\alpha n - z)F}{RT}\phi_2\right] \times$$

$$\exp\left[-\frac{\alpha nF}{RT}(E-E°')\right] \quad (d)$$

となる．この式と式 (b) を比較すると，つぎの関係が得られる．

$$k° = k_t° \exp\left[\frac{(\alpha n - z)F}{RT}\phi_2\right] \quad (e)$$

この式を用いると，測定によって得られた見かけの速度定数 $k°$ への電気二重層の効果を補正〔Frumkin（フルムキン）補正という〕することができる．ただし，ϕ_2 の値を界面張力や微分容量の測定に基づいてあらかじめ評価しておく必要がある．

(章末問題 6.4 を参照)．ターフェル式やバトラー・ボルマー式は，電荷移動過程だけが律速の場合の電流（密度）–電位曲線を解析するのによく用いられる．

式 (6.28) のバトラー・ボルマー式に基づく電流と電位の関係を図 6.3 (p.93) に示した．電極電位 E が平衡電位 E^e の場合，正・逆方向の電流値の大きさは等しくなり（$|I_f| = |I_b| \equiv I_0$），正味の電流は観察されない（$I = 0$）．E が E^e よりも負の電位では，$|I_f|$ のほうが $|I_b|$ より大きくなり，負の電流が観測される．この電流 I_c は**陰極電流**（cathodic current）と呼ばれる．一方，E^e よりも正の電位では，$|I_b|$ のほうが $|I_f|$ より大きくなり，正の電流が観測される．このときの電流 I_a は**陽極電流**（anodic current）と呼ばれる．

6.3 物質移動過程

4.1 節において，静止溶液中の荷電粒子の移動がネルンスト・プランク式〔式 (4.7)〕で与えられることを示したが，通常のボルタンメトリー測定などにおいて溶液中に十分な量の支持電解質が含まれるような場合や中性分子については，泳動による項を無視できる．このような場合，フラックスは単に拡散による項のみによって与えられる．

$$J = -D\left(\frac{dc}{dx}\right) \tag{6.29}$$

この関係式は拡散現象を記述する**フィックの第一法則**（Fick's first law）という．

いま粒子が溶液内を x 軸方向に移動しているとしよう．x 軸と垂直な単位面積の断面を単位時間内で通過する粒子の量は式 (6.29) で与えられる．x および $x + dx$ にある単位面積の断面で囲まれる微小体積内の物質収支を考えると，次式が成立する．

$$\frac{\partial c}{\partial t} dx = -D\left[\left(\frac{\partial c}{\partial x}\right)_x - \left(\frac{\partial c}{\partial x}\right)_{x+dx}\right] \tag{6.30}$$

dx が十分小さいとき上式はつぎのように表される*．

$$\frac{\partial c}{\partial t} = D\frac{\partial^2 c}{\partial x^2} \tag{6.31}$$

となる．この式は**フィックの第二法則**（Fick's second law）として知られており，第一法則とともに電極での物質移動過程を解析するうえで最も重要な式である．

* 微分係数の定義を思いだそう．
$$f'(x) = \lim_{h \to 0} \frac{f(x+h) - f(x)}{h}$$

6.4 電極反応系の可逆性

6.1節において，電極反応はおもに物質移動過程と電荷移動過程からなることを述べたが，二つの過程の速度の大小によって，電極反応系をつぎのように分類できる．

（1）**可逆系**(reversible system)
　　物質移動過程の速度　≪　電荷移動過程の速度
（2）**非可逆系**(irreversible system)
　　物質移動過程の速度　≫　電荷移動過程の速度
（3）**準可逆系**(quasi-reversible system)
　　（1）と（2）の中間の場合

しかし，このような分類は測定法のタイムスケール（ボルタンメトリーの場合の電位掃引速度など）に依存する[*1]．たとえば，通常の掃引速度によって可逆波が観察される電極反応系でも，掃引速度を速くすれば準可逆波を示すことがある（7.7.3項参照）．

（1）の可逆系の場合は，電荷移動過程がきわめて速いため，たとえ電極表面で電解反応が起こり（$I \neq 0$），平衡であった酸化体 O と還元体 R の濃度間に摂動が生じても，直ちに平衡状態にもどる．したがって，O と R の電極表面濃度の間には，式(6.18)と同様のネルンスト式が常に成立している．

$$E = E^{\circ\prime} + \frac{RT}{nF} \ln \frac{c_O(0,t)}{c_R(0,t)} \tag{6.32}$$

この式は可逆系の電極反応を理解するための基本式として重要である．なお，このような可逆系からは電荷移動過程についての情報（速度論的パラメータ）は得られない．

一方，（2）の非可逆系では電荷移動過程が非常に遅いため，過電圧を正か負に十分大きくしなければ電解電流を観察することはできない．したがって，非可逆系では正（還元）反応か逆（酸化）反応のどちらか一方が無視できる．なお，この場合は電荷移動過程が律速であるので，理想的なターフェル関係が得られる（章末問題6.4参照）．したがって，非可逆系は速度論的パラメータを得るのには適している[*2]．

最後に（3）の準可逆系では，電荷移動過程の速度と物質移動過程の速度があまり大きく異ならないので，比較的小さな過電圧で電解反応が起こる．したがって，還元反応と酸化反応のどちらか一方を無視することはできない．この場合は，電荷移動過程と物質移動過程の両方が電流－電位曲線に影響を与えるので，その解析には注意を払う必要がある．

6.5 拡散方程式

式(6.1)の電極反応が左から右に進行すると，電極表面で O が消費され，R

[*1] 電気化学的な可逆・非可逆は，熱力学的な可逆・非可逆と異なることに注意されたい．

[*2] ただし，電解生成した物質が後続化学反応により非電解物質に変換される場合も，この非可逆系に分類される．この場合には，電極反応の速度論的パラメータを得るのは困難な場合が多い．

が生成される．この結果，電極表面でのOやRの濃度とバルク濃度に差が生じる．いま，電極が平面であり，物質移動が線形拡散(linear diffusion)のみによって起こる場合の電極表面の濃度変化について考えてみよう．これはすなわち，電極反応を考慮し，OあるいはRに関してフィックの第二法則で記述される以下の**拡散方程式**(diffusion equation)を解くことにほかならない．

$$\frac{\partial c_O(x,t)}{\partial t} = D_O \frac{\partial^2 c_O(x,t)}{\partial x^2} \tag{6.33}*$$

$$\frac{\partial c_R(x,t)}{\partial t} = D_R \frac{\partial^2 c_R(x,t)}{\partial x^2} \tag{6.34}$$

ここで $c_O(x,t)$ と $c_R(x,t)$ は，酸化体および還元体の電極表面から距離 x，時間 t における O および R の濃度である．

式 (6.33) の O に関する拡散方程式を，$t = 0$ の初期条件

$$c_O(x,0) = c_O^* \tag{6.35}$$

と，$x \to \infty$ の境界条件

---

* 式 (6.33) の拡散方程式は x と t の二つの変数を含む偏微分方程式である．これを**付録**(p.186)のラプラス変換を用いて解いてみよう(簡単のため，添え字の O は省略した)．まず，式(6.33)を t の関数とみなし，ラプラス変換をほどこすと(左辺に定理2を適用)，つぎのようになる．

$$s\bar{c}(x,s) - c(x,0) = D\frac{\partial^2 \bar{c}(x,s)}{\partial x^2} \tag{a}$$

これに式 (6.35) の初期条件を代入し，$\frac{\partial^2}{\partial x^2}\left(\frac{c^*}{s}\right) = 0$ となることを考慮すると，

$$\frac{s}{D}\left(\bar{c}(x,s) - \frac{c^*}{s}\right) = \frac{\partial^2 \bar{c}(x,s)}{\partial x^2} = \frac{\partial^2}{\partial x^2}\left(\bar{c}(x,s) - \frac{c^*}{s}\right) \tag{b}$$

s は任意のパラメータであるから，式(b)は形式上変数が x だけの常微分方程式とみなすことができ，容易に解くことができる．すなわち，常法により次式が得られる．

$$\bar{c}(x,s) - \frac{c^*}{s} = A\exp\left(-\sqrt{\frac{s}{D}}x\right) + B\exp\left(\sqrt{\frac{s}{D}}x\right) \tag{c}$$

ここで，A, B は s の関数になるが，式 (6.36) の境界条件から $B = 0$ であることがわかる．したがって，

$$\bar{c}(x,s) = \frac{c^*}{s} + A\exp\left(-\sqrt{\frac{s}{D}}x\right) \tag{d}$$

次に A を求めよう．式 (d) を x で微分すると次式が得られる．

$$\frac{\partial \bar{c}(x,s)}{\partial x} = A\left(-\sqrt{\frac{s}{D}}\right)\exp\left(-\sqrt{\frac{s}{D}}x\right) \tag{e}$$

ここで式 (6.37) の境界条件にラプラス変換をほどこすと，

$$\left(\frac{\partial \bar{c}(x,s)}{\partial x}\right)_{x=0} = -\frac{\bar{I}(s)}{nFAD} \tag{f}$$

これを $x = 0$ のときの式 (e) に代入すると，

$$A = \frac{\bar{I}(s)}{nFA\sqrt{Ds}} \tag{g}$$

したがって，式 (d) はつぎのように表される．

$$\bar{c}(x,s) = \frac{c^*}{s} + \frac{\bar{I}(s)}{nFA\sqrt{Ds}}\exp\left(-\sqrt{\frac{s}{D}}x\right) \tag{h}$$

これを $\bar{I}(s)$ 以外についてラプラス逆変換して t 座標にもどし(右辺第二項の逆変換は変換表の $f(s) = e^{-\beta x}/\beta$ という関数形を利用)，さらに定理5を用いると，式 (6.38) が得られる．

$$c_O(x,t) \to c_O^* \tag{6.36}$$

およびx = 0の境界条件

$$-D_O \left(\frac{\partial c_O(x,t)}{\partial x} \right)_{x=0} = \frac{I(t)}{nFA} \tag{6.37}{}^{*1}$$

*1 本書では還元電流を負にとることに注意.

のもとでラプラス変換（付録，p.186を参照）を用いて解くと，つぎのような解が得られる.

$$c_O(x,t) = c_O^* + \frac{1}{nFA\sqrt{\pi D_O}} \int_0^t \frac{I(\tau) \exp[-x^2/4D_O(t-\tau)]}{\sqrt{t-\tau}} d\tau \tag{6.38}$$

この式は任意の場所および時間におけるOの濃度を表す一般式であるが，もし電流 $I = $ 一定という条件では，次式で与えられる.

$$c_O(x,t) = c_O^* + \frac{I}{nFA\,D_O} \left\{ 2\sqrt{\frac{D_O t}{\pi}} \exp\left(-\frac{x^2}{4D_O t}\right) - x\,\mathrm{erfc}\left[\frac{x}{2\sqrt{D_O t}}\right] \right\} \tag{6.39}{}^{*2}$$

*2 この式の導出および余誤差関数 erfc については付録のラプラス変換表を参照してほしい (p.187).

この式を用いて計算した電極表面でのOの濃度変化を図6.4に示す．時間とともに表面濃度が減少し，濃度変化が生じている部分，すなわち**拡散層** (diffusion layer)[*3]がしだいに厚くなっていくことがわかる.

*3 5章で述べた拡散二重層 (diffuse double layer，別名：電気二重層) と混同しないように注意．拡散層（厚さ$10^{-3} \sim 10^{-2}$ cm）は拡散二重層（約 10^{-7} cm）に比べて非常に厚い.

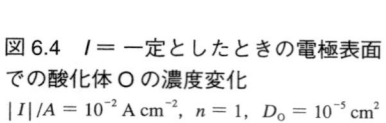

式 (6.38) より，Oの表面濃度は一般に

$$\boxed{c_O(0,t) = c_O^* + \frac{1}{nFA\sqrt{\pi D_O}} \int_0^t \frac{I(\tau)}{\sqrt{t-\tau}} d\tau} \tag{6.40}$$

で与えられる.

図6.4 $I = $ 一定としたときの電極表面での酸化体Oの濃度変化

$|I|/A = 10^{-2}$ A cm^{-2}, $n=1$, $D_O = 10^{-5}$ cm^2 s^{-1}, $c_O^* = 5 \times 10^{-5}$ mol cm^{-3}.
〔喜多英明，魚崎浩平著，「電気化学の基礎」，技報堂 (1983)，p.186 より転載〕

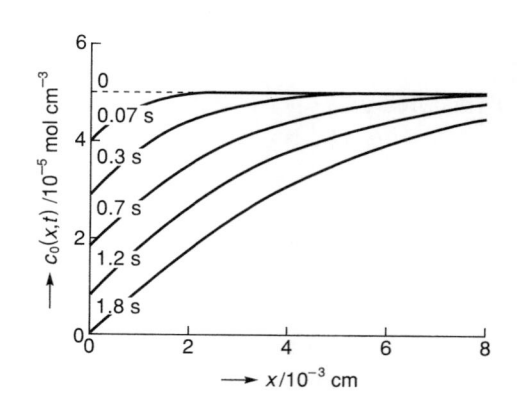

同様に R に関する拡散方程式〔式(6.34)〕を下記の初期条件と境界条件のもとで解くと，

$$c_R(x,0) = 0 \tag{6.41}$$

$$c_R(x,t) \to 0 \quad (x \to \infty \text{ のとき}) \tag{6.42}$$

$$D_R\left(\frac{\partial c_R(x,t)}{\partial x}\right)_{x=0} = \frac{I(t)}{nFA} \tag{6.43}$$

R の表面濃度について次式が得られる．

$$\boxed{c_R(0,t) = -\frac{1}{nFA\sqrt{\pi D_R}}\int_0^t \frac{I(\tau)}{\sqrt{t-\tau}}\,d\tau} \tag{6.44}$$

なお，式(6.37)および式(6.43)の境界条件の意味するところは，電流が反応関与物質の電極表面における濃度勾配に比例することであり，これらの式は電解電流を表す基本式として非常に重要である．

6.4節で述べたように，電極反応系の違いにより，電極電位と表面濃度の関係式が異なるが〔可逆系では式(6.32)，準可逆系では式(6.23)，非可逆系では式(6.23)の右辺{ }内の第一項あるいは第二項を無視した式〕，これらの式の表面濃度項に式(6.40)および式(6.44)を代入すれば，対象とする系の電流-電位-時間に関する一般式が得られる．しかし，式(6.40)および式(6.44)の表現は複雑なので，次章で述べるように，解析を容易にするためいろいろの測定法が開発されている．

章末問題

6.1 電解質の濃度が極端に低いと，電極反応はイオン電気伝導過程が律速になる．この場合，どのような電流が流れるか．

6.2 平衡状態でネルンスト式〔式(6.18)〕が成り立つことを，式(6.23)を用いて示しなさい．

6.3 α が0.5よりも大きくなると，図6.3に示す陰極電流と陽極電流はどのようになるか．また，$k°$ が非常に小さくなるとどうなるか図に書いて示しなさい．

6.4 η が正または負に十分大きい場合，式(6.28)のバトラー・ボルマー式を近似してつぎのターフェル式を導きなさい．
$$\eta = a \pm b \ln|i| \quad (a, b \text{ は定数})$$

6.5 式(6.34)の還元体 R についての拡散方程式を解きなさい．

7 電気化学測定法

電極での酸化還元反応を利用して,溶液中の溶存物質の分析をしたり,標準酸化還元電位などの電気化学的特性を調べたりするために,多種多様な測定法が開発されている.本章では,測定システムの概略と,いくつかの一般的な測定法の原理について述べる.

7.1 電気化学測定法の分類

電気化学測定法は,つぎのように二つに大別される.

1) **電位規制電解法** (potentiostatic electrolysis)

電極電位を時間の関数として外部より電極に印加し,電極に流れる電流を測定する.電極電位を規制するため,後述の**ポテンシオスタット** (potentiostat) が用いられる.

> 例 ポテンシャルステップ・クロノアンペロメトリー,ノーマルパルスボルタンメトリー,微分パルスボルタンメトリー,サイクリックボルタンメトリー,ポーラログラフィーなど

2) **電流規制電解法** (galvanostatic electrolysis)

電極に流れる電流を時間の関数として外部より規制し,電極電位の変化を測定する.電流を規制するため,**ガルバノスタット** (galvanostat) が用いられる.

> 例 クロノポテンシオメトリー,電流規制ポーラログラフィーなど

表7.1におもな測定法について,電極系に外部から与える印加信号と,これに対する電極応答,および通常表示するグラフ形式を示した.なお,表に

表7.1　おもな電気化学測定法

方　　法	（ア）印加信号	（イ）電極応答	（ウ）表示グラフ
1. (ダブル)ポテンシャルステップ・クロノアンペロメトリー			（イ）に同じ
2. ノーマルパルスボルタンメトリー			
3. 微分パルスボルタンメトリー			
4. サイクリックボルタンメトリー			
5. ポーラログラフィー（滴下水銀電極を用いる）			（イ）に同じ
6. (電流反転)クロノポテンシオメトリー			（イ）に同じ

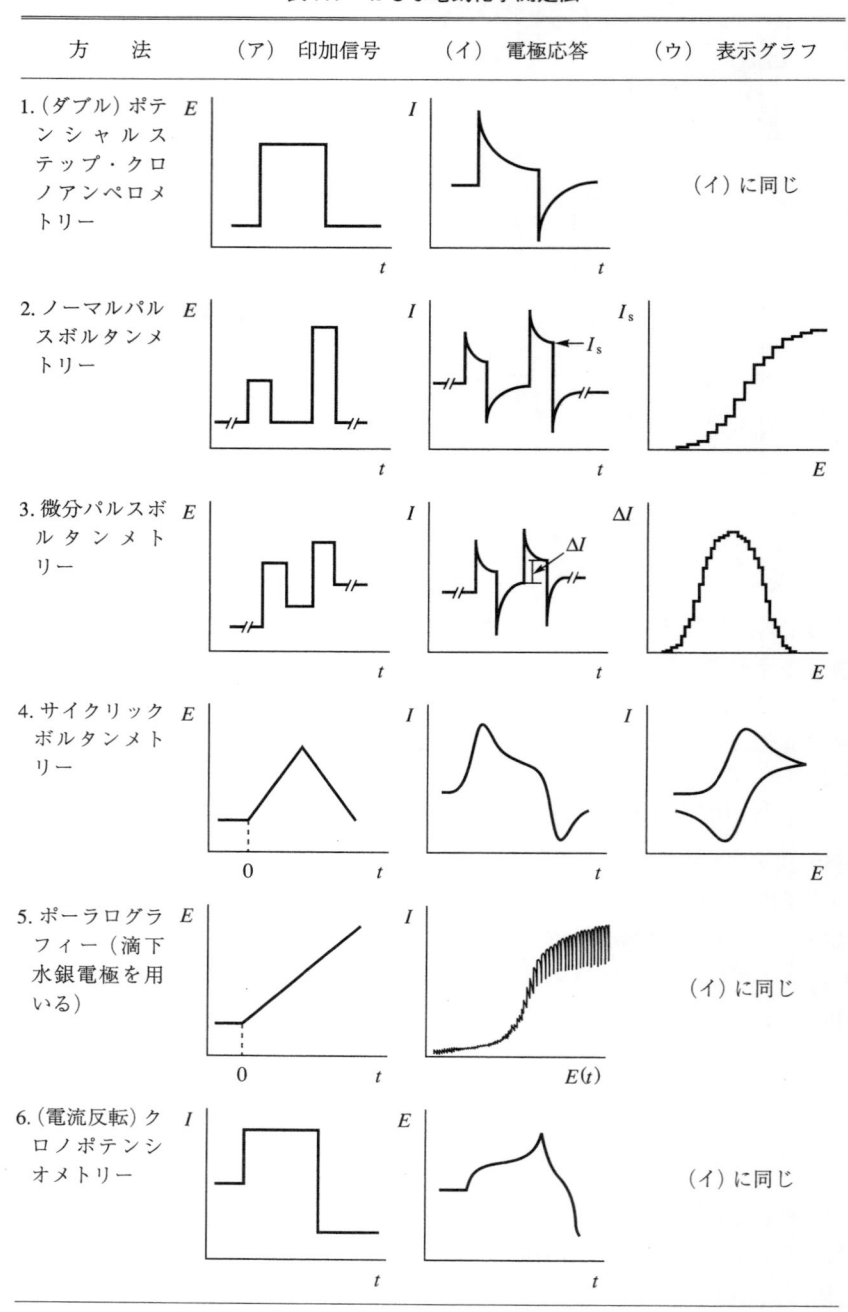

は示していないが，回転電極を用いる対流ボルタンメトリー (p.112, コラムを参照)，目的物質を電極上に濃縮して微量定量を行うストリッピングボルタンメトリー (p.115, コラムを参照)，交流電圧を用いる交流インピーダンス法 (p.130)，などがある．

7.2 測定システム

7.2.1 電解セル

通常，電解セルは三電極方式のものがよく用いられている．用途により形状はさまざまであるが，典型的な三電極式電解セルの一例を図7.1に示す．測

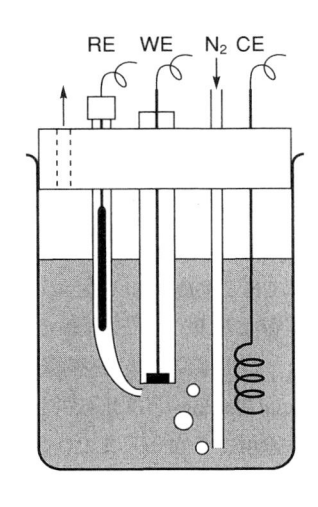

図7.1 三電極式電解セル
WE：作用電極，RE：参照電極，CE：対極．

定したい試験溶液（test solution）のなかに，**作用電極**（working electrode; WE），**参照電極**（reference electrode; RE），および**対極**（counter electrode; CE）の3本の電極[*1]を浸す．そして，これらの電極を，電位規制電解の場合はポテンシオスタットに，電流規制の場合はガルバノスタットに接続する．

作用電極で起こる電極反応による電流は，作用電極と対極間を流れる．参照電極は作用電極の電位を規制（電位規制の場合）するか，測定（電流規制の場合）するためのものであり，参照電極自身には実際上電流は流れない．

十分な濃度の支持電解質を含む水溶液では溶液抵抗が小さいのであまり気にする必要はないが，非水溶媒系などの溶液抵抗が大きい場合では，参照電極の配置には注意する必要がある．ポテンシオスタットやガルバノスタットで規制または測定する電極電位は作用電極と参照電極の間の電圧 E_{appl} であり，作用電極と対極間に電流 I が流れると，IR_{sol}（R_{sol} は作用電極と参照電極の先端部分の間の実効的な溶液抵抗）の分だけ**オーム降下**（ohmic drop）が生じる．つまり，実際に電極界面にかかっている電圧 E は，

$$E = E_{appl} - IR_{sol} \tag{7.1}$$

となり，オーム降下の分だけ小さくなってしまう．このオーム降下を少なくするためには，参照電極の先端部分を作用電極に近づけるとよい[*2]．この際，図7.1に示すようにガラス管を細工した**ルギン細管**（Luggin capillary）がよく用いられる．また，電位規制電解の場合，正帰還回路を備えたポテンシオスタットを用いてオーム降下を補償することが可能である．

なお，試験溶液中の溶存酸素を除く必要がある場合は，図7.1に示すよう

[*1] これらの電極にはいろいろな呼び方がある．作用電極は指示電極・動作電極，参照電極は基準電極・照合電極，対極は補助電極などとも呼ばれる．

[*2] あまり近づけ過ぎると，反応物質の電極への拡散を妨害してしまうので注意すること．

に，窒素ガス(またはアルゴンガス)を試験溶液に十分通気してから測定を行う．ガスボンベ中の乾いたガスを試験溶液に直接通気すると溶媒が気化するので，ベース溶液(反応種だけを含まない試験溶液と同じ組成の溶液)を洗気ビンに入れ，これにガスをくぐらせてから電解セルに導くとよい．この際，洗気ビンと電解セルを同じ恒温水槽のなかに入れ，温度を同一にしておく．

7.2.2 作用電極

かつてポーラログラフィーの全盛時は**滴下水銀電極**(図 5.2)が最もよく用いられていた．滴下水銀電極では電極表面がつねに更新されるため，後述の固体電極のように電極表面の前処理の必要がなく，再現性のよい測定が可能である．しかし，水銀の $Hg^{2+} + 2e^- \rightleftharpoons Hg$ の平衡電位はあまり高く(正に大きく)なく，Cl^-, Br^-, I^-, CN^-, OH^-, S^{2-} などのように Hg^{2+} や Hg^+ と錯形成するイオンが溶液中に存在すると，かなり低い(負側の)電位で酸化されてしまう．このため，分極している電位領域〔**分極領域**または**電位窓**(polarizable potential range または potential window)〕は比較的狭く，正電位領域に酸化還元電位をもつ電極反応には適用できない．また，水銀廃液の処理が厄介であるということもあり，最近では貴金属電極や炭素電極などの固体電極にすっかり主役の座を奪われてしまった．

貴金属電極では高純度なものが容易に得られ，加工が容易な**白金電極**や**金電極**がよく用いられている．8 章で詳しく述べるが，白金電極は水銀電極に比べて水素過電圧(水素を発生させるのに必要な過電圧)が非常に小さいので負側の電位窓が狭いが，逆に正側には＋1.5 V (vs. SHE)近くまで分極領域が広がっている．ただし，白金電極は水素の吸脱着による電流が流れる．金電極は水素過電圧が白金電極に比べて大きいが，水銀電極よりは小さい．また，水素の吸脱着の電流は流れない．なお，これらの貴金属電極では正電位側に必ず酸化被膜の形成による電流とその還元電流が流れる．しかし，これらの電流や水素の吸脱着の電流は表面反応によるため，一定の電気量しか流れない．したがって，このような電流が流れる電位領域でもほかの電極反応を調べることは可能である．貴金属電極は線・棒・シート・網などへの加工が容易であるため，対極としてもよく用いられる．

炭素電極には，用いる炭素材料によって，**パイロリティックグラファイト**(pyrolytic graphite)電極，**グラッシーカーボン**(glassy carbon; GC)電極，**カーボンペースト**(carbon paste)電極，**PFC**(plastic formed carbon)電極などのいくつかの種類がある．一般に炭素電極は電位窓が広く，使いやすい電極である．とくにグラッシーカーボン電極は化学的に安定で，ガスを通さず，純度も高いので，よく用いられている．しかし，白金電極やパイロリティックグラファイト電極よりも残余電流(主として電気二重層の充電による電流)は大きい．カーボンペースト電極はグラファイトの粉に流動パラフィンなどを混ぜてペースト状にし，これをガラス管などの先端に充填したものである．作

製が容易であり，酸化方向の電位窓が広い．また，ペーストのなかに電極反応を触媒する物質（メディエーターという）を添加することができるので，酵素機能電極（10.6節）などを作製する際にも利用されている．PFC電極は近年開発されたもので，キノン類などの有機化合物の電極反応に対する活性が高い．なお，直径が数 μm の炭素繊維を用いた**カーボンファイバー** (carbon fiber) 電極も開発されており，*in vivo*（生体内）用の微小センサーや速い電極反応の研究（高速掃引ボルタンメトリー），あるいはカラム電解法（7.9.2項参照）に応用されている．

固体電極を用いて再現性のよい結果を得るためには，電極表面の前処理が重要である．電極表面を適当な研磨剤を用いて磨いてから超音波洗浄器で洗うのがよく用いられる手法であるが，前処理法については測定対象や研究者によって千差万別であるので，事前に十分な予備実験と文献などの下調べをしておく必要がある．

近年，固体電極の表面に，金属酸化物，高分子，酵素，微生物などを固定化し，電極にさまざまな機能を付与した**修飾電極** (modified electrode) が開発されている．この詳細についてはほかの成書を参照してほしい．

7.2.3 参照電極

3.3.4項で述べたように，電極反応の平衡電位は標準水素電極（SHE）を基準にして表す決まりになっている．しかし，p. 37 に示した SHE は取り扱いが容易ではない．このため，通常の電気化学測定では代わりの参照電極が用いられる．

最もよく用いられる参照電極の一つが**カロメル（甘コウ）電極** (calomel electrode) である（図7.2）．図に示すように，水銀と塩化カリウム溶液の間に甘コウ（Hg_2Cl_2）と水銀を練り合わせてペースト状にしたものをはさんである．

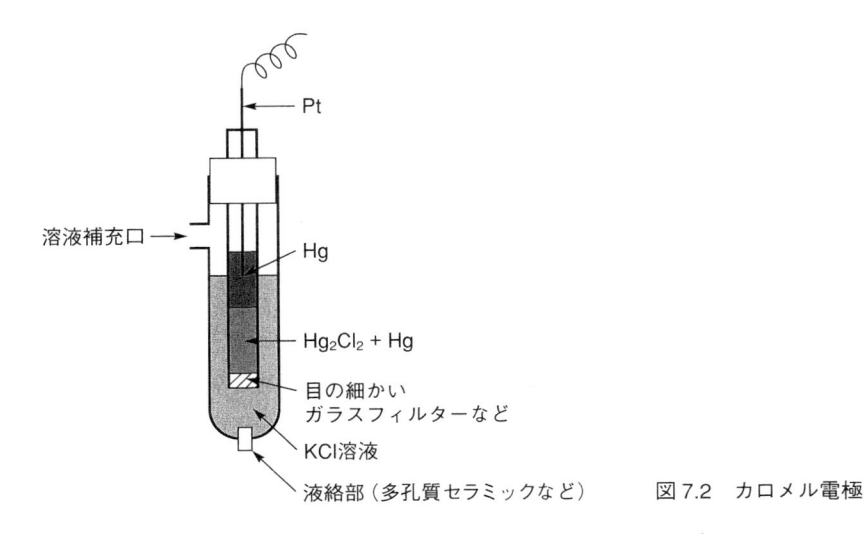

図 7.2 カロメル電極

表7.2　カロメル電極の平衡電極電位 (25℃)

電　極　系	E (vs. SHE) / V
Hg｜Hg_2Cl_2｜0.1 M KCl	0.334
Hg｜Hg_2Cl_2｜1.0 M KCl	0.281
Hg｜Hg_2Cl_2｜飽和 KCl	0.241

水銀相と甘コウ相の間の平衡は Hg_2^{2+} が規定し，甘コウ相と溶液相の間の平衡は Cl^- が規定しており，平衡電極電位は，銀-塩化銀電極の場合と同様の式で表される〔式(3.28)および式(3.29)参照〕*．なお，塩化カリウム溶液には，飽和溶液が最もよく用いられ，この電極を**飽和カロメル電極** (saturated calomel electrode; SCE) という．表7.2に，SHEに対するカロメル電極の平衡電極電位を示す．この表の値を使えば，カロメル電極に対して測定した電位をSHE基準に直すことができる．

＊　カロメル電極や銀-塩化銀電極のように，金属相と溶液相の間に難溶性の塩の相をはさんだ電極を**第二種の電極** (electrode of the second kind) と呼ぶ．一方，$Ag|AgNO_3, H_2O$ 電極のように，金属相と溶液相の二相からなる単純な電極を**第一種の電極** (electrode of the first kind) と呼ぶ．

電位の再現性がよく，作製も取り扱いも容易で，しかもコンパクトな形態のものが作製できる**銀-塩化銀電極**もよく用いられている．塩化銀は銀線の上に溶融塩を塗りつけるか，銀電極を塩化カリウム溶液中でゆっくりと電解して電極表面に生成させる．溶液相の塩化カリウムの濃度が濃くなると，塩化銀が溶出する傾向があるので，塩化カリウムの溶液には塩化銀を飽和させておく必要がある．表7.3に，銀-塩化銀電極の平衡電極電位を示す．

表7.3　銀-塩化銀電極の平衡電極電位 (25℃)

電　極　系	E (vs. SHE) / V
Ag｜AgCl｜0.1 M KCl	0.289
Ag｜AgCl｜1.0 M KCl	0.236
Ag｜AgCl｜飽和 KCl	0.197

なお，上記の参照電極は原則として水溶液中でしか使えない．非水溶媒系に用いられる参照電極については，ほかの書物を参照してほしい．

7.2.4　測定装置

電気化学測定法に用いられるポテンシオスタットやガルバノスタットは**OPアンプ**（演算増幅器，operational amplifier）と呼ぶ集積回路を用いて作製される．ポテンシオスタットの基本回路の一例を図7.3に示すが，三角形で描かれているのがOPアンプである（OPアンプの動作原理については他書を参照してほしい）．関数発生器（G）からの電圧 E_{appl} を電圧入力端子（A）に与えると，二つのOPアンプ（OA1およびOA2）の働きによって参照電極REの端子に $-E_{appl}$ の電圧が印加される．作用電極WEの端子電圧は，もう一つのOPアンプ（OA3）の回路によってつねに〜0 Vに保たれている．このように，流れる電流の大きさが変化したとしても，つねにREに対して E_{appl} の電圧がWEに印加される．これがポテンシオスタットの動作原理である．なお，WEと

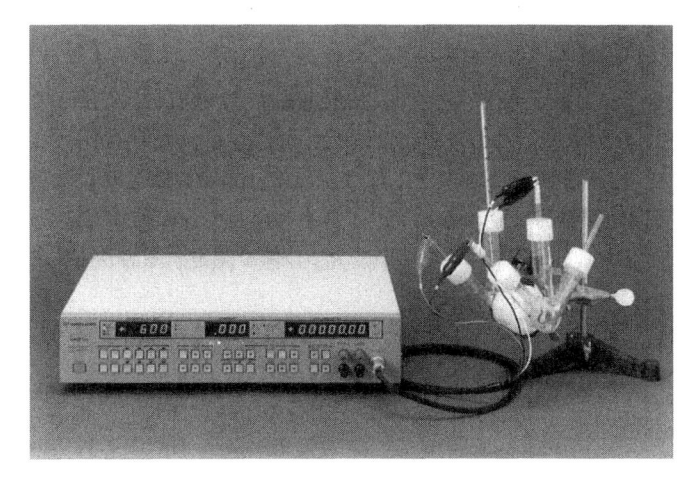

写真7.1 ポテンシオスタット
市販のポテンシオスタットの例（スイッチの切り替えでガルバノ
スタットにもなる）．写真は北斗電工（株）より提供．

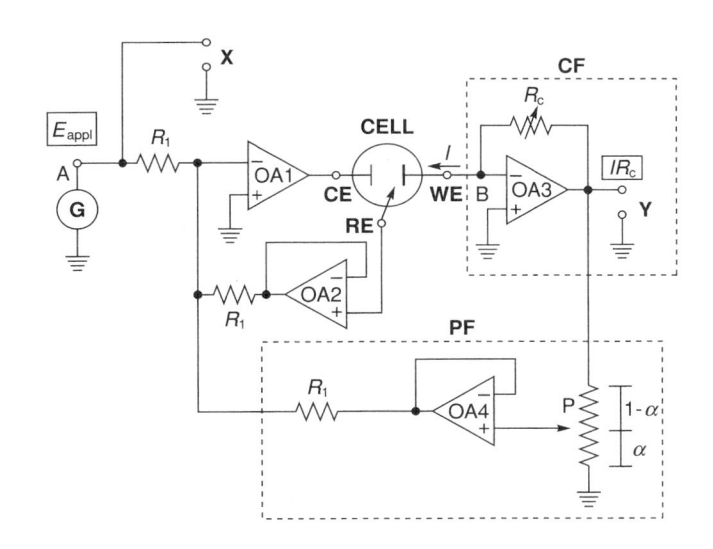

図7.3 ポテンシオスタットの基本回路の一例
G：関数発生器，CF：電流検出部（電流フォロワー），PF：正帰還回路，X，Y：記録計の電位軸および電流軸入力端子へ．
OPアンプの電源回路や発振防止用のコンデンサーは省いてある．

対極 CE 間を流れる電流 I は電流検出回路（CF）によって検出され，I に比例する電圧 IR_c（R_c は可変抵抗器の抵抗値）として Y の電流出力端子に現れる．これを記録計の電流軸入力端子につなげばボルタモグラムなどを記録することができる．なお，最近ではポテンシオスタットへの電圧の入力と電流の記録は，コンピュータ制御で行われることが多くなった．

図7.3に示したポテンシオスタットには溶液抵抗によるオーム降下を補償するための**正帰還回路**（positive feedback circuit）がついている．P のポテンシオメーターを調節して電流出力端子の電圧の一部 αIR_c（$0 \leq \alpha \leq 1$）を電圧入力段に帰すと，WEの端子には $E_{appl} + \alpha IR_c$ の電圧が加わる．したがって，WEに実際にかかっている電圧 E は，

$$E = E_{\text{appl}} - I(R_{\text{sol}} - \alpha R_{\text{c}}) \tag{7.2}$$

となり，$R_{\text{sol}} = \alpha R_{\text{c}}$ になるように α の値を調節してやれば，オーム降下を補償することができる．このためには，あらかじめ R_{sol} の値を知っておく必要があるが，回路を適切に組み立てれば，ほぼ 100% 補償された状態 ($R_{\text{sol}} \approx \alpha R_{\text{c}}$) から回路が発振し始めるので，これを利用して α の値を設定*することができる．ほかに，交流信号を用いて R_{sol} の値を測定する方法もある．

* 測定中に発振が起こらないように，若干低め（< 100%）に設定する．

7.3　ポテンシャルステップ・クロノアンペロメトリー

7.3.1　測定原理

図 7.4 に示したように外部から一定の電位を電極に印加し，電解によって

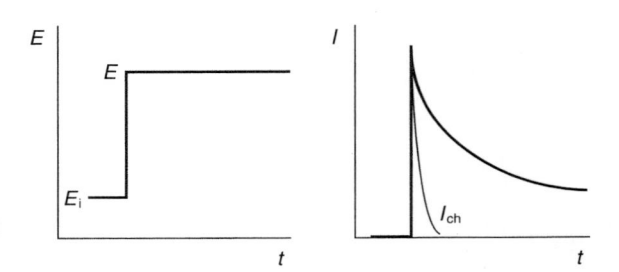

図 7.4　ポテンシャルステップ・クロノアンペロメトリーの原理
I_{ch} は充電電流．

流れる電流変化を測定する方法をポテンシャルステップ・クロノアンペロメトリー (potential step chronoamperometry; PSCA) という．この方法は，印加電圧が一定であるため理論的解析が容易であり，またポーラログラフィーやノーマルパルスボルタンメトリーの基礎でもある．

いま，$O + ne^- \rightarrow R$ なる還元反応に PSCA を行った場合を考える．この方法では，最初，電極電位を電解の起こらない電位 E_{i} に保っておく．そして，図 7.4 に示すように電解の起こる電位に電極電位を変化させ，一定電位 E で電解を行う．

電位ステップを印加した直後，図に示すように，電極界面の電気二重層を充電するための充電電流 I_{ch} が流れるが，きわめて短時間のうちに減衰するので，その後の電解電流の解析には支障がない．

充電が速やかに完了すると，印加した電極電位に応じて電解が始まる．電解によって電極表面の酸化体が消費され，還元体が生成する．酸化体は溶液内部から拡散によってどんどんと補給されるので反応は進行するが，反応の進行とともに補給量が減少し，図に示したようにファラデー電流は減少する．

7.3.2　可逆系の電流－時間曲線

いま，溶液中に酸化体 O だけが存在し，つぎのような可逆な電極反応が進行する場合を考える．

$$O + ne^- \rightleftharpoons R \tag{7.3}*$$

* 本章での多電子移動系の議論は，7.7.4項を除き，1ステップn電子系を想定している．

この場合，OとRの電極表面濃度は式(6.32)のネルンスト式によって関係づけられる．また，電極反応の進行と表面濃度の関係は式(6.40)および式(6.44)で記述される．Eがtの関数でないことを考え，これらの式を解くと，電流－電位－時間の関係式が得られる（章末問題7.3を参照）．

$$I(t) = -\frac{nFAc_O^*}{\left\{\dfrac{\exp[nF(E-E^{\circ\prime})/RT]}{\sqrt{D_R}} + \dfrac{1}{\sqrt{D_O}}\right\}\sqrt{\pi t}} \tag{7.4}$$

$E \ll E^{\circ\prime}$となると，電流の大きさはEに依存しない最大値に達する．このときの電流を**限界電流**（limiting current）といい，次式で与えられる．

$$I(t)_{\lim} = -nFAc_O^*\sqrt{\frac{D_O}{\pi t}} \tag{7.5}$$

これは**コットレル式**（Cottrell equation）と呼ばれる．

このように，電流（つまり反応速度）が拡散によって律せられている場合，すなわち**拡散律速**（diffusion control）では，電流$I(t)$は時間tの平方根に反比例し，このような電流を**拡散電流**（diffusion current）と呼ぶ．この場合，$I(t)$を$1/\sqrt{t}$に対してプロットすると原点を通る直線が得られ，その傾きから拡散係数Dを知ることができる．

式(7.5)に現れる$c_O^*\sqrt{D_O/\pi t}$は式(6.37)からわかるように，電極へのOのフラックス$J_{O, x=0}$であり，$c_O^*/\sqrt{\pi D_O t}$が電極表面でのOの濃度勾配$[\partial c_O(x,t)/\partial x]_{x=0}$に相当する．図7.5に$c_O(0,t)=0$（$E \ll E^{\circ\prime}$）の場合の電極表面の濃度プロファイルを実線で示すが，点線のように物質濃度が直線的に変化すると仮定*すると，濃度勾配が形成される層，すなわち**拡散層**の厚さ

* 拡散層に対するネルンストの仮定という．

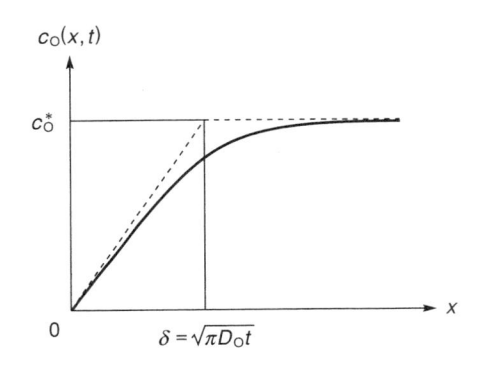

図7.5　ネルンストの拡散層のモデル
$c_O(0, t) = 0$の場合．

δ は $\delta = \sqrt{\pi D_O t}$ となる．このように，拡散層は時間の経過とともに $\sqrt{t}$ に比例して厚くなるが，実際には対流の影響で 0.05 cm 以上には成長しない．

7.3.3 準可逆系および非可逆系の電流 – 時間曲線

準可逆系では，O と R の電極表面濃度は一般に式 (6.9) の速度式によって電流と関係づけられる．先ほどと同様にして，この式に式 (6.40) と式 (6.44) を代入し，ラプラス変換を用いて整理すると，つぎの電流 – 時間曲線の理論式が得られる（章末問題 7.4 を参照）．

$$I(t) = -nFAk_f c_O^* \, e^{\lambda^2 t} \mathrm{erfc}(\lambda \sqrt{t}) \tag{7.6}$$

ただし，λ は電荷移動速度と物質移動速度との比を示すパラメータで，次式で定義される．

$$\lambda \equiv \frac{k_f}{\sqrt{D_O}} + \frac{k_b}{\sqrt{D_R}} \tag{7.7}$$

k_f, k_b は式 (6.21) および式 (6.22) に示すように電位の関数であるが，λ の値が大きくなるほど可逆系に近くなり（拡散律速），小さくなるほど非可逆性が強くなる（電荷移動律速）．

式 (7.6) で，$\mathrm{erfc}(x)$ は余誤差関数（p. 187）と呼ばれ，$\lim_{x \to \infty} e^{x^2} \mathrm{erfc}(x) = 0$ であるから，電流の大きさは時間とともに単調に小さくなる．$\lim_{x \to 0} e^{x^2} \mathrm{erfc}(x) = 1$ であるから，$t = 0$ における電解電流値は $I(0) = -nFAk_f c_O^*$ となり，濃度分極（電極表面近傍の溶液中で濃度差が生じること）がないことを意味している．つまり，$e^{\lambda^2 t} \mathrm{erfc}(\lambda \sqrt{t})$ は物質移動の効果，すなわち濃度分極に基づく補正係数に相当する．

比較的 t が短い領域（$\lambda \sqrt{t} \ll 1$）では，$e^{\lambda^2 t} \mathrm{erfc}(\lambda \sqrt{t}) = 1 - 2(\lambda \sqrt{t}/\sqrt{\pi})$ と近似できるので，式 (7.6) はつぎのように簡略化される．

$$I(t) = -nFAk_f c_O^* \left(1 - \frac{2}{\sqrt{\pi}} \lambda \sqrt{t}\right) \tag{7.8}$$

したがって，$I(t)$ を $\sqrt{t}$ に対してプロットし，その切片（$-nFAk_f c_O^*$）から速度定数 k_f を求めることができる．また，傾きから λ（すなわち k_b）を求めることができる．さらに，これらの速度定数の電位依存性を調べ，式 (6.21) または式 (6.22) のバトラー・ボルマー式を適用すると，速度論的パラメータ（$k°$ や α）を得ることもできる．ただし，こうした短時間の電流応答を解析する場合には，充電電流の影響について格別の注意を払う必要がある．

非可逆系では式 (6.9) の k_b に関する項が無視される．すなわち，λ についての式 (7.7) の右辺第二項を無視すればよい．

なお，表 7.1 に示したように，初期電位 E_i から電位 E にステップしたのち，再び E_i（またはほかの電位）にステップする方法（ダブルポテンシャルス

テップ・クロノアンペロメトリー)がある．この手法は，電荷移動反応の後に起こる化学反応(後続反応と呼ばれる)の解析に用いられる*．

* たとえば，T. Ohsaka, T. Sotomula, H. Matsuda, N. Oyama, *Bull. Chem. Soc. Jpn.*, 56, 3065 (1983) 参照．

7.4 ノーマルパルスボルタンメトリー

ノーマルパルスボルタンメトリー(normal pulse voltammetry; NPV)では，図7.6 に示すように，まず，電解の起こらない電位 E_i から ΔE の大きさの電位

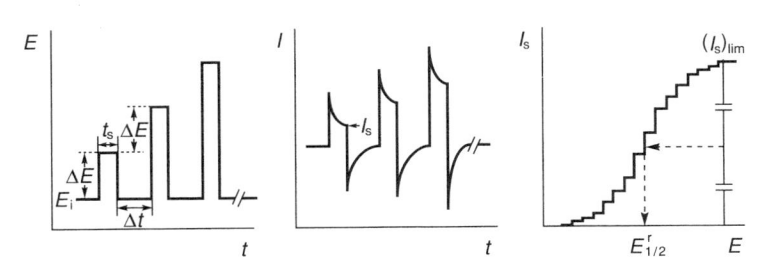

図 7.6 ノーマルパルスボルタンメトリーの原理

パルス(時間 t_s)を印加する．通常，t_s は 50 ms 程度，ΔE は 2～20 mV である．この電位パルスにより，PSCA と同様に，充電電流と電解電流が流れる．しかし，充電電流は速やかに減衰するので，パルスを初期電位にもどす直前の電流 I_s はほとんど電解電流とみなすことができる．パルスを初期電位にもどしたのち，十分長い時間(Δt, 0.5～5 s)初期電位に保つと，還元(または酸化)された物質はこの間に再酸化(還元)され，また充電された電気量も放電され，電流がゼロにもどる．つまり，可逆系(または準可逆系)では完全に測定前の状態にもどることになる．つぎに，最初の電位パルスよりもさらに ΔE だけ大きなパルスを印加し，同様に電流 I_s をサンプリングする．このようにして，つぎつぎと電位パルスを大きくしながら，電流をサンプリングしていく．そして，電位パルスの電位に対して電流 I_s をプロットすると，図に示したような電流-電位曲線(ノーマルパルスボルタモグラム，normal pulse voltammogram)が得られる．つまり NPV とは，PSCA において電解時間を t_s に固定したときの電流と電位の関係を測定するものである．

可逆系における NPV の電流 I_s および限界電流 $(I_s)_{lim}$ の理論式はそれぞれ式 (7.4) および式 (7.5) において $t = t_s$ と置いたものになる．式 (7.5) からわかるように，$(I_s)_{lim}$ は酸化体のバルク濃度に比例するので，あらかじめ検量線を作成しておけば，この値から反応物質の濃度を知ること(すなわち定量分析)ができる．

式 (7.4) および式 (7.5) をまとめて書き換えると，

$$E = E^{\circ\prime} + \frac{RT}{2nF} \ln \frac{D_R}{D_O} + \frac{RT}{nF} \ln \frac{(I_s)_{lim} - I_s}{I_s} \quad (7.9)$$

となる．さらに，限界電流値の半分の電流での電位を**可逆半波電位**(reversible half-wave potential) $E_{1/2}^r$ と定義すると，式 (7.9) において $I_s = (I_s)_{\text{lim}}/2$ とおき，次式を得る．

$$E_{1/2}^r = E^{\circ\prime} + \frac{RT}{2nF} \ln \frac{D_R}{D_O} \tag{7.10}$$

通常，O と R の拡散係数はほぼ等しいので，右辺第二項は無視でき，可逆半波電位は式量電位に近似できる．さらに，式量電位は標準酸化還元電位 E° に近似できる量であり〔式(6.19)参照〕，反応関与物質に固有の値である．したがって，可逆半波電位から物質の同定（すなわち定性分析）が可能になる．

7.5 微分パルスボルタンメトリー

微分パルスボルタンメトリー（differential pulse voltammetry; DPV）は NPV と同様に電位パルスを用いるが，図 7.7 に示すように NPV と異なってパルスの大きさ ΔE は一定であり，基底電位 $E_{i,j}$ ($j = 1, 2, 3, \cdots$) が変化する．通常，ΔE は 10〜100 mV，パルス電解時間 t_s は 50 ms 程度，待ち時間 Δt は 0.5〜5 s である．また，電流のサンプリングは，電位パルスを加える直前とパルスを基底電位にもどす直前の2点で行い，2点でサンプリングした電流値の

コラム　対流ボルタンメトリー

NPV や PSCA のように，電流測定時に電位変化がないか，あるいは事実上無視できる測定法としては，ほかに 7.6 節で述べる滴下水銀電極を用いるポーラログラフィーと**回転ディスク電極**（rotating disk electrode; RDE）を用いる**対流ボルタンメトリー**（hydrodynamic voltammetry）がある．

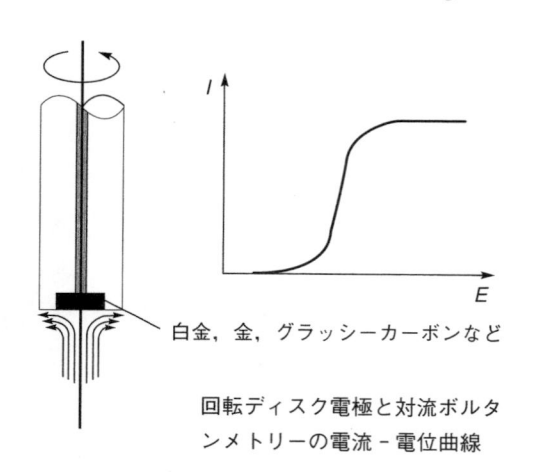

対流ボルタンメトリーでは，電極を回転させることによって強制的かつ定常的に物質移動を行わせるので，電流は時間の関数ではなく，回転速度 ω (s^{-1}) の関数になる．この場合の拡散層の厚さは非常に薄く，$\delta = 1.61 D_O^{1/3} \omega^{-1/2} \nu^{1/6}$ で与えられる（ν は動粘性係数で，水の場合 0.01 cm^2 s^{-1}）．これらのことを考慮して式(7.5)を修正すると，つぎのレビッチ (Levich) 式が得られる．

$$I = -0.620 nFA D_O^{2/3} \omega^{1/2} \nu^{-1/6} c_O^*$$

静止溶液と異なり，電流は $D_O^{2/3}$ に比例する．この場合も，電流-電位曲線は基本的に NPV と同様である．

なお，ディスク電極の外側に同心円状のリング電極をつけた**回転リングディスク電極**がある．リング電極によって，ディスク電極での反応生成物や反応中間体を検出するために用いられる．

白金，金，グラッシーカーボンなど

回転ディスク電極と対流ボルタンメトリーの電流-電位曲線

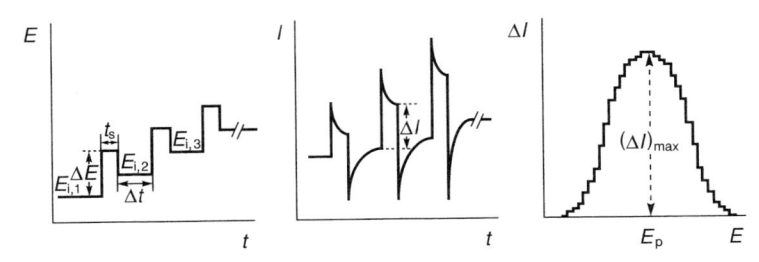

図7.7 微分パルスボルタンメトリーの原理

差 ΔI を各パルスの基底電位に対してプロットして表示する．このようにして得られた電流‐電位曲線を**微分パルスボルタモグラム**（differential pulse voltammogram）と呼ぶ．

導き方は省略するが，可逆系での ΔI の理論式はつぎのようになる．

$$\Delta I = -\frac{nFA\sqrt{D_O}\,c_O^*}{\sqrt{\pi t_s}}\left[\frac{P_A(1-\sigma^2)}{(\sigma+P_A)(1+P_A\sigma)}\right] \tag{7.11}$$

ただし，

$$P_A = \xi\exp\left[\frac{nF}{RT}\left(E+\frac{\Delta E}{2}-E^{\circ\prime}\right)\right] \tag{7.12}$$

$$\sigma = \exp\left(\frac{nF}{RT}\frac{\Delta E}{2}\right) \tag{7.13}$$

$$\xi = \left(\frac{D_O}{D_R}\right)^{1/2} \tag{7.14}$$

また，ピーク電位 E_p およびピーク電流値 $(\Delta I)_{max}$ はつぎのように表される．

$$E_p = E^{\circ\prime}+\frac{RT}{2nF}\ln\frac{D_R}{D_O}-\frac{\Delta E}{2} = E_{1/2}^r - \frac{\Delta E}{2} \tag{7.15}$$

$$(\Delta I)_{max} = -\frac{nFA\sqrt{D_O}\,c_O^*}{\sqrt{\pi t_s}}\left(\frac{1-\sigma}{1+\sigma}\right) \tag{7.16}$$

このように，ΔE が十分に小さいとき E_p は可逆半波電位に近似できる．また，$(\Delta I)_{max}$ は酸化体のバルク濃度に比例する．なお，ピークの半値幅 $W_{1/2}$（ピーク電流値の半分の電流値を示す二つの電位の差）は，ΔE が十分に小さいとき $W_{1/2} = 3.53RT/nF$ で与えられる．25℃において，$90.6/n$ mV となる．

DPVでは，2点の電流値の差を測定するため，充電電流の寄与が小さく，NPVに比べて感度が一桁ほど高く，検出限界は 10^{-8} M 程度である．

7.6 ポーラログラフィー

ポーラログラフィー（polarography）は，滴下水銀電極（図5.2）に印加する電圧をゆっくりと掃引しながら流れる電流を記録するものである．水銀滴が成長し落下するまでの時間 τ は，通常 3～7 秒であり，この間に図7.8 に示

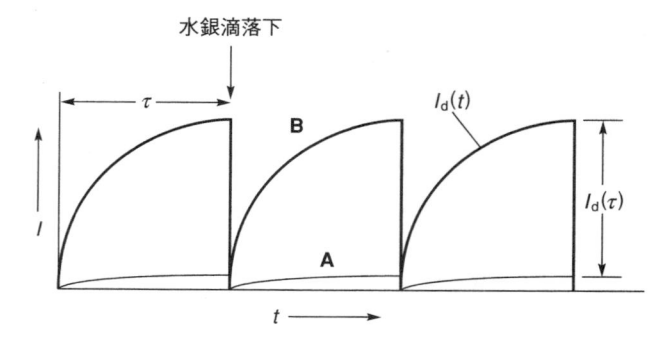

図7.8 水銀滴下電極における水銀滴の成長に伴う電流の変化

すような電流が流れる．電極電位が電極反応が起こる電位に達していないときは，Aに示すような残余電流（充電電流や不純物による電流）しか流れないが，電極電位が電極反応が起こる電位に近づいてくると，Bに示すような電極反応による電流が流れるようになる．電極反応速度が十分に速い場合は，この電流は反応物の拡散に律せられる拡散電流 $I_d(t)$ になる．

このようにして記録した電流 - 電位曲線は図7.9のようになる．この電流 -

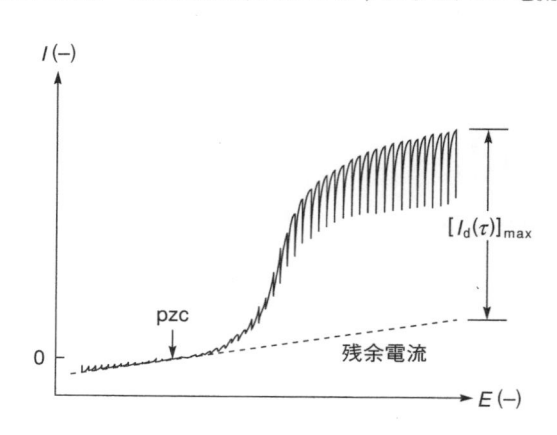

図7.9 ポーラログラム

電位曲線[*1]のことを ポーラログラム（polarogram）と呼ぶ．図に見られるように，ポーラログラムの形状は，基本的に NPV と同様[*2] になる．

ポーラログラフィーでは，水銀滴が時間とともに成長するので，電極表面積は $A = 4\pi(3mt/4\pi d_{Hg})^{2/3}$ となる（m および d_{Hg} は水銀の流出速度および密度[*3]）．また，滴の膨張のため，拡散層の厚さ δ は薄くなり，静止平面電極の場合（$\delta = \sqrt{\pi D_0 t}$）の $\sqrt{3/7}$ 倍となる．この2点を考慮して式（7.5）を修正すると，次式が得られる．

ヘイロフスキー（J. Heyrovsky, チェコ，1890～1967）
ポーラログラフィーの発明によりノーベル化学賞（1959年）を受賞．(© The Nobel Foundation)

[*1] 測定回路にコンデンサーを挿入して図7.8 の電流値を平均化して記録することもあるが，コンデンサーを用いない場合は各水銀滴の示す最大の電流値 $I_d(\tau)$ を結んだ曲線を解析する．コンデンサーを用いた場合の平均電流値は，用いない場合の 6/7 になる．

[*2] 界面張力の電位依存性（図5.3参照）のために滴下時間が電位に依存するので，厳密には NPV とまったく同一のシグモイド型の曲線にはならない．しかし，強制滴下装置で滴下時間を一定にすれば，NPV と同一になる．この場合，可逆波のポーラログラムは式 (7.9) と同様になる．

[*3] 25℃において，$d_{Hg} = 13.534$ g cm^{-3}．

$$I_d(t) = -708 n \sqrt{D_O}\, c_O^*\, m^{2/3} t^{1/6} \qquad (7.17)$$

ここで $I_d(t)$, D_O, c_O^*, m, t の単位は，それぞれ A, cm^2 s^{-1}, mol cm^{-3}, mg s^{-1}, s である．この式はイルコビッチ(Ilkovic)式と呼ばれ，反応物質(酸化体)の表面濃度がゼロになる電位領域での拡散電流値 $I_d(t)$ を表すものである．なお，式(7.17)において $t = \tau$ とおけば図7.9のポーラログラムの限界電流値 $[I_d(\tau)]_{max}$ になる．

7.7 サイクリックボルタンメトリー

7.7.1 測定原理と特徴

サイクリックボルタンメトリー(cyclic voltammetry; CV. 電位走査法ともいう)は，図7.10(a)に示すように，電極電位を，初期電位(E_i)から掃引速度(v)で反転電位(E_λ)まで掃引したのち逆転し，E_i までもどしたときに流れる電流を測定する手法である．E_i を電極反応の起こらない電位に，また E_λ を電極反応が拡散律速となるような電位に設定すると，図7.10(b)のような電流-電位曲線(サイクリックボルタモグラム，cyclic voltammogram)が得られる．この図で負電流が観測される場合には還元反応が優先的に進行し，逆に正電流が観測される場合には再酸化反応が優先的に進行することを意味している．

CVは実験が比較的容易で，酸化還元電位などの平衡論的パラメータや拡散

コラム　ストリッピングボルタンメトリー

きわめて低濃度の物質の分析を目的として，あらかじめ作用電極に被検物質を電解析出させることによって濃縮し，その後加電圧を逆方向に掃引して被検物質を電解溶出させ，その溶出電流を測定する方法を，一般にストリッピングボルタンメトリー(stripping voltammetry)という．

この手法に用いる作用電極として，滴下水銀電極と同じぐらいの大きさの水銀滴を先端につり下げた**つり下げ水銀滴電極**(hanging marcury drop electrode; HMDE)がある．前電解によって試験溶液中の金属イオンを一定時間還元析出させ，水銀滴中にアマルガムとして濃縮する．この直後，電極電圧を正方向に掃引して金属イオンを再溶出させ，このとき流れる酸化電流を測定する(溶出方法には直線電圧掃引を用いる方法や微分パルスを用いる方法がある)．このように，陽極溶出電流を測定する場合をアノーディックストリッピングボルタンメトリー(anodic stripping voltammetry; ASV)という．ASVでは 10^{-9} M レベルの銅，鉛，カドミウム，亜鉛などが良好に定量できるので，海水などの天然水の分析によく用いられている．

ASVは還元析出できる金属イオンの種類が限られるため，適用範囲が狭い．これに対し，適当な配位子を用いて金属イオンを錯体として固体電極上に吸着濃縮する方法が開発された．電極に特定の電位を印加して金属錯体を吸着濃縮し，この錯体の還元電流を測定する．この方法は**吸着カソーディックストリッピングボルタンメトリー**(adsorptive cathodic stripping voltammetry; ACSV)と呼ばれ，多くの金属イオンや，さらには電極活性な有機物にも適用できるもので応用範囲が広い．

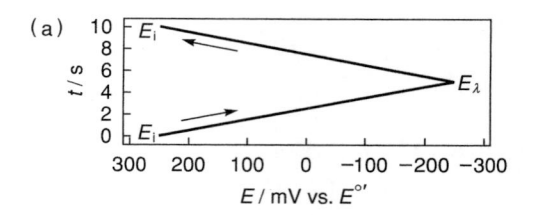

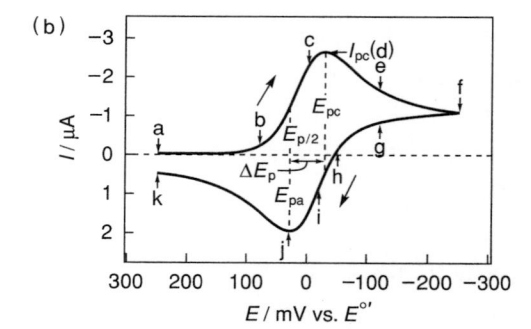

図7.10 CVの電位掃引 (a) と可逆系サイクリックボルタモグラム (b)
$c_O^* = 1$ mM, $c_R^* = 0$ mM, $v = 0.1$ V s^{-1}, $n = 1$, $D_O = D_R = 1 \times 10^{-5}$ cm s^{-1}, $A = 0.01$ cm^2, $T = 25$ ℃.

情報のみならず，電極反応や溶液内化学反応の速度論的パラメータも鋭敏に反映する．このため電極反応を直感的に把握できる利点があり，"初期診断法"としても有用で，無機・有機・高分子・生化学など，広範囲な分野で汎用されている．また，コンピュータの発達により，サイクリックボルタモグラムのデジタルシミュレーション解析により各種パラメータの評価も手軽にできるようになってきた．

7.7.2 可逆系のボルタモグラム

前述のPSCAでは一定電位での電流を時間の関数として測定し，またNPV，DPV，およびポーラログラフィーでは基本的に一定時間後の電流を電位の関数として測定する．しかし，CVでは下の式のように電位が時間の線形関数であるため，電流を電位および時間の関数として測定することになる．

$$0 < t \leq \lambda: \quad E = E_i - vt \tag{7.18}$$

$$\lambda \leq t < 2\lambda: \quad E = E_i - 2v\lambda + vt \tag{7.19}$$

このため，CVにおける電極反応の基本的考え方はほかの方法と同じであるにもかかわらず，サイクリックボルタモグラムの理論曲線は解析解ではなく数値解としてしか得られない．そこで本書では，数値解に至るまでの厳密な解法は割愛し，電流－電位曲線と電極近傍の濃度プロファイルの関係について考察し，CVを直感的に理解することを目的とする．

いま，簡単のため可逆な電極反応（O + $ne^- \rightleftharpoons$ R）を例にあげて考える．EをE_iからE_λまで掃引した場合，Oの濃度分布は図7.11(a)のようになる．当然Rの濃度分布はOの逆になる．電極反応が可逆であるから，Oの電極

7.7 サイクリックボルタンメトリー

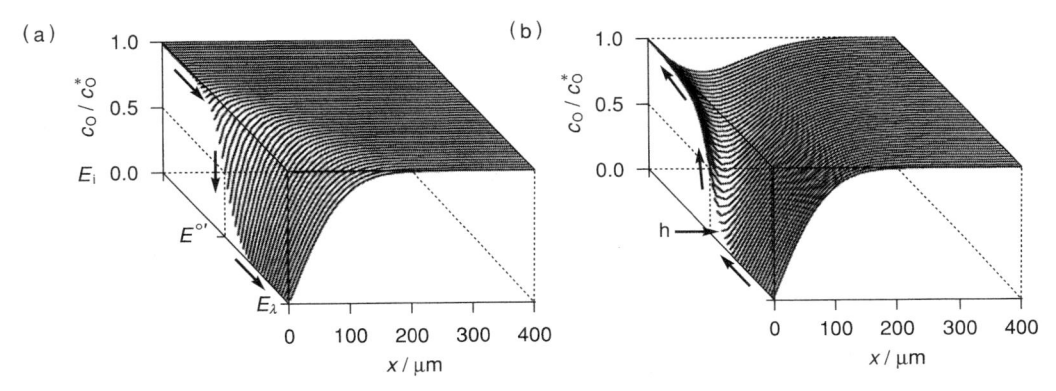

図7.11 (a) 順掃引および (b) 逆掃引における O の濃度プロファイル
CV のパラメータは図7.10と同じ．(b) の→で示した曲線は図7.10 (b) の h 点に相当する．

表面濃度 $c_O(0,t)$ は，電極電位 E に対して式 (6.32) のネルンスト式で決定される．このように電極表面濃度が変化するため濃度勾配が生じ，式 (6.29) および式 (6.31) に従う拡散が起こる．そして，その拡散層の厚さは t とともに増加する (7.3.2項参照)．このとき電流は，式 (6.37) で示したように電極界面での濃度勾配に比例するから，図7.10 (b) のような電流-電位曲線が得られる．

もう少し細かく考えてみよう．初期電位 $(E_i \gg E^{\circ\prime})$ では溶液中の O は還元されないため濃度分布は変化せず，電流は流れない (a点)．E が少し負に大きくなると，O の還元反応が始まり，$c_O(0,t)$ は E に対して指数関数的に減少し始める[*1]．したがって，還元電流は指数関数的に増加する (b点)．$E = E^{\circ\prime}$ では，$c_O(0,t) = c_R(0,t)$ となる (c点)．この点を過ぎると E (すなわち t) の変化に対する $c_O(0,t)$ の変化量が低下し始め〔式 (6.32) を見よ〕[*1]，電流増加は減少し始める．$c_O(0,t)$ がゼロに近づくころには実際上 $c_O(0,t)$ の変化は無視できるほど小さくなり，還元電流の増加因子がなくなる．むしろ拡散層の厚さだけが t (すなわち E) とともに増加するので，電流は減少し始める．こうして d 点で還元電流は最大となる．E がさらに負になると，$c_O(0,t)$ は事実上ゼロのままであり，この電位領域においては拡散層の厚さだけが $\sqrt{\pi D_O t}$ とともに増加するため，電流は $1/\sqrt{t}$ ($\propto 1/\sqrt{E}$) にしたがって減少する (e～f点)．

数値計算[*2]から，還元波のピーク電流 (I_{pc}) およびピーク電位 (E_{pc}) はつぎのように与えられることがわかっている．

$$\boxed{\begin{aligned} I_{pc} &= -0.4463\, nFAc_O^* \sqrt{\frac{nFvD_O}{RT}} \\ &= -(2.69 \times 10^5) n^{3/2} A D_O^{1/2} v^{1/2} c_O^* \quad (25\,^\circ\text{C}) \end{aligned}} \quad (7.20)$$

[*1] 式 (6.32) で $c_R(0,t) = c_i - c_O(0,t)$ とおき，$c_O(0,t)$ を E で微分すると $dc_O(0,t)/dE = (nFc_i/RT)\theta/(1+\theta)^2$〔ただし，$\theta = \exp[(nF/RT)(E-E^{\circ\prime})]$〕が得られる．$\theta \gg 1$ のときは，$dc_O(0,t)/dE = (nFc_i/RT)/\theta$ となる．なお，$dc_O(0,t)/dE$ は $E^{\circ\prime}$ を最大として，E に対して対称な形になる (7.7.6項参照)．

[*2] R. S. Nicholson, I. Shain, *Anal. Chem.*, 36, 706 (1964).

$$E_{pc} = E_{1/2}^r - 1.109\frac{RT}{nF} \quad [= E_{1/2}^r - 28.5/n \quad (\text{mV}, 25\,°\text{C})] \tag{7.21}$$

ただし単位は，I_{pc} (A)，A (cm^2)，D_O (cm^2 s^{-1})，v (V s^{-1})，c_O^* (mol cm^{-3}) で，$E_{1/2}^r$ は式 (7.10) で与えられる可逆半波電位である．また，$I = I_{pc}/2$ となる電位を $E_{p/2}$ とすると，$E_{p/2}$ は次式で与えられる．

$$E_{p/2} = E_{1/2}^r + 1.09\frac{RT}{nF} \quad [= E_{1/2}^r + 28.0/n \quad (\text{mV}, 25\,°\text{C})] \tag{7.22}$$

引き続き逆掃引した場合の O の濃度分布は図 7.11(b) のようになる．図 7.10(b) の f 点ですでに濃度勾配が形成されている状態から始まるということと，逆反応が進行することを除けば，順掃引と類似している．折り返し直後は実際上 $c_O(0, t) = 0$ のまま還元反応が進行しており，単純に拡散層だけが広がるので還元電流は減衰する(g 点)．E がさらに正になるとネルンスト式に従い，E に対して急激に $c_O(0, t)$ が増加するため，還元電流の減少が大きくなる．そして h 点では一瞬，$(dc_O/dx)_{x=0} = 0$ になり〔図 7.11(b) の矢印で示したプロファイル参照〕，電流はゼロとなる．そのとき拡散層のなかでの O の濃度は決して均一ではないので，母液と平衡に達しているわけではない*．さらに E が正になり，$c_O(0, t)$ が増加すると電極界面での濃度勾配の向きが逆転し，酸化電流が流れ始める．つまり，還元反応に対して再酸化反応が優勢になる (i 点)．その後は順掃引の場合と同様に j 点でピークに達し，酸化電流はしだいに減衰する．最後に E_i までもどっても，母液側に拡散したすべての還元体が完全には再酸化されきらないので，いくらかの酸化電流が流れたままである (k 点)．この電位にこのまま保つと，最終的に電流はゼロとなり，濃度プロファイルはもとの状態にもどる．

こうした逆掃引の波形は $n(E_{pc} - E_\lambda)$ に依存するが，通常の CV 測定条件，つまり $n(E_{pc} - E_\lambda) = 150$ mV 程度では酸化波のピーク電位 (E_{pa}) と E_{pc} の差はつぎのように表される．

$$\boxed{\Delta E_p \equiv E_{pa} - E_{pc} \cong 2.3\frac{RT}{nF} \quad [= 59/n \quad (\text{mV}, 25\,°\text{C})]} \tag{7.23}$$

この ΔE_p は電極反応が可逆かどうかの診断に有用で，後で述べるように可逆度が減少すると ΔE_p は式 (7.23) で予想される値より大きくなる．また，E_{pa} と E_{pc} の中間の電位（これを中点電位 E_m と呼ぶ）は，式 (7.21) と式 (7.23) より，つぎのように近似できる．

$$\boxed{E_m \equiv \frac{E_{pa} + E_{pc}}{2} \cong E_{1/2}^r} \tag{7.24}$$

CV による E_{pa} と E_{pc} の測定は容易であるため，式 (7.24) に基づいた $E_{1/2}^r$ の評価は汎用されている．また後で述べるように，可逆性が多少悪くても，ま

---

* 可逆な O と R の共存系に対して，対流ボルタンメトリーやポーラログラフィーのような電位掃引効果が無視できるような測定を行う場合にも，電流がゼロとなる電位が観測できる．このとき電極界面での濃度は母液中の濃度と等しく，

$(dc/dx)_{x=0\sim+\infty} = 0$

となり，電極と溶液が平衡に達している．したがって，ゼロ電流電位は溶液内平衡電位と等しい．またポテンシオメトリー (3.6 節) とは，このような平衡状態を測定する方法である．

たある程度の溶液抵抗があっても，通常 E_{pa} と E_{pc} はそれぞれ反対方向に同程度シフトするので，式 (7.24) の近似が成立する場合が多い．

7.7.3 準可逆系および非可逆系のボルタモグラム

電荷移動過程が物質移動過程よりも遅い場合，あるいは同程度である場合，ボルタモグラムは電荷移動過程の速度の影響を受ける．このような場合，電極界面の O と R の濃度は，電位掃引に対して図 7.11 のようなネルンスト応答ができなくなり，遅れを生じる（章末問題 7.6 を参照）．このときの界面濃度は，すでに述べたように式 (6.23) のバトラー・ボルマー式で与えられ，結果としてボルタモグラムの理論式には k° や α といった速度論的パラメータが加わる．

図 7.12 に，いくつかの速度論的パラメータでのボルタモグラムを示した．v が増加することは電解時間 t を短くすることであり，これは拡散層が薄くなることを意味している．このことは電極界面へのフラックスを増加させた

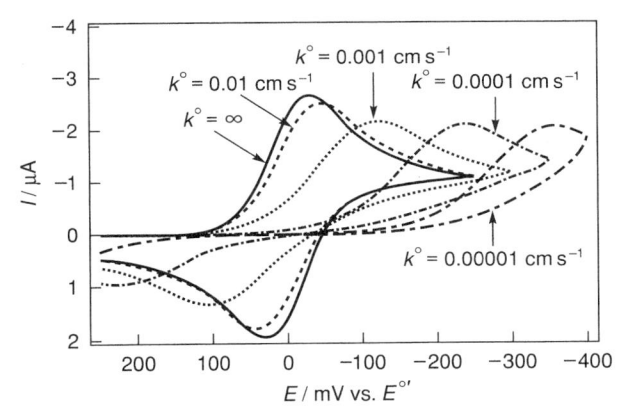

図 7.12 準可逆系ボルタモグラム ($\alpha = 0.5$)

k° 以外のパラメータは図 7.10 と同じ．準可逆・非可逆のボルタモグラムの波形は，(α と D が一定であれば) $k^\circ/\sqrt{v}$ で決定される．図のように v 一定条件下で k° の減少に伴う波形変化は，k° 一定条件下で $\sqrt{v}$ 増加の場合と同じになる．ただし，電流値は $\sqrt{v}$ に比例するので v を変化させた場合，縦軸は $I/\sqrt{v}$ に置き換えられる．

コラム　充電電流の寄与

本論ではファラデー電流に限定して述べている．しかし，現実には電位掃引による充電電流 (I_{ch}) もファラデー電流に重なって観測される．いま，電気二重層の静電容量 C が E に依存しないと仮定すれば，式 (5.40) より，$q^M = C(E - E_{pzc})$ となる．これを t で微分し，式 (7.18) を用いると，$|I_{ch}| = |ACv|$ となり，電位掃引のあいだ一定の充電電流が流れることが予想される（ただし，I_{ch} の符号は掃引を反転すると逆転する）．また，I_{ch} は v に比例することがわかるが，これに対してファラデー電流は式 (7.20) で示したように $\sqrt{v}$ に比例するため，v を増大させると，相対的にファラデー電流が小さくなる．いずれにしても，ファラデー電流を解析する場合には，この充電電流分を差し引く必要がある．

*1 厳密には α および D も可逆度を決定する因子となる．

*2 界面濃度がネルンスト応答より遅れることを念頭に入れて，図7.11と同様な濃度プロファイルを想定すれば，界面濃度勾配すなわち電流が減少し，ピーク電位がシフトすることが理解できる．ただし準可逆系でも $\alpha = 0.5$ である限り，式(7.24)は成り立つ．

ことと同義である．このように電極表面に多量に拡散してきた物質を電極で酸化（あるいは還元）処理できなくなると，酸化還元物質は電極表面でネルンスト平衡に達することができなくなる．したがって，一般に v を大きくすると界面濃度のネルンスト式からのずれは大きくなる．このように電極反応の可逆性は $k°$ $(cm\,s^{-1})$ と v $(V\,s^{-1})$ の相対的大小関係で決まる．通常，$k° > 0.3\sqrt{nv}$ では可逆となり，$0.3\sqrt{nv} > k° > 2 \times 10^{-5}\sqrt{nv}$ で準可逆，さらに $k° < 2 \times 10^{-5}\sqrt{nv}$ で非可逆となる*1．図7.12のように同じ測定系でも $k°/\sqrt{v}$ が減少するとともに，$I/\sqrt{v}$ は減少し，ΔE_p は増加する*2．$k°/\sqrt{v}$ が非常に小さくなると，酸化波のピークはより正電位側にシフトし，図7.12のように，ある特定の掃引幅内で酸化波は観測できなくなる．このように，化学反応を伴わない系では，原理上 v を減少すれば可逆となり平衡論的情報が得られ，v を増加すれば準可逆となり速度論的情報が得られる．

7.7.4　多電子移動系のボルタモグラム

上の可逆系の議論では，すべて一段階の電子移動系について述べてきたが，現実の多電子移動系（$n > 2$）では多段階である場合が多い．図7.13に，つ

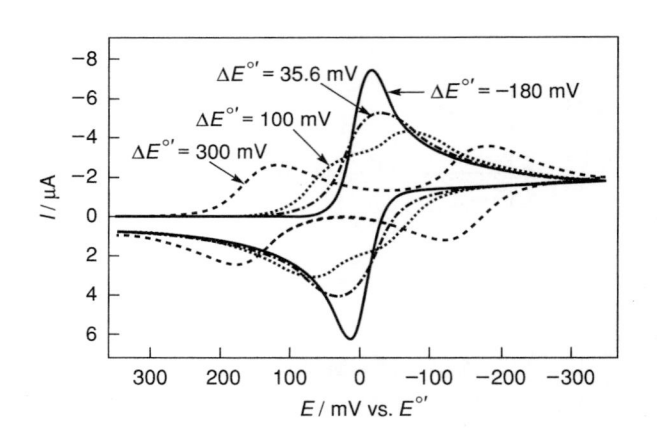

図7.13　二段階一電子移動系（$n = 2$）の可逆ボルタモグラム
n 以外のパラメータは図7.10と同じ．

*3 類似の現象は系内に二種以上の独立した酸化還元系が存在する場合にも見られる．この場合もそれぞれの酸化還元反応がつねに独立に進行するので，ボルタモグラムは単純にそれらの和になるだけである．

*4 このように二段階反応の波が一つに重なり合うと，たとえ電極反応が可逆であっても ΔE_p に関する式(7.23)は成り立たなくなる．したがって多電子移動系の場合，ΔE_p の値だけから可逆・準可逆を論じることは避けたほうがよい．

ぎのような可逆な二段階一電子移動系における，二つの酸化還元電位の差（$\Delta E°' \equiv E°'_1 - E°'_2$）とボルタモグラムのかたちの関係を示す．

$$O + e^- \rightleftharpoons S \quad (E°'_1) \tag{7.25a}$$

$$S + e^- \rightleftharpoons R \quad (E°'_2) \tag{7.25b}$$

$\Delta E°'$ が十分正に大きい場合には，第一段目の波と第二段目の波が独立に観測され，ボルタモグラムはそれぞれの単純な和として表される*3．しかし，$\Delta E°'$ が減少すると，波形は次第に融合し，一つの幅広い波になる*4．これは第一段で生成したSの一部が引き続きRまで還元されるためである．さらに $\Delta E°'$ が減少し，$\Delta E°' < -180$ mV となると，もはや中間体Sは現実上存在できな

くなり，実際上一段階で O + 2e⁻ ⇌ R の反応が進行する．このボルタモグラムは 7.7.2 項で述べたボルタモグラム（$n=2$）と同一である．

ここで，式(7.25)の二つの酸化還元反応が互いにまったく等価であるとき（たとえば，同一の酸化還元能を有する置換基を複数含む高分子で，その分子内における置換基間の相互作用が無視できる場合）は，統計的因子により $\Delta E^{\circ\prime} = (2RT/F)\ln 2 = 35.6$ mV (25 ℃) となる．この場合のボルタモグラムは $n=1$ で，濃度だけが2倍になった場合のものと一致する．より一般的な n 電子系では，n 個の酸化還元中心間に相互作用がまったくないかあるいは一定の場合，それぞれの一電子酸化還元電位 $E_j^{\circ\prime}$ は次式で与えられる．

$$E_j^{\circ\prime} = E^{\circ\prime} - \frac{RT}{F}\ln\left(\frac{j}{n+1-j}\right) \quad (7.26)^{*1}$$

ここで $E^{\circ\prime}$ は $E_j^{\circ\prime}$ の平均値で，欄外の式*2 のように表すことができる．$E_j^{\circ\prime}$ と $E_{j+1}^{\circ\prime}$ の差が式(7.26)で期待される値より大きい場合には，酸化還元中心に電子間反発があることを意味している．また先行電子移動に伴う構造変化や H⁺ 移動により後続電子移動が促進されると，それより小さくなる．

7.7.5 化学反応を伴う場合のボルタモグラム

酸化還元活性種が化学反応を伴う場合には，ボルタモグラムにその化学反応の影響が鋭敏に現れる．このような系は多種多様であるが，ここでは，電極反応自体は可逆で電解生成物が後続化学反応を受ける二つの例だけに限定して紹介する．

図 7.14 は，つぎのように生成物 R が非可逆的に電気化学的に不活性な X になる場合（E_rC_i 機構）のボルタモグラムを示す．

$$O + e^- \rightleftharpoons R \quad (7.27a)$$

$$R \rightarrow X \quad [反応速度定数\ k\ (s^{-1})] \quad (7.27b)$$

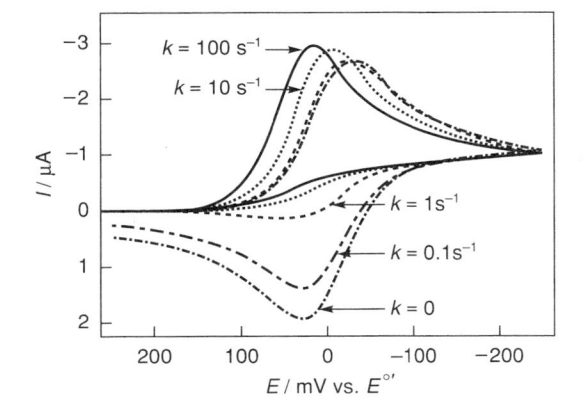

*1 等価な一電子酸化還元中心を n 個有する酸化還元ポリマーを考え，それぞれの酸化還元中心 O/R について，微視的な酸化還元電位を $E^{\circ\prime}$ とすると，$[O]/[R] = \exp[F(E-E^{\circ\prime})/RT]$ となる．j 段目の酸化還元平衡とは，その酸化還元中心が $(j-1)$ 個還元された状態と，j 個還元された状態との平衡である．酸化還元中心の間に相互作用がないかあるいは一定の場合には，この酸化および還元の状態の数はそれぞれ $_nC_{j-1}$ および $_nC_j$ となる．したがって，j 段目の巨視的な酸化還元電位を $E_j^{\circ\prime}$ とすると，
$_nC_{j-1}[O]/_nC_j[R]$
$= \exp[F(E-E_j^{\circ\prime})/RT]$
$= [j/(n+1-j)]([O]/[R])$
$\times \exp[F(E-E^{\circ\prime})/RT]$
となり，これより式(7.26)が導かれる．

*2
$$E^{\circ\prime} = \left(\sum_{j=1}^{n} E_j^{\circ\prime}\right)/n$$

図 7.14 R 消滅型後続化学反応を伴うボルタモグラム
k 以外のパラメータは図 7.10 と同じ．

化学反応の相対的な速度定数 k/v が増加するにつれ，R の再酸化波は減少し，さらには観測されなくなり，7.7.3 項で述べた非可逆波と類似になる．この情報から化学反応過程の解析も可能である．ただし E_rC_i による非可逆波の還元ピークは，電荷移動過程の遅さに由来する非可逆波より鋭い．CV で得られる非可逆波とは，このような後続化学反応に起因するものであることが多い．このような場合，原理的には v を増加することで相対的に後続化学反応の影響を小さくでき，式 (7.27a) の過程のみを抽出することができる．

つぎに，生成物 R が別の電気化学的に不活性な化学種 Z により O にもどされる場合（E_rC_i' 機構）について考えよう．

$$O + ne^- \rightleftharpoons R \tag{7.28a}$$

$$R + Z \rightarrow O\ (+\ X) \quad \text{［反応速度定数 } k\ (\text{M}^{-1}\ \text{s}^{-1})\text{］} \tag{7.28b}$$

図 7.15 に，Z が過剰の条件下あるいは Z が触媒である場合（つまり Z の濃度

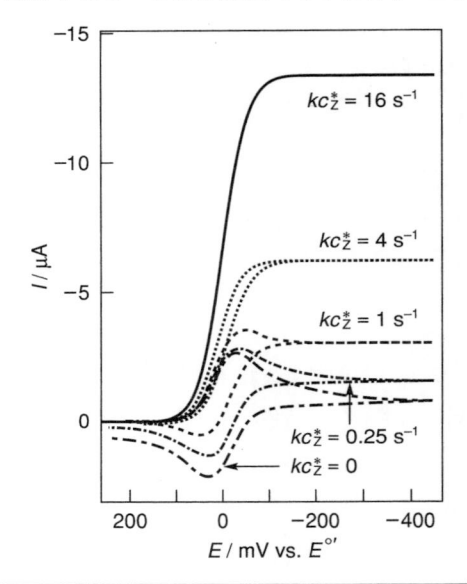

図 7.15　R 再生型後続反応（触媒反応）を伴うボルタモグラム
kc_Z^* 以外のパラメータは図 7.10 と同じ．

＊　定常電流が観測されるということは，電極反応による O の消失とその補給が定常状態になり，拡散層の厚さが変化しなくなることを意味する．E_rC_i' 型反応では式 (7.28b) の化学反応が O の補給過程であり，対流ボルタンメトリーでは対流過程がそれに相当する．本書では平面拡散に限って記述しているが，非平面（球形）拡散も類似の補給過程のひとつである．球形拡散がある場合，式 (7.5) のコットレル式は

$$I(t)_{\lim} = -nFAD_Oc_O^*\left[\frac{1}{\sqrt{\pi D_O t}} + \frac{1}{r}\right] \quad (r：球形電極の半径)$$

と書き換えられ，$1/r$ の項が定常電流の寄与を表す．したがって，通常の電極ではたとえ平面電極でも v を減少 (t を増加) すると，多かれ少なかれ非平面（球形）拡散の影響（エッジ効果）が現れ，E_rC_i' 型と同様の定常電流が観測される．とくに微小電極を用いたときには，非平面拡散効果が大きくなり，シグモイド型のボルタモグラムが得られる．微小平面電極の場合，この限界電流は

$$I_{\lim} = -4nFD_Oc_O^*r$$

で表される．なお，微小電極については，R. M. Wightman, D. O. Wipf, "Electroanalytical Chemistry," Vol. 15, ed. by A. J. Bard, Marcel Dekker, New York (1989), pp. 267-353, を参照．

変化がない場合）のさまざまな k におけるボルタモグラムを示す．k の増加とともに電流値は増加し，さらにはピークが消失してシグモイド型になる．このような Z の濃度変化がない場合の E_rC_i' 型反応では，ピークの出現の有無にかかわらず，時間が経過すれば必ず定常電流 I_s が観測される[*（前頁掲載）]．この状態では，拡散層内での濃度プロファイルは当然 t に依存しない．したがって，式 (6.33) の拡散方程式はつぎのように改められる．

$$\frac{\partial c_O(x,t)}{\partial t} = D_O \frac{\partial^2 c_O(x,t)}{\partial x^2} + kc_R(x,t)c_Z^* = 0 \tag{7.29}$$

c_Z^* は Z の母液濃度である．式 (7.29) で $c_R(x,t) = c_O^* - c_O(x,t)$ とし，式 (6.36)，式 (6.37) および $c_O(0,t) = 0$ の境界条件のもとで解くと，

$$\boxed{I_s = -nFAc_O^* \sqrt{D_O k c_Z^*}} \tag{7.30}$$

が得られる（章末問題 7.8 を参照）．こうして I_s から容易に k を評価することができる．

7.7.6 吸着系のボルタモグラム

CV は電極表面に吸着（固定）された酸化還元物質の電極反応過程を観測する手法としても非常に有用である．この場合，拡散過程がないので容易にボルタモグラムの理論式を導くことができる．ここではつぎのような可逆な酸化還元反応に限って述べる．

$$O_{ad} + ne^- \rightleftharpoons R_{ad} \tag{7.31}$$

O_{ad}, R_{ad} の吸着量 (mol cm^{-2}) をそれぞれ Γ_O, Γ_R ($\Gamma_O + \Gamma_R = \Gamma_t$) とすると，これらの関係は式 (6.32) のネルンスト式と同様に

$$\boxed{E = E_{ad}^{\circ'} + \frac{RT}{nF} \ln\left(\frac{\Gamma_O}{\Gamma_R}\right)} \tag{7.32}$$

となる．ここで $E_{ad}^{\circ'}$ は $E_{ad}^{\circ'} = E^{\circ'} - (RT/nF)\ln(K_O/K_R)$ (K_O, K_R は O, R の吸着係数) により溶液中の酸化還元電位 ($E^{\circ'}$) と関係づけられる（3.3.2 項参照）．したがって，式 (7.18) のように電位掃引した場合の電流 (I) は次式で表される．

$$I = nFA \frac{\partial \Gamma_O(t)}{\partial t} \left(= -nFA \frac{\partial \Gamma_R(t)}{\partial t}\right) = \pm nFAv \frac{\partial \Gamma_O(t)}{\partial E}$$

$$= \pm \frac{n^2 F^2 A v \Gamma_t \exp\left[\frac{nF}{RT}(E - E_{ad}^{\circ'})\right]}{RT\left\{1 + \exp\left[\frac{nF}{RT}(E - E_{ad}^{\circ'})\right]\right\}^2} \tag{7.33}*$$

* －はカソーディック掃引，＋はアノーディック掃引．

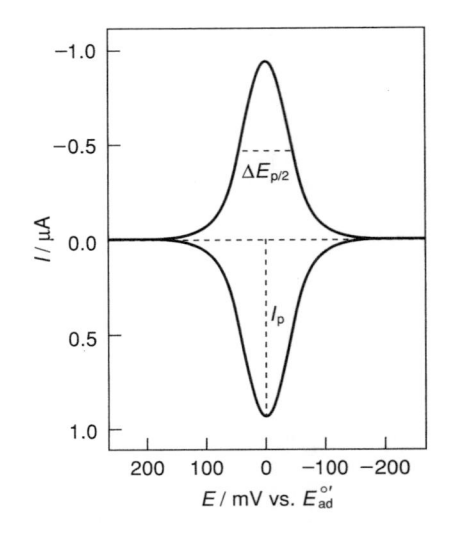

図7.16 吸着系の可逆ボルタモグラム
$Av\Gamma_t = 1 \times 10^{-12}$ mol V s^{-1}, $n = 1$, $T = 25$℃.

この電流‐電位曲線は図7.16に示すように，$E = E_{ad}^{o'}$にピークを有する左右上下対称なベル型となる*．ピークの面積から求めた電気量 Q は式(6.4)と同様の考え方(ファラデーの法則)で物質量と関係づけられる．拡散系のボルタモグラムと異なり，I は v に比例するので，電極反応が可逆であれば，高速掃引を行っても，充電電流と明確に区別できる．また電極表面に微量存在するだけでも容易に観測できる利点がある．一方，ピーク電流 I_p 並びに半値幅 $\Delta E_{p/2}$ は次式で与えられる．

* この波形は，7.5節で述べたDPVにおいて ΔE を十分小さくした場合の波形と同じになる．

$$I_p = \pm \frac{n^2 F^2 Av\Gamma_t}{4RT} \tag{7.34}$$

$$\Delta E_{p/2} = 3.53 \frac{RT}{nF} \quad \left[= \frac{90.6}{n} \quad (\text{mV, 25 ℃}) \right] \tag{7.35}$$

このような吸着系では，電極表面での酸化還元物質の密度が溶液中のそれに比べて非常に大きいので，酸化還元物質間の相互作用の影響が現れやすい．このような場合，式(7.32)は吸着物質の活量係数を考慮したものに修正する必要がある．とくに，O_{ad}–O_{ad} 間，O_{ad}–R_{ad} 間および R_{ad}–R_{ad} 間の相互作用が異なる場合，その活量係数は電位の関数となるため，電極反応が可逆であっても，式(7.33)～(7.35)のような理想的挙動は観測されなくなる．また，重なり合った多段階電子移動系のボルタモグラムも，上記の一段階反応の理想的挙動からずれる．

7.8 クロノポテンシオメトリー

前節までの測定法はいずれも電位規制法によるものであるが，ここでは電流規制法の一例として**クロノポテンシオメトリー**(chronopotentiometry)について簡単にふれることにする．

この手法では電流が一定であるから，酸化体と還元体の電極表面濃度は式 (6.40) と式 (6.44) からつぎのように簡単な式で与えられる．

$$c_\text{O}(0,t) = c_\text{O}^* + \frac{2I\sqrt{t}}{nFA\sqrt{\pi D_\text{O}}} \tag{7.36}$$

$$c_\text{R}(0,t) = -\frac{2I\sqrt{t}}{nFA\sqrt{\pi D_\text{R}}} \tag{7.37}$$

酸化体の表面濃度がゼロになるまでに要する時間を**遷移時間**（transition time, τ）というが，式 (7.36) から次式〔**サンドの式**（Sand equation）と呼ばれる〕で与えられる．

$$\boxed{\tau^{1/2} = \frac{nFA\sqrt{\pi D_\text{O}}\,c_\text{O}^*}{2|I|}} \tag{7.38}$$

可逆系の電位–時間曲線（**クロノポテンシオグラム**, chronopotentiogram）を図 7.17 に示す．この曲線は次式で表される（章末問題 7.10 を参照）．

$$E = E_{\tau/4} + \frac{RT}{nF}\ln\frac{\tau^{1/2}-t^{1/2}}{t^{1/2}} \tag{7.39}$$

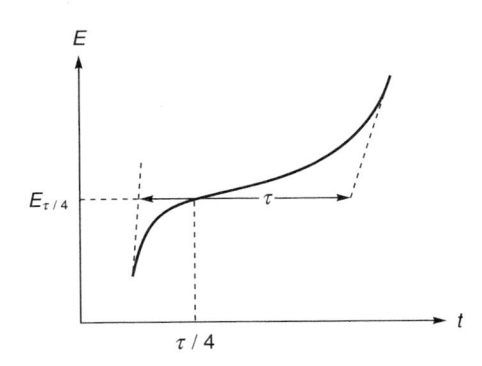

図 7.17 可逆系のクロノポテンシオグラム

ただし，$E_{\tau/4}$ は**四分波電位**（quarter-wave potential）と呼ばれ，$t=\tau/4$ での電位に相当し，

$$E_{\tau/4} = E^{\circ\prime} + \frac{RT}{2nF}\ln\frac{D_\text{R}}{D_\text{O}} \tag{7.40}$$

で与えられる．したがって，四分波電位は式 (7.10) の可逆半波電位と一致する．なお，表 7.1 に示したように電流を反転した後の電位–時間曲線の理論は複雑になるので割愛する．また準可逆系および非可逆系についてもほかの書物を参照してほしい．

コラム　デジタルシミュレーション

これまで述べてきたように，拡散過程を伴うサイクリックボルタモグラムは，7.7.5項で述べたような定常電流を除き，解析解は得られない．このような場合，デジタルシミュレーション (digital simulation) を用いることによって数値解を得ることができる．ここでは最も簡便な差分法について概説する．

まず，下図のように電極表面から等間隔 (Δx) に区切った体積要素を考える．ある時間 t における各体積要素内の濃度 c_k^t は均一とし，拡散層の濃度プロファイルを，体積要素ごとの不連続な濃度変化で近似する．このとき式 (6.29) のフィックの第一法則は，隣接する体積要素間の物質移動として考えられるので，つぎのような差分で与えられる．

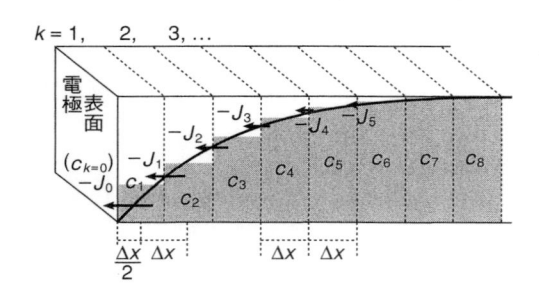

$$J_k^t = -D\frac{\Delta c_k^t}{\Delta x} = -\frac{D}{\Delta x}(c_{k+1}^t - c_k^t) \quad (k \geq 1) \quad (1)$$

一方，式 (6.31) のフィックの第二法則は式 (6.30) から導かれたことを考えれば，k 番目の体積要素内の拡散による Δt 当たりの濃度変化は次式で与えられる．

$$\frac{\Delta c_k^{t+\Delta t}}{\Delta t} = \frac{J_{k-1}^t - J_k^t}{\Delta x} \quad (2)$$

式 (1) と (2) より，Δt 後の k (≥ 2) 番目の体積要素内の濃度は，現在の時間 t における $k-1$，k および $k+1$ 番目の体積要素内の濃度から求めることができる．

$$\begin{aligned} c_k^{t+\Delta t} &= c_k^t + \Delta c_k^{t+\Delta t} \\ &= c_k^t + \frac{D\Delta t}{(\Delta x)^2}\left[c_{k+1}^t - 2c_k^t + c_{k-1}^t\right] \quad (3a) \end{aligned}$$

ただし，$k=0$ の体積要素は考えないので，$k=1$ の場合は界面フラックス $J_{k=0}^t$ を用いて表す．

$$\begin{aligned} c_1^{t+\Delta t} &= c_1^t + \Delta c_1^{t+\Delta t} \\ &= c_1^t + \frac{D\Delta t}{(\Delta x)^2}(c_2^t - c_1^t) + \frac{J_{k=0}^t \Delta t}{\Delta x} \quad (3b) \end{aligned}$$

この操作を m 回繰り返せば $m\Delta t$ 後の濃度プロファイルが計算できる．ここで，$D\Delta t/(\Delta x)^2 = D_M$ はモデル拡散係数と呼ばれる無次元パラメータであり，数値計算の安定化のため，0.5以下 (通常0.45) に設定する．サイクリックボルタモグラムのシミュレーションにおいては，掃引速度 v と計算の電位間隔 ΔE_{calc} を与えれば，一義的に $\Delta t = \Delta E_{calc}/v$ が決まる．さらに D を与えれば，Δx は $\Delta x = \sqrt{D\Delta t/D_M}$ で与えられる．一方，初期電位 (E_i) と反転電位 (E_λ) を与えれば，最大繰り返し回数は $m_{max} = 2|E_i - E_\lambda|/\Delta E_{calc}$ となる．式 (3a, b) で計算する体積要素の最大個数を k_{max} とすると，濃度プロファイルを考える最大距離は $k_{max}\Delta x$ となる．この $k_{max}\Delta x$ の値が，全掃引時間 ($m_{max}\Delta t$ 後) にできうる拡散層の厚さ ($\sqrt{\pi D m_{max}\Delta t}$) に比べ十分大きく設定する (通常，$k_{max} \approx 6\sqrt{D_M m_{max}}$)．以上が拡散方程式のシミュレーション解法の概要である．

つぎに，以下の酸化還元系について境界条件などの設定などについて述べる．

$$O + ne^- \rightleftharpoons R \quad (4)$$

6.5節で述べたような初期条件や境界条件は以下のように与えられる．

$$c_{O,k}^{m=0} = c_O^* \quad (k = 1 \cdots k_{max}) \quad (5a)$$

$$c_{R,k}^{m=0} = c_R^* \; (=0) \quad (k = 1 \cdots k_{max}) \quad (5b)$$

$$c_{O,k_{max}}^m = c_O^* \quad (m = 1 \cdots m_{max}) \quad (6a)$$

$$c_{R,k_{max}}^m = c_R^* \; (=0) \quad (m = 1 \cdots m_{max}) \quad (6b)$$

$$\frac{I^m}{nFA} = J_{O,k=0}^m = -\frac{2D_O}{\Delta x}\left[c_{O,k=1}^m - c_{O,k=0}^m\right] \quad (7a)$$

$$= -J_{R,k=0}^m = \frac{2D_R}{\Delta x}\left[c_{R,k=1}^m - c_{R,k=0}^m\right] \quad (7b)$$

ここで式 (7a, b) の $J_{k=0}^m$ は，$k=1$ の体積要素の中心と電極表面までの距離が $\Delta x/2$ である点，式 (2) と異なることに注意してほしい．また $c_{O,k=0}^m, c_{R,k=0}^m$ は m 回目の繰り返し計算における O, R の電極表面濃度を表す．電極反応が可逆であるときは，この表面濃度はネルンスト式で与えられる．

$$\frac{c_{O,k=0}^m}{c_{R,k=0}^m} = \exp\left[\frac{nF}{RT}(E^m - E^{\circ\prime})\right] \equiv \eta^m \qquad (8)$$

式 (7a, b) と式 (8) から $c_{O,k=0}^m$ と $c_{R,k=0}^m$ を消去し，$D_O = D$, $D_R = rD$ とおくと，

$$\begin{aligned} J_{O,k=0}^m (&= -J_{R,k=0}^m) \\ &= \frac{2rD}{\Delta x}\left(\frac{\eta^m c_{R,k=1}^m - c_{O,k=1}^m}{\eta^m + r}\right) \end{aligned} \qquad (9)$$

が得られる．このように，$J_{k=0}^m$（すなわち I^m）は $k=1$ の体積要素の濃度から評価できる．このような操作を $m_{\max}$ 回繰り返せば，ボルタモグラムの数値解が得られる．

式 (4) の反応が準可逆である場合には，式 (8) に代わって式 (6.9) あるいは (6.23) と同様のバトラー・ボルマー式を適用する．

$$J_{O,k=0}^m = -(k_f^m c_{O,k=0}^m - k_b^m c_{R,k=0}^m) \qquad (10)$$

$$k_f^m = k^\circ \exp\left[-\frac{\alpha nF}{RT}(E^m - E^{\circ\prime})\right] \qquad (11a)$$

$$k_b^m = k^\circ \exp\left[\frac{(1-\alpha)nF}{RT}(E^m - E^{\circ\prime})\right] \qquad (11b)$$

式 (7a,b) と式 (10) から $c_{O,k=0}^m$ と $c_{R,k=0}^m$ を消去すると，

$$\begin{aligned} J_{O,k=0}^m(&= -J_{R,k=0}^m) \\ &= \frac{2rD(k_b^m c_{R,k=1}^m - k_f^m c_{O,k=1}^m)}{2rD + k_b^m \Delta x + rk_f^m \Delta x} \end{aligned} \qquad (12)$$

が得られ，$J_{k=0}^m$ は $k=1$ の体積要素の濃度から評価できることがわかる．ほかの取り扱いは可逆系とまったく同じである．

最後に化学反応が関与する場合，溶液中では拡散と化学反応が同時に起こり，濃度変化が引き起こされるが，これを並行して計算することが困難である．したがって，まず式 (3a,b) で拡散の寄与を考えて $c_k^{t+\Delta t}$ を求めた後，時間 Δt 間に進行する化学反応による濃度変化 $\Delta c_{\text{chem},k}^{t+\Delta t}$ を計算し $c_k^{t+\Delta t}$ を補正する．たとえば，ある物質が一次反応〔速度定数 $k(\text{s}^{-1})$〕で消滅すると考えれば，補正後の濃度 $\Delta c_{\text{corr},k}^{t+\Delta t}$ は

$$\begin{aligned} \Delta c_{\text{corr},k}^{t+\Delta t} &= c_k^{t+\Delta t} + \Delta c_{\text{chem},k}^{t+\Delta t} \\ &= c_k^{t+\Delta t} - k\Delta t c_k^{t+\Delta t} \end{aligned} \qquad (13)$$

で与えられる．より複雑な反応も同様に考えればよい．電極反応など，そのほかの取り扱いは前述のとおりである．ただし，このように拡散と化学反応の寄与を別べつに計算するため，$k\Delta t$ が大きくなると誤差を生じやすくなる．したがって k が大きい場合には，ΔE_{calc} を小さくするか，v を増加して，Δt を減少させる必要がある．

以上の点に留意すれば，かなり複雑な反応系であっても，比較的単純なプログラミングにより，あるいは市販の表計算ソフトを用いて，容易にサイクリックボルタモグラムのデジタルシミュレーションができる（図 7.10〜15 もこのようにして計算したものである）．なお，ほかの測定法などのシミュレーションに関しては，下に示した成書を参考にしてほしい．より高度なシミュレーション手法も開発されているがここでは割愛する．

1) S. W. Ferdberg, "Electroanalytical Chemistry," Vol. 3, ed. by A. J. Bard, Marcel Dekker, New York (1969), pp. 199-296.
2) A. J. Bard, L. R. Faulkner, "Electrochemical Methods, Fundamentals and Applications," Wiley, New York (1980), Appendix B.

7.9 バルク電解法

7.9.1 特　徴

これまでの節では，電極表面積 A（より正しくは拡散層の体積）が電解液の体積 V に比べて十分小さく，通常の電解時間内では母液組成の変化が無視できるような条件下での電解について述べてきた．逆にこの A/V 比を極端に大きくすると電解液全体を短時間に電解できる．この手法は**バルク電解法**(bulk electrolysis)と呼ばれ，電位規制法と電流規制法があり，**クーロメトリー**＊(coulometry) や電解合成に用いられる．また，バルク電解法は各種分光測定法と組み合わせた**分光電気化学**(spectroelectrochemistry)にも応用されている．

一般にバルク電解法では，大きな電流が流れるためオーム降下の影響が現れやすくなるうえ，電流分布が不均一になりやすい．そのため，厳密な電位規制を行うためにはセルの形状が重要になる．また，対極での再電解を防ぐため，通常，多孔質膜やイオン交換膜を用いて対極側と作用電極側を分離する．ここでは，カラム電解法と薄層電解法を例にあげて，電位規制型バルク電解法を紹介する．

＊ 目的物質を完全電解するまでに流れた電気量を測定し，ファラデーの法則に基づいて，その物質量あるいは反応電子数を決定する方法．電流効率が100％のとき，クーロメトリーによる物質量測定は高精度な絶対定量法となる．

7.9.2 カラム電解法

図 7.18 に**カラム電解セル**の模式図を示す．カーボンファイバーなどの繊維

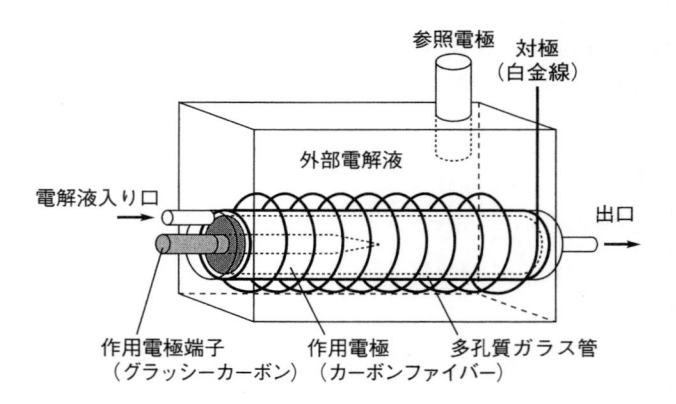

図7.18　カラム電解セル

性基材を多孔質ガラス管に密につめたカラム電極を作用電極とし，通常，電解液をこのカラムに連続的に流して電解する．繊維電極間の平均距離は数十 μm 程度まで減少できる．これは無限拡散の拡散層の厚さ（$D = 1 \times 10^{-5}$ cm^2 s^{-1}，$t = 10$ s で約 180 μm）以下であるので，有限拡散となるうえ，隣接電極でできた拡散層が互いに交わる．また流れによる対流効果も加わるので，電解効率はきわめて高い．

O + ne^- ⇌ R の系について，一定流速 f (L s^{-1}) で電解液を電解したときの電流 I は，次式で与えられる．

$$I = nFV\frac{d\bar{c}_O}{dt} = nFf(c_{O,\text{out}} - c_{O,\text{in}}) \tag{7.41}$$

ここで V (L) はカラム内の実効体積，$\bar{c}_O$ はカラム内の O の平均濃度，$c_{O,in}$, $c_{O,out}$ はカラムの入り口と出口における O の濃度である．またカラム内で電解が完結する場合は，拡散の影響がまったくなくなり平衡に達するので，カラム出口での溶液組成はつぎのネルンスト式で表される．

$$E = E^{\circ\prime} + \frac{RT}{nF} \ln\left(\frac{c_{O,out}}{c_{R,out}}\right) \tag{7.42}$$

電解カラム下流に分光分析機器を設置することにより，多種多様な分光情報が得られるので，このカラム電解法は分光電気化学分析法として非常に有用である．また，電解電位の異なる電解カラムを直列に配列したり，カラム電極表面を適当に修飾することにより，選択的電気分析装置，あるいは電解合成装置として用いることもできる．

7.9.3 薄層電解法

これは電解セルを拡散層の厚さ程度まで薄くし，バルク電解を実現する手法である．最もよく知られている薄層電解セルの模式図を図 7.19 に示す．厚

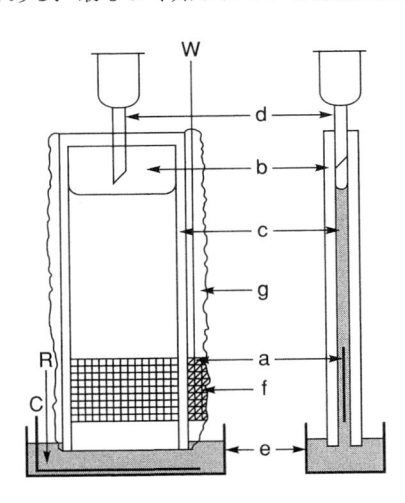

図 7.19 OTTLE セル
W：作用電極のリード線，R：参照電極，C：対極，a：金ミニグリッド，b：石英板，c：テフロンスペーサー，d：注射針，e：溶液だめ，f：銀ペースト，g：セラミック接着剤．
〔市村彰男，ぶんせき，1996(No.1), pp.19-26 より転載〕

さ数 μm から数十 μm の網状の金や白金ミニグリッドを作用電極とし，それを2枚の石英板などではさみ込んだものである．石英板間の距離は周囲のテフロンスペーサーで 0.05〜0.3 mm 程度に設定される．この場合，電解液は毛管現象で石英板間に注入・保持されるので，膜などによる対極との隔離は必要としない．またミニグリッドの間は光透過し，通常の分光機器で電解の様子を検出できるので，この電極は**光透過性薄層電極**(optically transparent thin-layer electrode; OTTLE) と呼ばれ，分光電気化学測定に有用である．

このような静止液を電位掃引法によりバルク電解した場合，理想的な電流 − 電位曲線は，吸着系ボルタモグラムの式 (7.33) の $A\Gamma_t$ を Vc_t (V：電極部分の溶液体積) に置き換えたものとなり，そのかたちは図 7.16 と同一になる．

しかし，静止液であるためミニグリッド近傍の電解速度は時間とともに減少し，フロー系カラム電解法に比べ電解を完結するのに時間を要する．また，ミニグリッド電極周辺での拡散の影響も現れる．このため，理想的なサイクリックボルタモグラムを得ることは困難であり，平衡情報を得るためには，通常，定電位電解方式が用いられる．

7.10 交流インピーダンス法

前節までに紹介した種々の測定法によって得られる電位と電流の関係を見ると，電気化学反応がオームの法則（$E = IR$, R は抵抗）の成立するような単純な回路では表すことができないことがわかる．それでは，どんな等価回路によって表すことができるのか，そして等価回路中の個々の素子が電気化学反応のパラメータとどのような関係にあるのだろうか．**交流インピーダンス法**（a.c. impedance method）はこれらのことを調べるのに大変適した測定法である．さらに，交流法を用いると界面の構造に関する情報を得ることもできる．しかし，交流法は位相，インピーダンス，複素数など，あまり馴染みのない用語を用いるため，とかく敬遠されがちである．本章では，交流法の基礎的概念の説明に紙面を割き，測定結果の表示によく用いられる複素インピーダンスプロットの見方がわかるようになることに主眼をおいた．

7.10.1 測定法

図 7.20 に交流インピーダンス法を行うための，最も基本的な装置を示す．ポテンシオスタットに発振器を接続し，電極に直流の一定電位（E_{DC}）と ±5〜10 mV の交流電位（E_{AC}）を重ね合わせて印加する．また，発振器からポテンシオスタットへ入力した交流波とまったく同じ位相の交流波をロックインアンプにも入力する．このとき，電解セルに流れる電流は，直流電流と交流電流が合わさったものとなり，それをロックインアンプに入力する．ロック

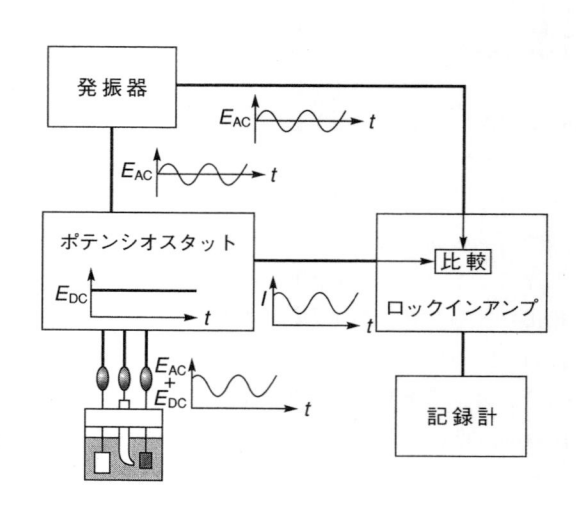

図 7.20 基本的な交流インピーダンス測定装置

インアンプは，電流の交流成分と発振器からの交流波とを比較して，インピーダンスと両者の位相差を出力する．発振器の交流の周波数を少しずつ変えて，それぞれの周波数で得られるインピーダンスと位相差をもとに複素平面プロット（あるいはそれ以外のプロット）を行うことによってさまざまな情報が得られる．

変化させる周波数の範囲は広いに越したことはないが，1 mHz から 100 kHz までの周波数領域で測定ができれば，ほとんどの電気化学反応を調べることができる．しかし，インピーダンス測定の場合，単純に発振器の周波数を変化させればよいわけではない．定電位測定や比較的遅い電位掃引による測定が可能であっても，そのポテンシオスタットや電解セルをそのままインピーダンス測定に流用すると危険である．たとえば，参照電極，対極，リード線などの接続部分に容量成分があれば，高い周波数における測定結果に影響をおよぼす．また，ポテンシオスタットがどれくらいの高い周波数まで正確に応答するかということにも注意しなければならない．一方，周波数が低くなると，ロックインアンプ（または周波数応答解析装置）の精度が低下する．それらをチェックするためには，典型的な電気化学反応のインピーダンス測定を行って，得られる値が文献値と一致するかどうかを確かめ，各自の測定機器とセルで測定できる周波数範囲を明確にすることが必要である．その後，実際に測定したい電極および電気化学反応について，その周波数範囲で求めるべきデータが得られるように，電極の形状や反応種の濃度および印加する直流電位を選定する必要がある．

7.10.2 複素平面プロットの基礎

抵抗(R)に交流電圧($\tilde{E}$)を印加して，交流の電流($\tilde{I}$)が流れているとする．そのときの電流が

$$\tilde{I} = I_\mathrm{m} \sin \omega t \tag{7.43}$$

であるとする．ここで I_m は交流電流のピーク値，ω は $2\pi f$〔f は交流の周波数，(Hz)〕である．抵抗は交流に対してもオームの法則が成立するので，抵抗の両端にかかる電圧は

$$\tilde{E} = R I_\mathrm{m} \sin \omega t \tag{7.44}$$

となり，交流における抵抗値を意味するインピーダンス ($Z = \tilde{E}/\tilde{I}$) は R となる．

つぎに，コンデンサーに交流電圧を印加した場合を考えてみよう．コンデンサーの電圧 (E) とコンデンサーに蓄積された電気量 (Q)，ならびにコンデンサーの容量 (C) の間には以下の関係がある．

$$Q = \int I dt = CE \tag{7.45}$$

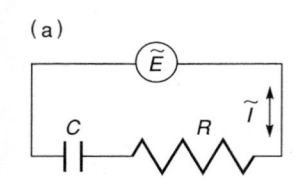

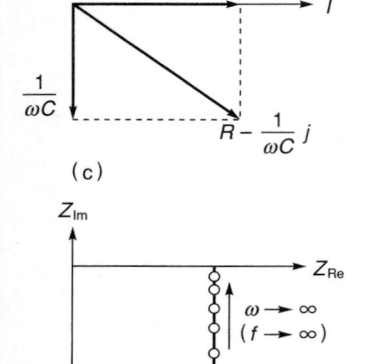

コンデンサーに式(7.43)で表される電流が流れているときのコンデンサー両端の電圧は，以下のようになる．

$$E = \frac{1}{C}\int \tilde{I}\,dt = -\frac{I_m}{\omega C}\cos\omega t = \frac{I_m}{\omega C}\sin\left(\omega t - \frac{\pi}{2}\right) \tag{7.46}$$

つまり，電圧の位相は電流の位相より $\pi/2$ だけ遅れることを意味している．このときのインピーダンスは

$$Z = \frac{1}{\omega C}\frac{\sin\left(\omega t - \frac{\pi}{2}\right)}{\sin\omega t} \tag{7.47}$$

となり，電流に対して位相を $\pi/2$ 遅らせるベクトル成分が含まれている．

このような位相を考慮してインピーダンスを解析するのに，二次元平面図を用いる方法がある．$\tilde{I}$ の位相を0として，その方向を $+x$ 軸方向に定めると，その電流が抵抗を流れたときに抵抗に生じる電圧は $|\tilde{I}|R$ の長さを有する $+x$ 軸方向のベクトルとなる．一方，コンデンサーに通電されたときに生じる電圧の大きさは $|\tilde{I}|/\omega C$ であり，その方向は $-\pi/2$（$=-90°$），つまり $-y$ 軸の方向となる．このように，$\tilde{E}$ のベクトルの大きさと方向がインピーダンスにより決定されるのである．そこで，インピーダンスのベクトルのみを二次元の複素平面（コラムを参照）として表すと，抵抗のインピーダンスは $Z=R$ であり，コンデンサーのインピーダンスは $Z=-(1/\omega C)j$（$j=\sqrt{-1}$）となる．

抵抗とコンデンサーが直列につながった図 7.21(a) の場合，抵抗とコンデンサーには同じ電流が流れ，それぞれ $\tilde{E}_R = \tilde{I}R$，$\tilde{E}_C = -\tilde{I}(1/\omega C)j$ の電圧がかかる．そして，回路全体の電圧 $\tilde{E}$ は，$\tilde{E}_R$ と $\tilde{E}_C$ の両ベクトルを合わせたものになる．それを，複素インピーダンスプロットとして示すと図 7.21(b) となり，$Z=R-(1/\omega C)j$ と表される．ここで，交流の周波数を変化させると，Z は図 7.21(c) に示したように変化する．逆の表現をすれば，ある回路に対して周波数をいろいろに変化させ，インピーダンスを複素平面プロットしたとき図 7.21(c) のようなグラフが得られれば，この回路は抵抗とコンデンサーの直列回路であると推定することができ，それぞれの値が求められる．複素インピーダンスの一般式は $Z=Z_{Re}+Z_{Im}j$（Z_{Re}：実数成分，Z_{Im}：虚数成分）となるが，電気化学反応のほとんどの場合，Z_{Im} は負の値になるため，複素インピーダンスプロットとしては $-Z_{Im}$ を y 軸にとることによってグラフが第一象限に現れるように描くことが多い．

つぎに，図 7.22(a) に示す抵抗とコンデンサーの並列回路を考える．この場合，抵抗とコンデンサーの両素子には同じ交流電圧がかかる．抵抗に流れる電流は電圧と同位相で $\tilde{I}_R = \tilde{E}/R$ となり，コンデンサーに流れる電流（$\tilde{I}_C$）は $\tilde{E}$ より位相が $\pi/2$ 進み，大きさは $|\tilde{I}_C|=\omega C|\tilde{E}|$ となる．そして，両者の電流を合わせたものが全体の $\tilde{I}$ となるので，それを作図的に求めると図 7.22

図 7.21 抵抗とコンデンサーの直列回路 (a) に流れる交流電流の位相 (b) とインピーダンスの周波数依存性 (c)

(b) に示すようになる．この図を複素平面として考えれば，$\tilde{I} = (\tilde{E}/R) + \omega C \tilde{E} j$ という式が得られ，両辺を $\tilde{E}$ で割ることよって，

$$Y = \frac{\tilde{I}}{\tilde{E}} = \frac{1}{R} + \omega C j \tag{7.48}$$

が得られる．この Y は式からわかるようにインピーダンスの逆数に相当し，アドミッタンス（admittance）と呼ばれ，実数成分と複素数成分をそれぞれ x 軸，y 軸としてプロットすると複素アドミッタンスプロットが描ける．

それでは，並列回路のインピーダンスプロットはどうなるであろうか．式 (7.48) の逆数を整理すると次式が得られる（章末問題 7.12 を参照）．

$$Z = \frac{R}{1+(\omega CR)^2} - \frac{\omega CR^2}{1+(\omega CR)^2} j \tag{7.49}$$

Z_{Re} と $-Z_{Im}$ の関係を，ω を消去することによって求めると，

$$Z_{Im}^2 + \left(Z_{Re} - \frac{R}{2}\right)^2 = \frac{R^2}{4} \tag{7.50}$$

となる．ただし，$-Z_{Im} > 0$ である．すなわち，$-Z_{Im}$ vs. Z_{Re} の複素インピーダンスプロットでは，図 7.22 (c) に示すように直径が R の半円上にプロットが存在することになり，円の頂点では $\omega CR = 1$ となる．

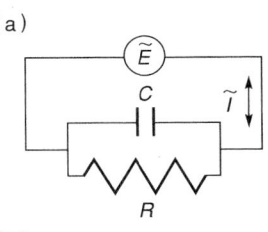

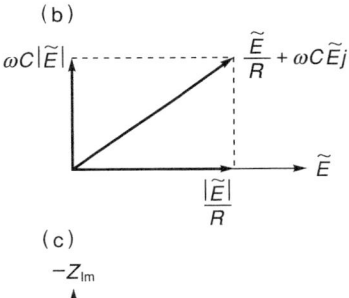

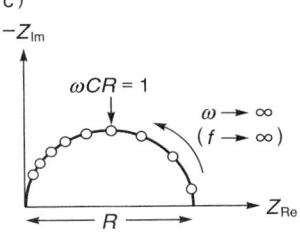

7.10.3　電極反応の複素インピーダンスプロット

図 7.23 (a) に，単純な酸化還元反応（$O + ne^- \rightleftharpoons R$）についての，理論

図 7.22　抵抗とコンデンサーの並列回路 (a) に流れる交流電流の位相 (b) とインピーダンスの周波数依存性 (c)

:コラム: 複素平面

実数成分を横軸に，虚数成分を縦軸に表した複素平面を用いると，二次元のベクトルの取り扱いが非常に便利になる．たとえば，ある実数 a に $j(=\sqrt{-1})$ をかけていくと，$a \times j = aj$, $a \times j \times j = -a$, $a \times j \times j \times j = -aj$, $a \times j \times j \times j \times j = a$，というように，$j$ をひとつかけるごとに複素平面上でベクトルを 90° 回転させることになる．また，j で割ると，$a/j = -aj$ というように，今度は $-90°$ 回転させることになる．一方，ある二つのベクトル $\vec{A} = (a_x, a_y)$ と $\vec{B} = (b_x, b_y)$ との和は，$\vec{A} + \vec{B} = (a_x + b_x, a_y + b_y)$ であるが，これを複素数で表すと，$(a_x + a_y j) + (b_x + b_y j) = (a_x + b_x) + (a_y + b_y) j$ というように，x 成分と y 成分とを別べつに計算せずとも，一つの式で計算することができる．つまり，二次元のベクトル計算をすべて単純な四則計算によって行える．この便利さは，たとえば本文の式 (7.48) を式 (7.49) に変形するような場合に発揮される．

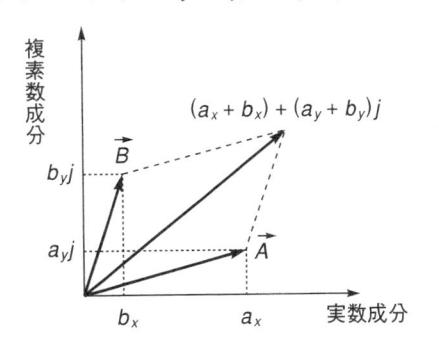

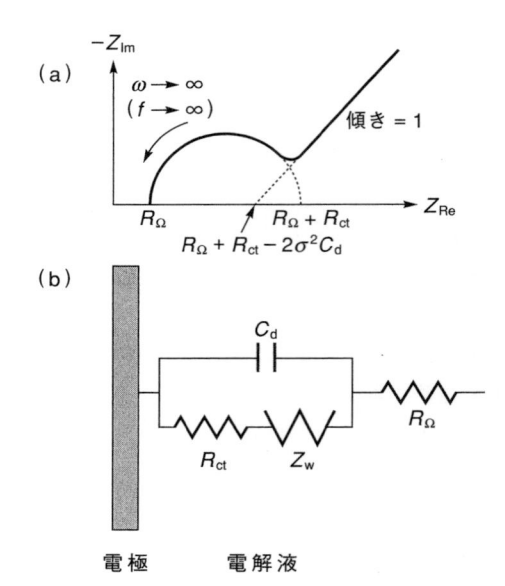

図7.23 単純な酸化還元反応の理論的な複素インピーダンスプロットの例(a)とその等価回路(b)

的な複素インピーダンスプロットの周波数依存性を示す．高周波側では抵抗とコンデンサーの並列回路を思わせる半円が現れ，低周波側では45°の傾きの直線が現れる．これは，図7.23 (b)の電極界面の理論等価回路をもとに描かれたものである．

ここで，この理論等価回路と複素インピーダンスプロットの関係を考えてみよう．C_d は電気二重層容量であり，R_{ct} は**電荷移動抵抗**（charge-transfer resistance）を示している．電極に印加する E_{DC} が反応の平衡電位の場合，R_{ct} は交換電流密度 (i_0) と

$$R_{ct} = RT/(nFAi_0) \tag{7.51}$$

の関係にある．また，R_Ω は作用電極と参照電極との間の溶液抵抗であり，Z_W は電極反応の拡散速度に関係したインピーダンス成分でワールブルグ・インピーダンス（Warburg impedance）と呼ばれており，つぎの理論式が導きだされている．

$$Z_W = \sigma\omega^{-1/2}(1-j) \tag{7.52}$$

ここで，

$$\sigma = \frac{RT}{\sqrt{2}n^2F^2A}\left[\frac{1}{\sqrt{D_O}\,c_O} + \frac{1}{\sqrt{D_R}\,c_R}\right] \tag{7.53}$$

であり，D_O, D_R ならびに c_O, c_R はそれぞれ溶液中の酸化体と還元体の拡散係数と電極表面濃度*である．ここで，図7.23 (b)のインピーダンス Z は

---

* 交流法における電極表面濃度は，交流電位の印加によって周期的に変化するが，ここでは直流電位の印加によって決まる平均的な濃度を指す．電極反応速度が比較的速い系では c_O と c_R との間にネルンスト式が成立し，また，印加する直流電位が平衡電位である場合には，c_O と c_R はバルク濃度になる．

$$\frac{1}{Z - R_\Omega} = \frac{1}{R_{ct} + Z_W} + \omega C_d j \tag{7.54}$$

で与えられるので，これに式 (7.52) を代入して，$Z = Z_{Re} + Z_{Im} j$ のかたちに整理すると，実数成分と虚数成分はそれぞれつぎのようになる．

$$Z_{Re} = R_\Omega + \frac{R_{ct} + \sigma\omega^{-1/2}}{(C_d \sigma \omega^{1/2} + 1)^2 + \omega^2 C_d^2 (R_{ct} + \sigma\omega^{-1/2})^2} \tag{7.55}$$

$$-Z_{Im} = \frac{\omega C_d (R_{ct} + \sigma\omega^{-1/2})^2 + \sigma\omega^{-1/2}(C_d \sigma\omega^{1/2} + 1)}{(C_d \sigma \omega^{1/2} + 1)^2 + \omega^2 C_d^2 (R_{ct} + \sigma\omega^{-1/2})^2} \tag{7.56}$$

$\omega \to 0$ の場合はつぎのように近似される．

$$Z_{Re} = R_\Omega + R_{ct} + \sigma\omega^{-1/2} \tag{7.57}$$

$$-Z_{Im} = \sigma\omega^{-1/2} + 2\sigma^2 C_d \tag{7.58}$$

したがって，低周波数領域で周波数を変化させたときに描かれるプロットの Z_{Re} と $-Z_{Im}$ の関係は，

$$-Z_{Im} = Z_{Re} - R_\Omega - R_{ct} + 2\sigma^2 C_d \tag{7.59}$$

となり，$-Z_{Im}$ vs. Z_{Re} のプロットは，周波数の減少とともに 45°の傾きの直線上に並ぶことがわかる．一方，周波数が大きくなると，式(7.52)からわかるように，Z_W はゼロに近づき，影響をおよぼさなくなる．したがって，図 7.23 から Z_W を取り除いてその部分を短絡した等価回路となり，Z_{Re} と $-Z_{Im}$ はつぎのようになる．

$$Z_{Re} = R_\Omega + \frac{R_{ct}}{1 + \omega^2 C_d^2 R_{ct}^2} \tag{7.60}$$

$$-Z_{Im} = \frac{\omega C_d R_{ct}^2}{1 + \omega^2 C_d^2 R_{ct}^2} \tag{7.61}$$

そして，Z_{Re} と $-Z_{Im}$ の関係は次式のように半円を描くプロットとなることを示している．

$$\left(Z_{Re} - R_\Omega - \frac{R_{ct}}{2}\right)^2 + Z_{Im}^2 = \left(\frac{R_{ct}}{2}\right)^2 \tag{7.62}$$

そして，周波数を∞に増大させると，C_d のインピーダンスはゼロに近づくので，溶液抵抗である R_Ω のみの値となる．これらのことを踏まえて，図 7.23 (a)には複素平面プロットとそれぞれのパラメータとの関係を示した．これより，複素平面プロットによって，各種のパラメータを算出できることがわかるであろう．実際の電極反応において，このような複素インピーダンスプロットが得られる例を図 7.24 に示した．

図7.24 実際の電極反応〔$Zn^{2+} + 2e^- \rightleftharpoons Zn(Hg)$〕のインピーダンスプロットの例
Zn^{2+} のバルク濃度：8 mM，支持電解質：1 M $NaClO_4$ + 1 mM $HClO_4$，縦軸および横軸の単位は Ω，図中の数値は周波数 (kHz).

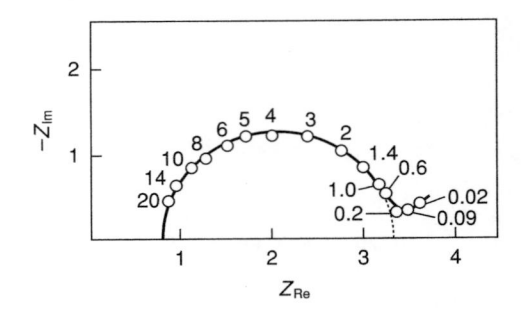

本節では，交流インピーダンス法によって求められるパラメータのすべてを算出することのできる複素インピーダンスプロットを説明したが，R_{ct} や σ などのパラメータをより高い精度で求めるために，ほかの方法で交流インピーダンス法の結果を解析する場合もある．しかし，いずれの場合も本節に記載した式をもとにしているので，ほかの形式のプロットについても容易に理解できるであろう．

7.11 イオン移動ボルタンメトリー

前節まで述べた各種測定法は，通常は固体電極上での電子移動を対象とするものであるが，二つの混じり合わない電解質溶液間の界面，いわゆる**油水界面** (oil/water interface) でのイオン移動にも同様に適用することができる．油水界面を用いるボルタンメトリー測定を総称して**イオン移動ボルタンメトリー** (ion-transfer voltammetry，または液液界面ボルタンメトリー) と呼んでいるが，以下にその原理を簡単に説明する．

いま，油相 (O) 中にきわめて疎水性の陽イオン B_1^+ と陰イオン A_1^- からなる電解質を含み，水相 (W) 中にはきわめて親水性の陽イオン B_2^+ と陰イオン A_2^- からなる電解質を含む油水界面を考え，つぎのようなセル系を構成する．

$$R\,1\,|\,B_1^+, A_1^-\,(O)\,|\,B_2^+, A_2^-\,(W)\,|\,R\,2 \qquad (7.63)$$

R1 と R2 は適当な参照電極であるが，これらの電極間に外部から電圧 E を与えると，界面の両側にそれぞれ電気二重層 (5章参照) が形成され，両相間にガルバニ電位差 $\Delta_O^W\phi\,(\equiv \phi^W - \phi^O = E - \Delta E_{ref}$；$\Delta E_{ref}$ は参照電極系によって決まる定数) が印加される．この場合，図7.25 (a) に示すように，ある一定の電位領域では電解質イオンの界面移動は実際上起こらず，このような油水界面は理想分極性界面として働く．具体例をあげると，電解質 B_1A_1 にテトラブチルアンモニウム・テトラフェニルホウ酸塩 (TBA^+TPB^-)，電解質 B_2A_2 に Li^+Cl^- を用いたニトロベンゼン (NB) | 水 (W) 界面では約 0.35 V の分極領域が得られる．

つぎに，式 (7.63) の電池系に B_1^+，A_1^- や B_2^+，A_2^- ほど疎水性でも親水性でもないイオン，たとえば陽イオン B_3^+ が水相中に存在する場合を考える．

7.11 イオン移動ボルタンメトリー

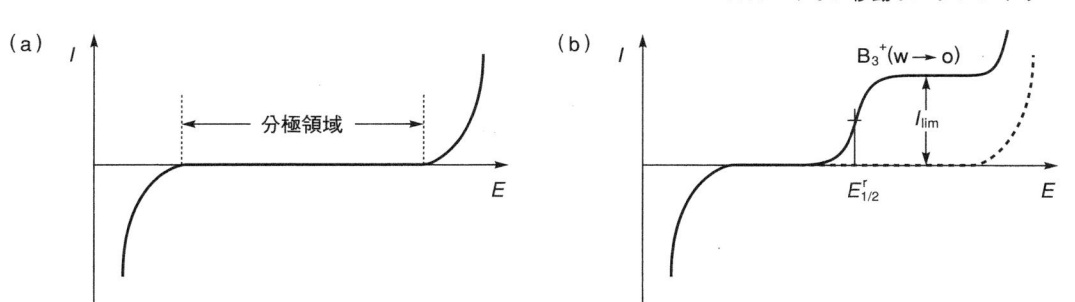

図 7.25 (a) 分極性油水界面および (b) イオン移動ボルタンメトリーの電流-電位曲線

$$R1 | B_1^+, A_1^- (O) | B_3^+, B_2^+, A_2^- (W) | R2 \tag{7.64}$$

この場合，R1，R2 間に適当な電圧を加えると，両相間のガルバニ電位差に応じて B_3^+ が分極領域内のある中間の電位で界面を移動する．

$$B_3^+(W) \rightleftharpoons B_3^+(O) \tag{7.65}$$

一般に油水界面を横切るイオン移動はきわめて速く，通常の測定では移動イオン ($j = B_3^+$) の両相側の界面濃度 (c_j^O および c_j^W) の間には以下のネルンスト式が成り立つ．

$$\begin{aligned} E &= \Delta_O^W \phi_j^\circ + \frac{RT}{z_j F} \ln \frac{a_j^O}{a_j^W} + \Delta E_{\mathrm{ref}} \\ &= \Delta_O^W \phi_j^\circ + \frac{RT}{z_j F} \ln \frac{\gamma_j^O c_j^O}{\gamma_j^W c_j^W} + \Delta E_{\mathrm{ref}} \end{aligned} \tag{7.66}$$

ここで，z_j は移動イオンの電荷数，a_j^O，a_j^W および γ_j^O，γ_j^W は各相中の移動イオンの活量および活量係数，そして $\Delta_O^W \phi_j^\circ$ は**標準イオン移動電位**(standard ion-transfer potential)と呼ばれる量で，イオンの各相中での溶媒和エネルギー(2.5 節)の差，すなわちイオンの**溶媒間移行ギブズエネルギー**($\Delta G_{\mathrm{tr}}^{\circ, O \rightarrow W}$)と次式の関係にある．

$$\Delta_O^W \phi_j^\circ = - \frac{\Delta G_{\mathrm{tr},j}^{\circ, O \rightarrow W}}{z_j F} \tag{7.67}$$

電解質 $B_1^+ A_1^-$ および $B_2^+ A_2^-$ が十分高い濃度で存在すれば支持塩として働き，B_3^+ の W → O の移動に伴い図 7.25 (b) に示すような電流が観察される (ただし電解時間 t が一定の場合)．限界電流値 I_{lim} は B_3^+ のバルク濃度に比例するため，イオンの定量が可能になる．限界電流値のちょうど半分の電流が流れる電位，いわゆる可逆半波電位 ($E_{1/2,j}^{\mathrm{r}}$) は次式で与えられる．

$$E_{1/2,j}^{\mathrm{r}} = \Delta_O^W \phi_j^\circ + \frac{RT}{z_j F} \ln \frac{\gamma_j^O \sqrt{D_j^W}}{\gamma_j^W \sqrt{D_j^O}} + \Delta E_{\mathrm{ref}} \tag{7.68}$$

*1 したがって，式 (7.64) に示す電池系の油相より左側の部分は，B_3^+ に対する一種のイオン選択性電極とみなすことができる．このような電極は 3.6 節で説明した電位検出型イオン選択性電極 (potentiometric ISE) と区別して，電流検出型イオン選択性電極 (amperometric ISE) と呼ばれている．前者の電位応答はイオン濃度（厳密には活量）の対数に依存するが，後者の電流応答はイオン濃度に直接比例するため，精度のよい分析が期待される．

D_j^O, D_j^W は各相中での移動イオンの拡散係数である．式 (7.67) と式 (7.68) からわかるように，$E_{1/2,j}^r$ はイオンの疎水性の大きさ（すなわち $\Delta G_{tr}^{\circ,O\rightarrow W}$）によって決まるイオン固有の値であり，これよってイオンの識別が可能になる[*1]．

測定例として，図 7.26 にテトラメチルアンモニウムイオン (TMA^+) の NB/W 界面での移動のサイクリックボルタモグラムを示す．正電流ピークは TMA^+ の W 相から NB 相への移動，逆掃引の負電流ピークは W 相への戻りの移動に対応している．二つのピーク電位の差は約 60 mV であり，TMA^+ の界面移動が速い，すなわち可逆系であることを示している．

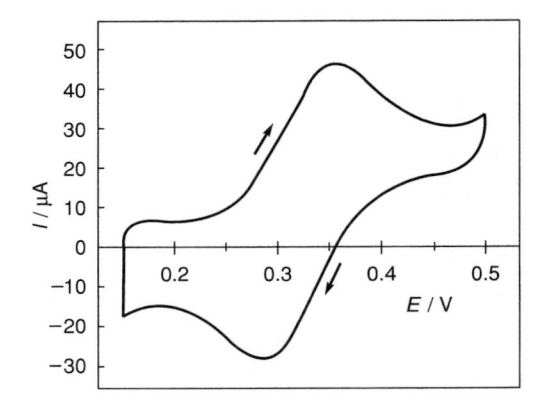

図 7.26　NB/W 界面での TMA^+ の移動のサイクリックボルタモグラム
支持電解質：0.1M $TBA^+ TPB^-$ (NB)，0.1 M $Li^+ Cl^-$ (W)，W 相中の TMA^+ のバルク濃度：2.0 mM，掃引速度：20 mV s^{-1}．

以上のことからわかるように，イオン移動ボルタンメトリーの原理は，前節まで述べた固体電極での電子移動と形式的にきわめて類似している．したがって，サイクリックボルタンメトリーを含むほとんどすべての電気化学測定法を適用することができる．また，各測定法の理論も，還元体 (R) を水相中のイオン $[M^z(W)]$，酸化体 (O) を油相中のイオン $[M^z(O)]$，電子数 (n) をイオンの電荷数 (z)，標準酸化還元電位 (E°) を標準イオン移動電位 ($\Delta_O^W \phi_j^\circ + \Delta E_{ref}$) に読み替えれば，そのまま適用することができる．しかし，イオン移動ボルタンメトリーの場合，あくまで油水界面での電荷移動の主体は電子ではなく，イオンであることを忘れてはならない．とはいえ，系によっては油水界面でも電子移動が起こる場合もある．油水界面でのイオン移動や電子移動に関する詳細は文献[*2]を参照してほしい．

*2　1) H. H. J. Girault, D. J. Schiffrin, "Electroanalytical Chemistry," Vol. 15, ed. by A. J. Bard, Marcel Dekker (1989), p. 1.
2) M. Senda, T. Kakiuchi, T. Osakai, *Electrochim. Acta*, **36**, 253 (1991).

章末問題

7.1　サイクリックボルタンメトリーの測定に必要な機材を列挙し，測定システムの概略図を描きなさい．

7.2　SCE に対する $Cd^{2+} + 2e^- \rightleftharpoons Cd$ の標準電位を求めなさい．

7.3　式 (7.4) を導きなさい．

7.4　式 (7.6) を導きなさい．

章末問題

7.5　NPVにおいて，$\log\{[(I_s)_{\mathrm{lim}}-I_s]/I_s\}$ を電位 E に対してプロット（**対数解析**）したら，どのような情報が得られるか考えなさい．

7.6　NPVにおいて，準可逆系の電流–電位曲線がどのようなかたちになるか予想しなさい．

7.7　（A）図7.12で，サイクリックボルタモグラムのピーク以後の電流の減衰は k° の値にはほとんど依存しない．その理由について述べなさい．
（B）また図7.14で，後続化学反応速度が大きくなるとピークが正側にシフトする理由について述べなさい．

7.8　（A）$c_\mathrm{O}(x,t) = c_\mathrm{O}^* + \alpha_1 \exp(\beta x) + \alpha_2 \exp(-\beta x)$ と置き，式（7.30）を導きなさい．ただし，α_1，α_2，$\beta\,(>0)$ は定数とする．
（B）また，式（7.28b）が酵素反応である場合，式（7.30）はどのようになるか．ただし，酵素反応速度は $v(x) = \dfrac{k_{\mathrm{cat}} c_\mathrm{E}}{1 + K_\mathrm{Z}/c_\mathrm{Z}(x,t) + K_\mathrm{R}/c_\mathrm{R}(x,t)}$ で表されるものとし，$c_\mathrm{Z}(x,t) \gg K_\mathrm{Z}$，$c_\mathrm{R}(x,t) \ll K_\mathrm{R}$ とする〔K_Z，K_R は Z および R に対するミカエリス定数（M），また c_E，k_{cat} は酵素濃度（M）および触媒定数（s^{-1}）〕．

7.9　吸着系の準可逆ボルタモグラムはどのようなかたちになるか考えなさい．

7.10　式（7.39）を導きなさい．

7.11　式（7.25a,b）の反応系においてネルンスト応答したバルク電解が実現できる場合，ある波長における電解液の吸光度 A と電極電位 E の関係を示しなさい．ただし，$\exp[F(E-E_1^\circ)/RT] = \theta_1$；$\exp[F(E-E_2^\circ)/RT] = \theta_2$；O, S, R のモル吸光係数をそれぞれ ε_O，ε_S，ε_R；全濃度を c_t；光路長を l とする．

7.12　式（7.48）から，式（7.49）と式（7.50）を誘導しなさい．

7.13　交流の周波数を変化させて測定したインピーダンスを複素平面にプロットしたところ，図のような形状が得られた．それぞれの回路を推定しなさい．

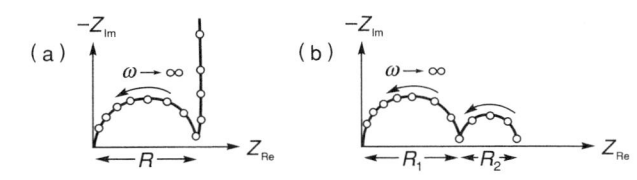

7.14　図7.24より，この電極反応における交換電流と二重層容量を見積もりなさい．

7.15　二重層容量と溶液抵抗を適当な方法で取り除いて得られた電極インピーダンスの実数成分（Z_Re）と虚数成分（$-Z_\mathrm{Im}$）を $\omega^{-1/2}$ に対してプロットすると，どのようなパラメータが求められるか，考えなさい．

7.16　油水界面では，Na^+ のような親水性の金属イオン（M^z）は一般に油相に移動しにくいが，クラウンエーテルのように油相中で M^z と選択的に錯形成するリガンド（L）が存在すると，油相への移動がしやすくなる（**促進イオン移動**）．このことを，見かけの標準イオン移動電位（$\Delta_\mathrm{O}^\mathrm{W}\phi_{\mathrm{M,app}}^\circ$）を導いて示しなさい．ただし，油相中では 1：1 の錯形成反応が起こるものとする．
$$\mathrm{M}^z + \mathrm{L} \rightleftharpoons \mathrm{ML}^z : K_\mathrm{c} = a_{\mathrm{ML}}^\mathrm{O}/(a_\mathrm{M}^\mathrm{O} a_\mathrm{L}^\mathrm{O})$$

8 電極の化学

　6章で説明した電極反応では，電極自身は電子を授受する媒体として扱われ，それ自身が化学反応を行わないことが前提となっていた．白金や金などの化学的に安定な材料を電極に用いた場合，電極自身の反応は通常は考慮する必要がなく，得られた電流-電位曲線を溶液中に存在している物質の反応として取り扱うことができる*．一方，鉄や銅がさびる，亜鉛が酸性水溶液中で溶けるなど，多くの金属は化学的な反応性を示す．このような金属の**腐食** (corrosion) や酸性溶液中での**溶解** (dissolution) は，ともに金属の酸化反応であることはすでに知っていることであろう．それゆえ，それらの反応はその金属を電極として用いることによって電気化学的な視点から解析することができる．また，金属そのものを化学物質としてとらえ，析出や溶解，あるいは酸化物の生成など，酸化と還元がかかわる反応を調べ，利用することも電気化学の役割である．

* 実際には，白金や金電極も表面で酸化および還元反応が起こる．これについては，8.5節で説明する．

8.1 金属の腐食と混成電位

　鉄が酸性溶液中で溶解する反応から話を進めよう．この溶解反応は次式で表される．

$$\mathrm{Fe} \longrightarrow \mathrm{Fe^{2+}} + 2\mathrm{e^-} \tag{8.1}$$

反応によって生成した電子は鉄の金属内に蓄積するが，もしそれが消費されないのであれば，反応は停止するはずである．しかし，鉄は酸性水溶液中では溶解し続け，それと同時に鉄表面に気泡が観察される．このガスは水素であり，水中のプロトンの還元によって生成する．

$$2\mathrm{H^+} + 2\mathrm{e^-} \longrightarrow \mathrm{H_2} \tag{8.2}$$

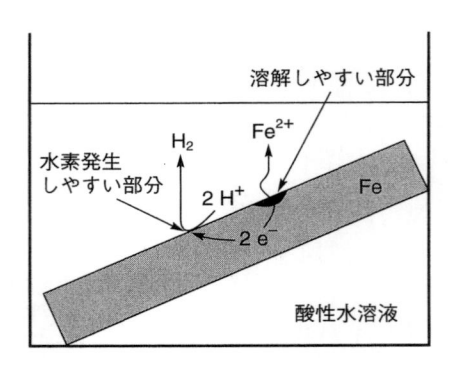

図8.1 酸性水溶液中における鉄の溶解反応

すなわち，図 8.1 に示すように式 (8.1) の酸化と式 (8.2) の還元によって電子の生成と消費が同時に進行し，溶解反応は鉄がなくなるまで連続的に起こる．一つの金属の表面であっても傷や粒界*が数多く存在し，表面の状態は均一ではない．ある部分は溶解しやすい状態であったり，ある部分では水素発生が起こりやすい状態であったりするため，異なる反応が同時に起こる．このときの全反応は

$$Fe + 2H^+ \longrightarrow Fe^{2+} + H_2 \tag{8.3}$$

と記述される．ボルタの電池 (p.3) では，亜鉛負極が溶解し，銅正極上で水素発生が起こるのに対し，腐食反応は両反応が一つの金属表面で起こっていることになる．そのような状態は電池の正極と負極を短絡させた場合と同じであることから，この反応機構は**電気化学的局部電池機構** (electrochemical local cell mechanism) と呼ばれ，酸化反応が起こる部分を**局部アノード** (local anode)，還元反応が起こる部分を**局部カソード** (local cathode) と呼ぶ．

局部アノードおよび局部カソードの反応は電気化学的に調べることができ

* 通常の金属は，小さな結晶部分が寄り集まった多結晶体であり，結晶粒の間の境界部分を〝粒界〟と呼ぶ．隣り合う結晶粒は結晶の方位が異なるため，粒界には転位などの格子欠陥が集中している．すなわち，原子配列が乱れており，原子の結合も強くないため，溶解反応などが起こりやすい部分となっている．

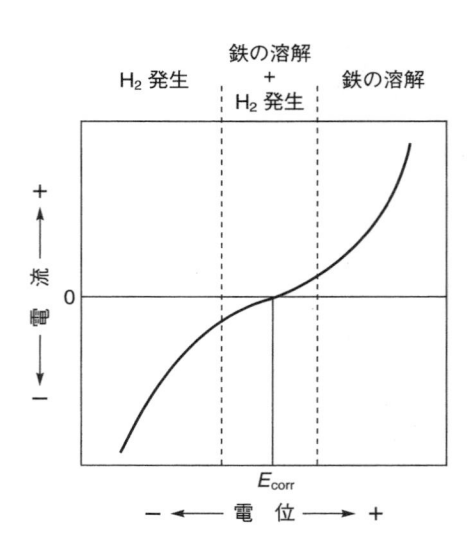

図8.2 酸性水溶液中における鉄電極の電流-電位曲線

る．酸性水溶液中で鉄電極の電流-電位曲線を求めると，図8.2のようになる．電流値がゼロとなる電位を**腐食電位**（corrosion potential, E_{corr}）と呼び，この鉄電極を溶液中に入れて溶解しているときに示す自然電位を意味する．その電位よりも印加電位を正側にすると鉄電極の溶解のみが起こる電位領域となり，式(8.1)の反応による酸化電流が得られる．一方，E_{corr}よりも負側の電位では，鉄の溶解はまったく起こらず水素発生のみが起こる電位領域があり，鉄電極上での式(8.2)の反応による還元電流が得られる．そして，E_{corr}付近の電位領域では，鉄の酸化と水素発生の両者が起こる．

鉄の溶解または水素発生のみが起こる電位領域で得られる酸化電流と還元電流について，その絶対値の対数を印加電位に対し，いわゆる**ターフェルプロット**（Tafel plot）を行うと，図8.3の実線のようになる．このプロットを使って，以下の手順により溶解反応の反応速度を求めることができる（章末問題6.4を参照）．

鉄の酸化反応のターフェルプロットの直線部分，すなわち**ターフェル線**（Tafel line）を負側の電位方向へ延長する．その線上での式(8.1)の反応の平衡電極電位〔$E^{\text{eq}}(\text{Fe}^{2+}/\text{Fe})$〕における電流値（A点）は，式(8.1)の反応の交換電流密度〔$i_0(\text{Fe}^{2+}/\text{Fe})$〕に相当する．同様に，水素発生反応のターフェル線を延長することにより，鉄電極上での式(8.2)の反応の交換電流密度〔$i_0(\text{H}^+/\text{H}_2)$〕が求まる．二つのターフェル線が交差するC点は，鉄の溶解の酸化電流と水素発生の還元電流が等しくなるところであり，両反応が同じ速度で進行する．すなわち，鉄をこの溶液に入れて自然に溶解するときの状態を示している．この点における電位が腐食電位であり，図8.2で求めたものと一致する．そして，この点における電流値を**腐食電流**（corrosion current, i_{corr}）と呼び，この値より鉄の自然溶解の反応速度を見積もることができる．

6章で説明したような腐食を受けない安定な電極上での一種類の酸化還元反応の酸化および還元電流についてターフェルプロットを行うと，二つのターフェル線が交差する点，すなわち見かけの電流がゼロとなる点の電極電位は平衡電位であり，その電位での電流は交換電流になる．図8.3に示した

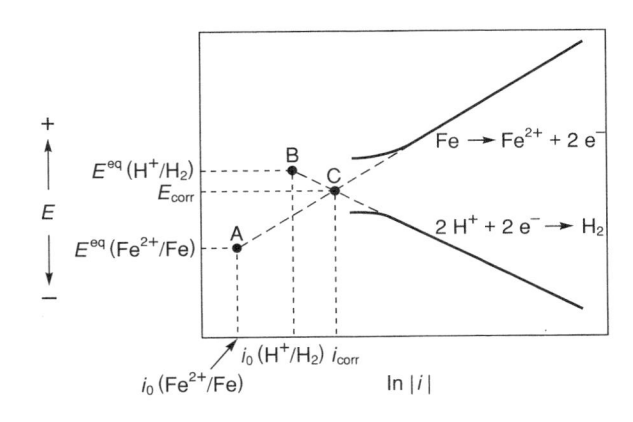

図8.3 酸性水溶液における鉄電極のターフェルプロット

図はこれと類似しているが，酸化反応と還元反応が一つの平衡反応の正反応と逆反応ではなく，異なる反応基質の酸化と還元であることが大きく違う．したがって，腐食電位と平衡電位は異質なものであり，このように異なる反応によって決定される電極電位(つまり前述の場合は腐食電位)は，一般に混成電位（mixed potential）と呼ばれる．

鉄を中性あるいは塩基性の溶液に入れた場合，目に見えるほどの水素発生や溶解反応が起こらないものの，酸化反応は徐々に進行する．水素発生の平衡電極電位は式 (3.32) で表され，たとえば，pH = 1 では −0.06 V (vs. SHE, 25 ℃) であるのに対し，pH = 7 では −0.41 V と負側にシフトし，式 (8.1) の反応の標準酸化還元電位である −0.44 V に近づく．つまり，水溶液の pH を高くすることは，図 8.3 において水素発生のターフェル線を負側（図の下側）に平行移動させることに相当し，これによって i_{corr} の値が小さくなる．このようにして溶解反応の反応速度が低下するため，中性からアルカリ性にするにつれて，水素発生を伴う鉄の溶解反応が起こりにくくなる．

一方，溶液中に酸素が存在していると，次式に示す酸素の還元反応が起こる．

$$O_2 + 2H^+ + 2e^- \longrightarrow H_2O_2 \tag{8.4}*1$$

そして，鉄表面で起こる式(8.4)の還元反応と鉄の酸化反応が組み合わさった反応のほうが，水素発生を伴った酸化反応よりも起こりやすくなる[*2]．このことをターフェルプロットで示すと図8.4のようになる．空気と接触してい

*1 H_2O_2 は強い酸化力をもっているので，水中に有機物などの不純物があるとそれらを酸化して H_2O_2 自身は水となる．したがって，生活環境における鉄の酸化によって過酸化水素が発生することはない．

*2 式 (8.4) の平衡電位は +0.65 V (pH = 1) なので，電位から見るとこの反応のほうが水素発生よりつねに起こりやすい．しかし，拡散限界電流のため，酸性水溶液中では水素発生が優先的に起こる．

図 8.4 中性からアルカリ性水溶液中の鉄電極のターフェルプロット
（酸素存在下）
この図のように，ターフェル式の成立しない拡散限界電流が示されるようなプロットは，厳密にはターフェルプロットとはいわない．

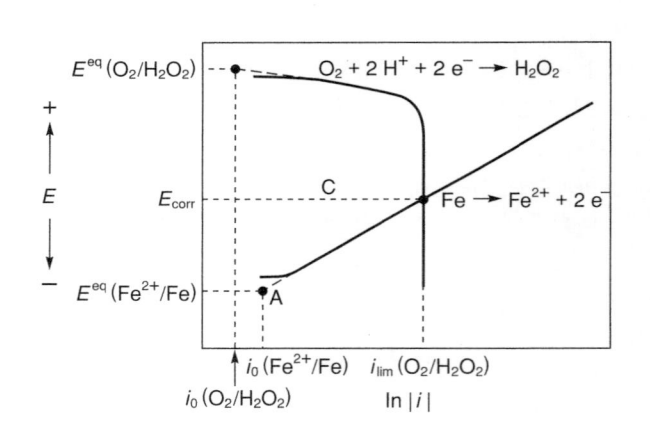

*3 図 8.3 の水の還元による水素発生の場合は，pH が 7 のようにプロトン濃度 ($= 10^{-7}$ M) が低くても，拡散限界電流が現れることはない．これは水の自己解離により H^+ が補充されるからである．

る水溶液中の酸素濃度は $2 \sim 3 \times 10^{-4}$ M 程度と低いので，酸素還元反応の反応速度は拡散律速になり，図に示すように反応の速度は拡散限界電流値 (i_{lim}) によって決定される[*3]．なお，中性やアルカリ性溶液中における実際の鉄の酸化反応は，式 (8.1) のような溶解よりも固体状態の Fe_2O_3 の生成のほうが優先する．つまり，これらが鉄のさび（rust）の正体である．

8.2 pH-電位図

前節の鉄の例でわかるように,水溶液中の物質(とくに金属)の溶解や腐食などの反応には,電位や溶液のpHが深く関係している.どのような酸化反応や還元反応が起こりやすく,またそれがどのような速さで起こるかを調べるには,電流-電位曲線のような反応速度を解析する手段が必要である.そのためには,ある条件下で物質を水溶液中に長時間入れたときの平衡状態に関する情報が必要になる.この基礎的な情報を提供してくれるのが**プールベイ図**(Pourbaix diagram)と呼ばれるpH-電位図である.一例として,亜鉛のプールベイ図を図8.5に示し,この図の作成法を説明する.

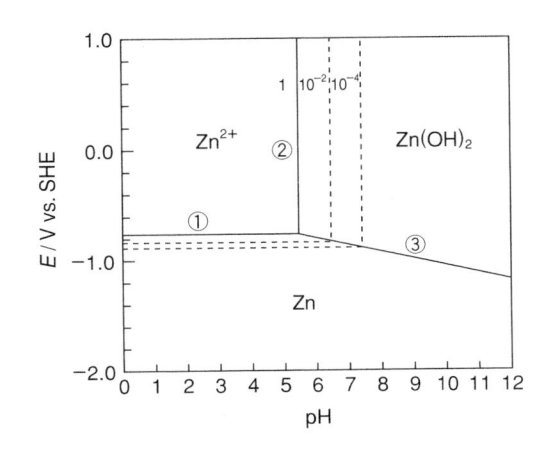

図8.5 ZnのpH-電位図(プールベイ図)

1気圧,25℃の標準状態において,水溶液中で存在できる亜鉛の状態はZn,Zn^{2+}, $Zn(OH)_2$であり,これらの化学種の間にはつぎのような平衡関係が存在する.

$$Zn \rightleftharpoons Zn^{2+} + 2e^- \tag{8.5}$$

$$Zn^{2+} + 2H_2O \rightleftharpoons Zn(OH)_2 + 2H^+ \tag{8.6}$$

$$Zn + 2H_2O \rightleftharpoons Zn(OH)_2 + 2H^+ + 2e^- \tag{8.7}$$

式(8.5)の反応の平衡電極電位は,ネルンスト式によって書き表される.

$$E^e = E° + \frac{RT}{2F} \ln \frac{a_{Zn^{2+}}}{a_{Zn}} \tag{8.8}$$

ただし,Znは固体なので$a_{Zn} = 1$である*.図8.5中の①の線は$a_{Zn^{2+}} = 1$のときの電位,つまり$E° (= -0.763\ \text{V vs. SHE})$を示している.

式(8.6)の反応の平衡定数は

$$K_{eq} = \frac{a_{Zn(OH)_2} a_{H^+}^2}{a_{Zn^{2+}}} = 1.10 \times 10^{-11} \tag{8.9}$$

* 溶液中に浸けた固体の活量は,つねに1と定義して取り扱われる(3.3.3項参照).

この場合も $Zn(OH)_2$ が固体であるので，$a_{Zn(OH)_2}=1$ である．ここで，$a_{Zn^{2+}}=1$ とすると，$a_{H^+} = 3.32 \times 10^{-6}$，つまり pH = 5.48 となる．これを表しているのが②の線である．

$Zn(OH)_2$ が生成する pH 領域で Zn の酸化反応を行うと，生成した Zn^{2+} は式 (8.6) の反応によって $Zn(OH)_2$ となる．それを表した反応式が式 (8.7) である．この反応の平衡電位を示すネルンスト式は，式 (8.8) と (8.9) を用いて以下のように誘導できる．式 (8.9) より

$$a_{Zn^{2+}} = \frac{a_{Zn(OH)_2}a_{H^+}^2}{K_{eq}} \tag{8.10}$$

この式を式 (8.8) に代入すると，

$$E^e = E° + \frac{RT}{2F}\ln\frac{a_{Zn(OH)_2}a_{H^+}^2}{K_{eq}a_{Zn}}$$

$$= E° + \frac{RT}{F}\ln a_{H^+} - \frac{RT}{2F}\ln K_{eq} + \frac{RT}{2F}\ln\frac{a_{Zn(OH)_2}}{a_{Zn}} \tag{8.11}$$

＊ $a_{Zn}=a_{Zn(OH)_2}=1$ なので，式 (8.11) の右辺の最後の項は 0 となる．したがって，$E^e = E° + \frac{RT}{F}\ln a_{H^+} - \frac{RT}{2F}\ln K_{eq}$ に値を入れることによって，$E^e = -0.439 - 0.059\,\text{pH}\,(V, 25℃)$ となり，これが③の線である (3.3.2 項参照)．

となり，③の線が得られる＊．①〜③の線は，溶解している化学種 (Zn^{2+}) の活量を 1 として描いた線であるが，活量が変われば線の位置も当然変わってくる．図 8.5 には，活量が 10^{-2} および 10^{-4} の場合に得られる線を破線で示した．

鉄のプールベイ図を図 8.6 に示す．亜鉛の場合よりも安定に存在する種の種類が多いためダイヤグラムは複雑になるが，一本一本の線をそれぞれの平衡反応式から求める手順は亜鉛で紹介した方法ととほぼ同じである．この鉄のプールベイ図を見ると，先に説明した鉄の腐食において酸性水溶液中では

図 8.6 Fe の pH-電位図（プールベイ図）

図中の数字は，溶液中のイオン種（この場合 Fe^{2+} と Fe^{3+}）の活量を示している．また，ⓐおよびⓑの点線は，それぞれ $2H^+ + 2e^- \rightleftharpoons H_2$ および $O_2 + 4H^+ + 2e^- \rightleftharpoons 2H_2O$ の平衡電極電位を示している．

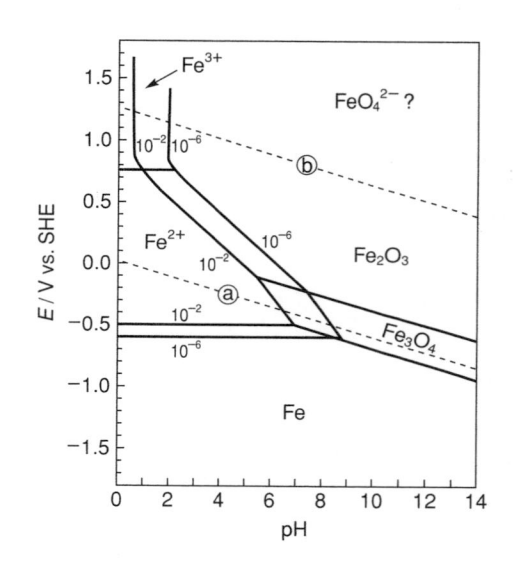

溶解反応が，中性およびアルカリ水溶液中では Fe_2O_3 の生成によるさびの発生が優先することがわかるであろう（章末問題 8.2 を参照）.

8.3 金属の防食

8.1 節で説明したように，金属の腐食が電気化学的な反応で起こることがわかれば，それを防ぐ対策，すなわち**防食**（protection）も電気化学的な手法によって行うことができる．図 8.1 に示したように，同一金属上で酸化および還元の両反応が起こることによって腐食が進行する．そこで，還元反応のみが金属表面上で起こり，酸化反応は別のところで起こるような状況をつくりだすと，腐食を防ぐことができる．たとえば鉄の埋設管の腐食を防ぐ方法として，図 8.7 に示すように鉄よりも標準電極電位が負側の（つまり，イオン化

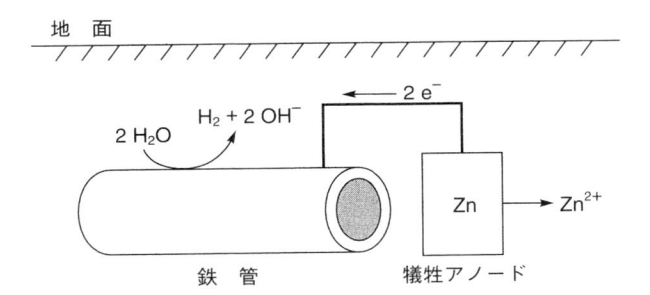

図 8.7 犠牲アノードを用いた防食法

傾向がより大きく，鉄よりも酸化されやすい）マグネシウムや亜鉛などの金属を鉄管に接続して一緒に埋設することが有効である．この場合，ボルタの電池と同様に，酸化反応はおもにイオン化傾向のより大きな金属で起こり，鉄管の表面では還元反応（水素発生や酸素還元など）が起こることになり，埋設管の腐食を防ぐことができる．このような目的で接続される金属を**犠牲ア**

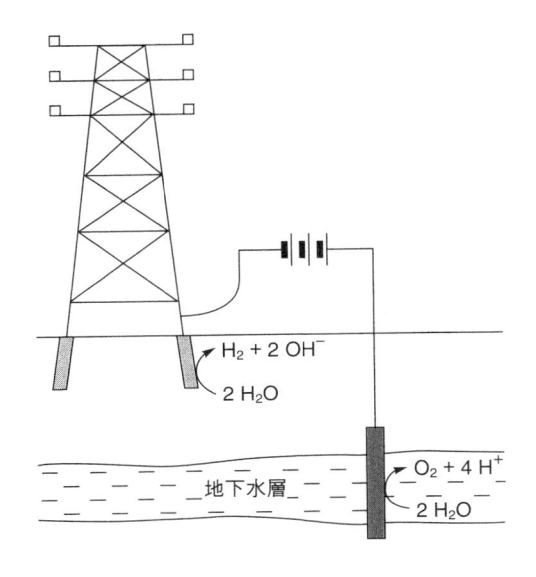

図 8.8 電圧を印加することによって行う防食法

ノード (sacrificial anode) と呼ぶ．埋設管のほか船体，海洋構築物，建築物の基礎杭などの防食に犠牲アノードは利用されている．

　もっと電気化学反応を積極的に利用した方法としては，強制通電式というのがある．これは，図 8.8 に示すように，グラファイト電極などの安定な電極を地下に埋蔵して陽極として用い，防食したい金属との間に電圧を印加することによって，金属表面ではつねに水素発生や酸素還元などの還元反応が起こるようにする方法である．鉄塔や工場のプラントなど，電源が確保できる場所における防食法として活用されている．

　より簡単な防食法としては，金属が空気や水分などと接触しないように表面を別の物質の薄膜で被覆する方法があり，塗料，プラスチック，ガラス*，金属などの薄膜による被覆が行われている．金属の薄膜の場合，たとえばイオン化傾向の大きな亜鉛薄膜を鉄に被覆したトタンなどの場合には，被覆にピンホールが生じても亜鉛薄膜が上述の犠牲アノードと同様の働きを示すことによって防食作用が表れる．しかし，薄膜がすべて酸化されてしまうと，つぎに鉄の腐食が進行する．

　上述のような人工的な薄膜に対して，自然がつくりだす薄膜もある．チタンやニッケル，クロムなどの金属を電極として用い，中性水溶液中で正側に電位掃引すると，図 8.9 に示すような形状の電流-電位曲線が得られる．電極

*　軟鉄や鋳鉄にうわ薬を塗って表面にガラス質を融着させたものをほうろうと呼び，流しや風呂桶などに利用されている．一方，金，銀，銅表面にガラス質を融着したものは，七宝と呼ばれ，おもに装飾品として用いられる．

図 8.9　不働態化する金属を電極に用いて電位走査を行ったときに得られる電流-電位曲線の概略図

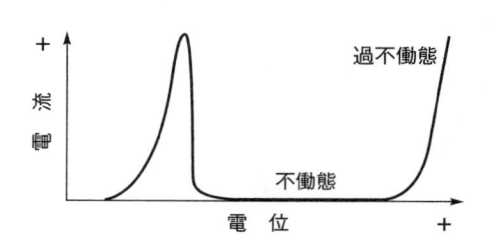

電位を正側にすると，金属の酸化を示す電流が観察され，より正側になるにつれて電流値は増加するが，ある値を境に電流が突然流れなくなる．これは，金属表面に緻密な酸化被膜が形成され，金属のさらなる酸化を抑制してしまうことを示している．このような状態を不働態 (passive state) と呼ぶ．不働態となった金属表面では，さらに電位を正側に移行してもしばらくは電流はほとんど流れないが，さらに正側にすると酸素発生による酸化電流が観測され，この状態を過不働態 (transpassive state) と呼ぶ．チタン，ニッケル，クロムなどの金属を空気中に放置しておいても腐食されないのは，それらの緻密な酸化被膜が保護膜として働くからである．鉄の場合は，さびとして生じる酸化鉄の緻密性が低く，多数のピンホールが存在するために腐食は内部にまで進行する．しかし，単独の金属では不働態化しない場合でも，不働態化する金属と合金化することによって，不働態化しやすくなる場合がある．Fe-Cr や Fe-Cr-Ni などの合金がその代表例であり，それらはステンレス鋼という名

前で台所の流しなど，多くの場所で用いられている．

8.4 金属の析出

　金属の析出は，金属イオンの還元反応であり，腐食反応の逆反応に相当する．金属の析出の身近な利用法はめっき(plating)であり，工業的に幅広く用いられている．かつてめっきといえば，ある金属(黄銅，銅，銀など)を負極に用いて，その表面に他種の金属(金，白金，クロム，黄銅など)を電解析出させることを意味していたが，最近では電気を使わない**無電解めっき**(electroless plating)という方法も用いられるようになり，その方法によって金属のみならず，プラスチックなどの絶縁性の物質にもめっきが行えるようになった．めっきは，装飾を目的として行う場合が最も多いが，それ以外にも防食や表面保護を目的としためっきもある．さらに，電気的な接触の向上を目的として，端子などに金や白金などの貴金属をめっきすることもあり，とくに，ICやLSIなど，小さい接点が多数存在するような電子回路においてはめっきは回路そのものの品質を左右する重要な工程となる．

　電解還元によるめっきは，原理的には金属イオンを還元することによって電極表面に金属を析出するだけであるが，金属をより強固に被覆させ，その表面を平滑にするためには，めっき浴に種々の物質を溶解することが必要である．いくつかの例を表 8.1 に示す．表中に示すように，析出の際の温度や

表8.1　電解めっきのめっき浴組成および操業条件の例

金属	めっき浴の組成 / g dm^{-3}	温度 / ℃	電流密度 / A dm^{-2}
金	シアン化金カリウム(Ⅱ) 6〜18, 金微粒子 4〜12 クエン酸 90, pH 3〜6	40〜60	0.1〜1
クロム	酸化クロム(Ⅲ) 250, 硫酸 2.5	45〜55	10〜40
銀	シアン化銀 36, シアン化カリウム 60, 炭酸カリウム 15	20〜30	0.5〜1.5
銅	硫酸銅・五水和物 200, 硫酸 50	25〜35	2〜5
ニッケル	硫酸ニッケル・七水和物 300, ホウ酸 15 塩化ニッケル・六水和物 45, pH 4.5〜5.5	45〜70	2〜8
黄銅	シアン化銅 30, シアン化亜鉛 10, シアン化ナトリウム 10 炭酸ナトリウム 30, pH 10.5〜11.5	25〜35	0.5

析出速度もめっきの品質を決定する重要な因子となる．

　電気を使わない無電解めっきの場合，適当な還元剤を用いて金属イオンの金属への還元反応を行う．無電解めっきを行うためのめっき浴の例を表 8.2 に，ステンレス鋼およびプラスチックへのニッケルの無電解めっきの手順を図 8.10 に示す．めっき浴にはクエン酸ナトリウムやEDTA(エチレンジアミン四酢酸)などの錯化剤が入っており，金属イオンはそれらと錯形成することによって安定化されている．そしてホスフィン酸ナトリウムやホルマリンなどの還元剤も溶解しているが，そのままでは還元反応はほとんど起こらない．

表 8.2　無電解めっきのめっき浴の例

金属	めっき浴の組成 / g dm^{-3}	温度 / ℃	めっき速度 / μm h^{-1}
ニッケル (酸性浴)	塩化ニッケル 50, ホスフィン酸ナトリウム 10, クエン酸ナトリウム 10, pH 4〜6	90	7.5〜15
金	シアン化金カリウム 2, 塩化アンモニウム 75, クエン酸ナトリウム 50, ホスフィン酸ナトリウム 10, pH 7〜7.5	92〜95	0.5
銅 (常温浴)	硫酸銅 10, ロッシェル塩 50, ホルマリン (37%液) 10, 水酸化ナトリウム 10	室温	1〜2

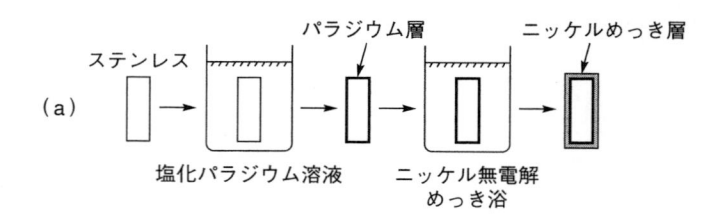

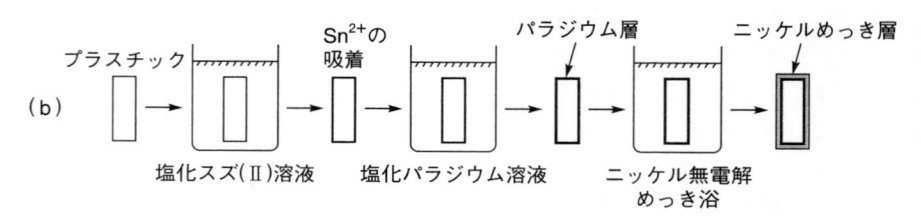

図 8.10　(a) ステンレス鋼および (b) プラスチックへのニッケルの無電解めっきの工程

そこへ，パラジウムで被覆した金属やプラスチックを浸けると，パラジウムが触媒となってそれらの表面で還元反応が進行し，金属の析出が起こる．このようにして，金属だけでなくプラスチックなどの絶縁性物質に，ニッケル，金，銅の良質なめっきを施すことができる．また，絶縁性物質にほかの金属をめっきしたい場合，ニッケルや銅の無電解めっきを施してから，これを電極にしてクロムを初めとする種々の金属を電解めっきするという方法も行われている．

8.5　電極触媒

本章の冒頭で，「白金や金などの化学的に安定な材料を電極に用いた場合は，電極自身の反応は通常は考慮する必要がなく…」と記述した．これは，亜鉛や鉄のように目に見えるほどの溶解や腐食する金属と比較して，白金や金は電気化学反応を行っても電極自身が一見何の変化も示さないような電極であるということを意味している．確かに白金や金を電極に用いて，酸性，中性，そしてアルカリ性水溶液中で酸化および還元の電解反応を行っても溶解

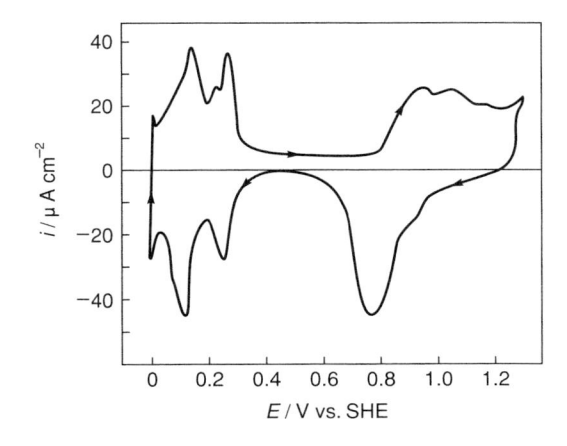

図8.11 0.5 M H₂SO₄水溶液中で測定した白金電極のサイクリックボルタモグラム

や腐食はまったく起こらない．しかし，白金電極は水素イオン濃度が1 Mの酸性水溶液中で，水素発生の標準電極電位(0 V vs. SHE)にきわめて近い電位で水素発生を行う高活性な電極であり，それには白金表面が化学的な反応場として重要な役割を果たしている．

図8.11は，0.5 M H₂SO₄水溶液中で測定した白金のサイクリックボルタモグラムである．負側への電位掃引において，0.4 Vより負側の電位で二つの還元電流ピークが観測される(さらに負側の電位では水素発生が起こる)．一方，正側へ電位掃引すると，還元電流ピークに対応する二，三の酸化電流ピークが見られる．この還元および酸化電流ピークは，白金表面へのプロトンの還元的吸着と酸化的脱離反応が起きていることを示しており，その反応はつぎのように書ける．

$$\text{Pt} + \text{H}^+ + \text{e}^- \rightleftharpoons \text{Pt-H} \tag{8.12}*$$

さらに正側に電位掃引していくと，0.8 Vより正の電位で酸化電流が見られ，これは白金表面に酸化層が生成することを示しており，反応式はつぎのとおりである．

$$\text{Pt} + \text{H}_2\text{O} \rightleftharpoons \text{Pt-O} + 2\text{H}^+ + 2\text{e}^- \tag{8.13}$$

プロトンが還元されて水素ガスになる反応の反応過程を順序立てて書くと，(1)二つのプロトンが十分に接近する，(2)電極から二つのプロトンへ1電子ずつ渡される，(3)プロトンから水素原子になると同時に共有結合によってH₂が生成する，(4)H₂が電極から離れ，ガスとして放出される，となる．実際には(2)と(3)は同時に進行すると考えられるが，ここでは便宜上両者を分けて，順序をつけた．この反応が単純なFe^{3+}のFe^{2+}への還元反応と大きく異なる点は，反応が進行するのに反応基質を複数個必要とし，電子移動過程に伴ってそれらが結合するという化学反応を行うことである．H₂の結合距離は0.074 nmであるので，電極表面でH₂が生成するためには，そこでプロ

* この式も水素発生と同様にプロトンの還元であるが，水素発生より正の電位で起こる．これは，Pt-Hの結合がH-Hの結合より起こりやすいことを示している．同様に，ある金属(M1)への異種金属(M2)の還元析出の場合にも，M1-M2の結合がM2同士の結合(つまりバルク析出)よりも正の電位で起こることがありうる．このような現象をアンダーポテンシャル析出(under potential deposition)と呼ぶ．

トン同士が結合できるくらいに十分に接近することが必要である．しかし，そのような接近が自然に起こることは容易ではない（コラムを参照）．

白金電極を用いて水素発生を行う場合，前述のように水素発生の標準電極電位よりも正側の電位でプロトンの還元的吸着が起こり，電極表面のすべてのPt原子がPt–Hとなる．白金表面におけるPt原子の最短の間隔は 0.27 nm であり，かつ吸着しているHは電荷的に中性であるので，H–H結合が形成されやすい環境となっている．これらのことを考慮して反応の模式図を描くと図8.12のようになり，還元的吸着，結合形成，放出が繰り返されて水素発生が起こることになる．このように，望む反応が起こりやすくなるように環境をつくりだす材料が触媒であり，とくに白金電極のように電極として用いた場合に触媒作用を示すものを，**電極触媒**(electrocatalysis)と呼ぶ．

水の電解還元反応における水素発生については，ほかの種々の金属電極でも調べられている．交換電流密度の大きさが電極反応の反応速度の大きさの指標となることは6章で説明した．種々の金属を用いて水素発生の交換電流密度を求め，それらの値をそれぞれの金属表面に水素が還元的に吸着したときのM–H結合（Mは金属）の結合エネルギーに対してプロットしたものが図8.13である．山形の関係が得られ，M–Hの結合エネルギーが小さくても大きくても水素発生の反応速度は低下し，約 240 kJ mol^{-1} の結合エネルギーを有する白金が最も大きな反応速度を示すことを表している．

このことを定性的に説明すると，M–Hの結合エネルギーが低い場合は水素の吸着が起こりやすいが解離もしやすくなり，電極表面に存在する吸着水素の濃度が低く，水素同士が十分に接近しないために反応速度が低下する．一方，M–Hの結合エネルギーが大きくなると，一度吸着した水素はその状態で安定化してしまうため，図8.12の(d)と(e)に示す水素同士の共有結合

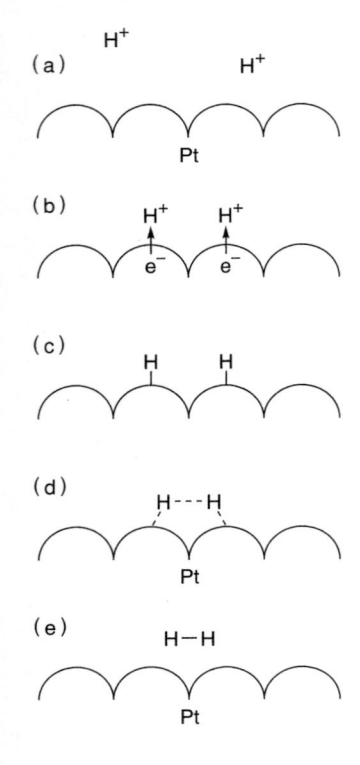

図8.12　白金電極を用いた水素発生反応の模式図

コラム　水溶液中のH$^+$

1 M (= mol dm^{-3}) のH$^+$（プロトン）が，どのような環境で存在しているかを考えてみよう．

水溶液 1 dm^3 中には，アボガドロ数（= 6.02×10^{23} 個）のプロトンが存在している．もしもプロトンが 1 dm^3 の立方体中に格子状に存在していると仮定するならば，立方体の一辺には 8.44×10^7 個〔=(6.02×10^{23} 個)$^{1/3}$〕のプロトンが並んでいることになり，隣り合ったプロトンの距離は 1.18 nm と求まる．一方，水溶液中のH$_2$O分子の濃度は約 55 mol dm^{-3} であるので，そのうちの 1 mol dm^{-3} のH$_2$OがH$_3$O$^+$（オキソニウムイオン）になっている．すなわち，H$_3$O$^+$の約54倍の量のH$_2$Oがその周りに存在していることになる．

そのような環境のなかで二つのHの共有結合が伴う水素発生が起こるには，本文中の反応過程の(1)でH–Hの結合距離である 0.074 nm 程度までH$_3$O$^+$同士が近づかなければならない．しかし，H$_3$O$^+$の正電荷の反発作用も考慮すると，その距離が 1/10 程度まで減少する確率は決して高いものではない．電極を用いた水素発生の場合，電極表面へのプロトンの還元的吸着が必要と考えられており，その吸着する電位が水素発生の過電圧に大きく関与している．

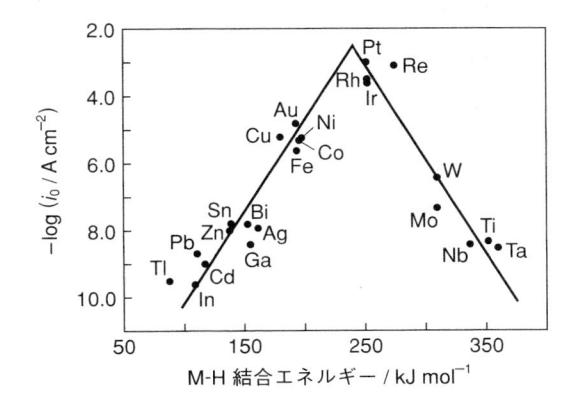

図 8.13 水素発生反応に対する交換電流密度と金属と水素との結合（M-H 結合）の結合エネルギーの関係

の形成および電極表面からの脱離が起こりにくく，反応速度を低下させる．

結合過程を伴う反応だけでなく，解離反応を伴う反応に対しても，電極触媒作用を有する電極の選択および作製は重要である．水素発生のように，金属電極そのものが電極触媒作用を示す場合もあるが，電極表面に電極触媒作用を示す材料を積極的に付着させることも行われている．たとえば，工業電解の一つである NaCl 水溶液の電気分解反応では，RuO_2 粉末が塩素発生に対して顕著な電極触媒作用を示すことから，Ti に RuO_2 薄膜を付着した電極*が利用されている．

* Dimensionally stable anode（DSA 電極）という商標で販売されている．

章末問題

8.1 亜鉛の板を水溶液中に浸けたときの反応を，図 8.5 の pH-電位図を参考にして予想しなさい．

8.2 図 8.6 の鉄の pH-電位図の中に pH 1 および pH 7 のところに縦線を引き，本文中で説明した酸性および中性における鉄の腐食の挙動について整理しなさい．とくに pH 7 の場合，溶液中に存在する Fe^{2+} の濃度によって腐食の挙動が異なることに注意すること．

8.3 標準状態で安定に存在できるカドミウムの状態は，Cd，Cd^{2+}，$Cd(OH)_2$ である．また，標準酸化還元電位および平衡定数は以下のとおりである．

$E°(Cd^{2+}/Cd) = -0.402$ V vs. SHE

$a_{Cd(OH)_2} a_{H^+}^2 / a_{Cd^{2+}} = 1.55 \times 10^{-14}$

これらの値を使って Cd の pH-電位図を作成し，$a_{Cd^{2+}} = 1, 10^{-2}, 10^{-4}$ M における境界線を描きなさい．

8.4 海に浮かぶ鉄製の船体の腐食を，電気化学的に防ぐ方法を考えなさい（ヒント：海水を NaCl の電解液と考える）．

8.5 酸素還元反応において，二電子還元反応によって過酸化水素が生成し，四電子還元反応によって水が生成する．それぞれの還元反応を進行させるためには，酸素をどのように固定する電極触媒が必要であるか，推察しなさい．

9 光エネルギー変換

1章でもふれたが,太陽電池を代表例として,光エネルギーを電気エネルギーに変換する方法がある.また,光によって電気化学反応を行う方法もある.このような光→電気→化学反応のエネルギー変換を電気化学的に取り扱う分野は**光電気化学**(photoelectrochemistry)と呼ばれ,エネルギーの有効利用の観点から注目されている.次章で述べるように,植物における光合成では光エネルギーを化学エネルギーに変換するが,光電気化学反応はこれに類似したエネルギー変換を行う.さらに,同じ原理による光を用いた環境浄化や光電子デバイスなどへの応用も試みられている.これらの反応には光励起して電子と正電荷との分離を行うことのできる材料が用いられており,最も重要なものが**半導体**(semiconductor)である.本章では,半導体を電極や光触媒に用いることによる光電気化学反応の基礎的概念を述べるとともに,いくつかの応用例を紹介する.

9.1 半導体の基礎

9.1.1 バンド理論

原子や分子はエネルギー準位の異なるさまざまな軌道をもち,これらの軌道は低いエネルギー準位の軌道から高いエネルギー準位の軌道へと電子で順次満たされていく.全軌道のうち約半分が電子で満たされた**結合軌道**(bonding orbital)であり,そのなかで最も高いエネルギー準位にある軌道が**最高被占軌道**(highest occupied molecular orbital; HOMO)である.そして,残りは電子が存在しない空の状態の**反結合軌道**(antibonding orbital)であり,最も低いエネルギー準位の軌道を**最低空軌道**(lowest unoccupied molecular orbital; LUMO)と呼ぶ.孤立した一つの原子や分子の場合は,このような電子の軌道

のみを考えればよいが，Cu，Si，あるいは TiO_2 などのように，多数の原子や分子が結合して結晶格子を形成する固体の場合は，個々の原子や分子が有している軌道が縮退することによってバンドが形成されるという概念（バンドモデル）を導入すると，さまざまな現象をうまく説明することができる．

図9.1は，ある原子の集団においてLUMOとHOMOのバンド形成の度合

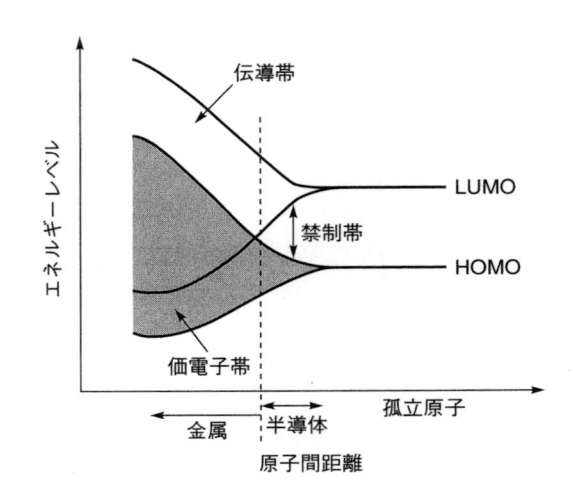

図9.1 原子の集団におけるバンド形成の度合いと最接原子間の距離との関係

いと隣接する原子間距離との関係を示している．孤立した原子同士が近づき，それらの電子雲が重なって結合を形成し始めると，軌道はもとのエネルギー準位をほぼ中心として，上下に分散して存在するようになる．距離が短くなって影響し合う軌道の数が増すにつれ，分散の度合いは大きくなるとともに軌道間のエネルギー準位の差も縮まり，やがてはエネルギー準位が連続した状態を形成する．これが軌道の縮退であり，バンドの形成となる．電子で満たされたHOMOが形成するバンドを**価電子帯**（valence band），電子が存在しないLUMOが形成するバンドを**伝導帯**（conduction band）と呼び，両バンド間の軌道が存在しないエネルギー領域は**禁制帯**（forbidden band）または**バンドギャップ**（band gap）と呼ばれる．

図9.2（a）に示すように，この禁制帯の幅（E_g）が十分小さい（$E_g \ll kT$），あるいは伝導帯と価電子帯が互いに重なっている固体では，価電子帯の電子が伝導帯を介して自由に動き回ることが可能となるため良導体となる．一方，E_gが大きくなると価電子帯の電子は動きにくくなるが，$E_g < 1.5$ eV の固体の場合は室温でも図9.2（b）に示すように価電子帯の電子が伝導帯へ熱的に励起され，励起電子が自由に動くことによりある程度の導電性を示す．これが**真性半導体**（intrinsic semiconductor）である．このとき，価電子帯から電子が抜けた穴は正電荷を有する粒子のように振る舞い，価電子帯のなかを動くことができるため導電性を示す．これを**正孔**（positive hole, h^+）と呼ぶ．真性半導体中の励起電子の濃度（n_i）と正孔の濃度（p_i）は，室温でつぎのような

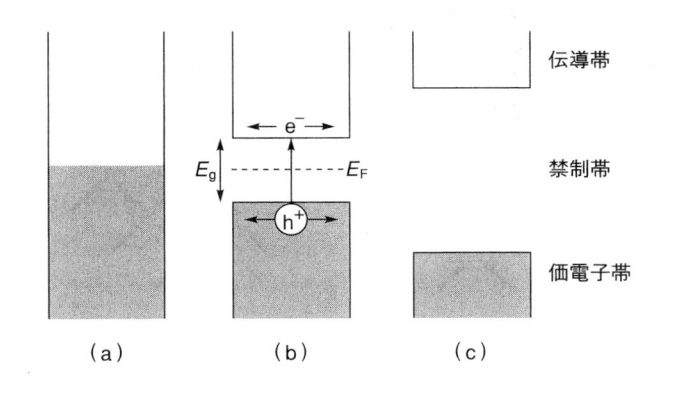

図 9.2 (a) 良導体，(b) 真性半導体，(c) 絶縁体のバンドモデル
真性半導体中で励起した電子および正孔は，それぞれ伝導帯と価電子帯のなかを自由に動き回ることができる．

関係にある．

$$n_i = p_i \approx 2.5 \times 10^{19} \exp\left(\frac{-E_g}{2kT}\right) \quad \text{cm}^{-3} \tag{9.1}$$

良導体において，電子が存在する最も高いエネルギー準位であるフェルミ準位(Fermi level, E_F)*は，真性半導体の場合，伝導帯下端と価電子帯上端の中間に位置する．E_g がさらに大きくなると価電子帯の電子は励起されることがなく，電子や正孔が固体中を移動しないので絶縁体となる〔図 9.2 (c)〕．

半導体の純粋な結晶に異種の原子を混入して，伝導帯に電子，あるいは価電子帯に正孔をつねに一定濃度存在させることができ，その結果，半導体の導電性が向上する．このような半導体を**不純物半導体**(impurity semiconductor)と呼ぶ．図 9.3 (a) に示すように，14 族の Si の単結晶中の一部を 15 族の As に置き換えると，As はイオン化して電子を放出し，それが結晶内を自由に動き回る．エネルギー準位で表すと図 9.3 (b) のように As の電子のエネルギー準位 (これをドナー準位 E_D と呼ぶ) は，伝導帯の下端 (E_C) から約 0.05 eV だけ低い禁制帯内に位置しており，室温でも容易に伝導帯へ励起する．すなわち，この場合，自由に動ける電子をもつ **n 型半導体** (n-type semiconductor) となり，E_F は伝導帯下端のすぐ下に位置する．このように，ある材料の性質を大きく変化させるために不純物(異種の材料)を混入することを**ドーピング** (doping) という．

As の代わりに 13 族の Ga をドーパントに用いると，図 9.3 (d) に示すように価電子帯上端 (E_V) のすぐ上のエネルギー準位に空の軌道(アクセプター準位，E_A)が生じ，価電子帯の電子が熱的にそこへ励起することによって，価電子帯に定常的に正孔が形成される．すなわち，正電荷をもった **p 型半導体** (p-type semiconductor) となり，生じた正孔が自由に動くことにより，もとの Si 結晶より高い導電性を有する．この場合，E_F は価電子帯上端のすぐ上に位置する．

* あるエネルギー準位 (E) の軌道に電子が占める確率はフェルミ・ディラック統計より

$$f(E) = \frac{1}{1+\exp\left[(E-E_F)/kT\right]}$$

で与えられる．したがって，フェルミ準位 ($E = E_F$) では $f(E) = 1/2$ になる．半導体の場合，電子が存在しない禁制帯のなかに E_F が存在するという一見矛盾することになるが，上の $f(E)$ の定義に従うとこのような表記になる．

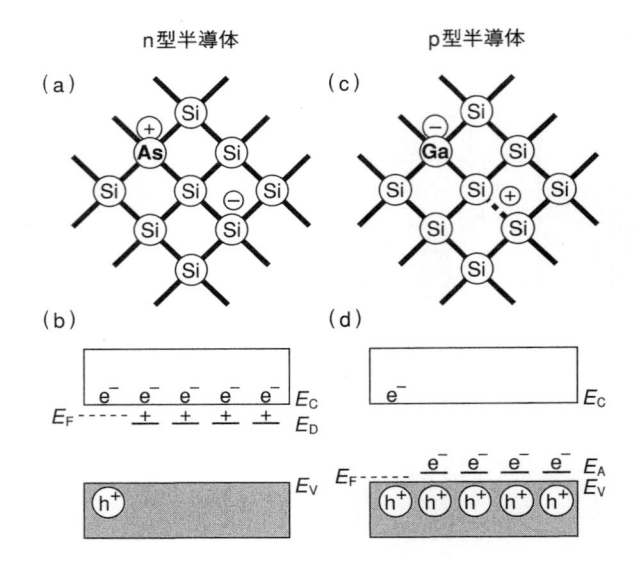

図9.3　n型およびp型半導体の結晶（a, c）とエネルギーバンドのモデル（b, d）
Si中のAsおよびGaは，室温で容易にイオン化して，自由に動く電子や正孔をSi中に生じさせる．そのイオン化エネルギーは約 0.05 eV であり，(b) と (d) の Si 禁制帯に示した4本の線がドナー準位とアクセプター準位を意味する．一方，少ないながらも価電子帯から伝導帯への電子の励起も起こるので，これも (b) と (d) に示した．

9.1.2　半導体と金属との接合

ここで，n型半導体と金属とを接触させることを考えよう（図9.4）．n型半導体の E_F の位置が金属の E_F より高いエネルギー位置にあると仮定する．半導体や良導体を接触させた場合，両者の E_F の準位が同じになるように電子の移動が起こるので，図9.4の場合，接触によってn型半導体の伝導帯の電

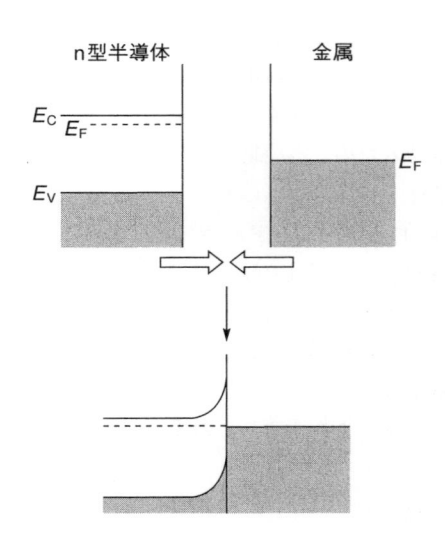

図9.4　n型半導体と金属の接触
半導体のフェルミ準位（E_F）の位置が金属のそれよりも高い場合を想定．接触すると両フェルミレベルは同じ位置となり，半導体には空間電荷層が生じる．

子が金属側へ移動する．金属の E_F は，価電子帯に存在する数多くの電子によってその準位が決定しているので少量の電子が注入されてもほとんど変化しないが，n 型半導体の伝導帯に存在する電子が金属側に移ると E_F のエネルギー準位は低下する．つまり，n 型半導体の E_F が金属のそれと等しい準位になったところで平衡に達し，n 型半導体は正に，金属は負に帯電することになる．金属の負電荷は接触面から数原子層以内の空間に蓄積するので，金属内部の電位は一定であるとみなせる．しかし，n 型半導体のほうは少量混入させたドーパントの電子が奪われ，またそれによって残った正電荷は結晶中に固定されたドーパント原子上に存在するので，正電荷はある程度の厚みの空間に分散して存在することになる．厚みはドーパントの量によって変化するが，通常 μm のオーダーとなる．この層のなかで E_V と E_C のエネルギー準位は接触面から離れるにしたがって徐々に変化し，やがて固体内部の準位に達する．このようなエネルギーの曲線的変化の生じる空間を**空間電荷層**（space charge layer）と呼ぶ．また，空間電荷層を生じさせる半導体と金属の接合のことをショットキー接合（Schottky junction）という．

図 9.4 の n 型半導体と金属を接触させた状態において，半導体の背面（図の左側）にオーミック接合（ohmic junction）*する金属を付着させ，半導体およびそれとショットキー接合している金属との間に電圧を印加することを考える．図 9.5(a) に示すように，n 型半導体に＋，金属に－の電圧を印加すると，前者の E_F は後者の E_F よりエネルギー準位が低くなり，n 型半導体にはさらに正電荷が蓄積され，空間電荷層の厚みが広がる．そして，半導体の伝

* n 型半導体の場合，半導体の E_F よりも高いエネルギー準位に E_F をもつ金属を接合すると空間電荷層が生じず，金属と半導体間を電子が自由に移動できる．このような接合をオーミック接合という．p 型半導体の場合，より低い E_F を有する金属を用いる．

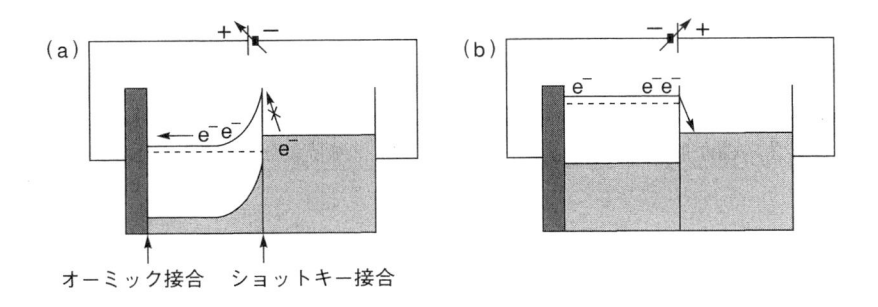

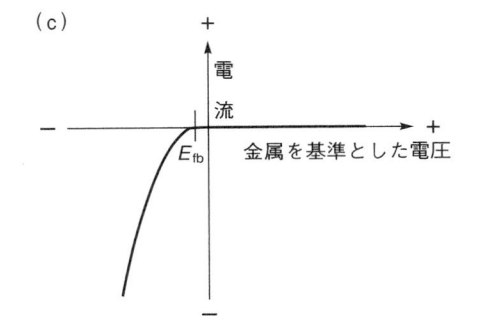

図 9.5 ショットキー接合している n 型半導体と金属の間に電圧を印加したときのバンドモデル
(a) 半導体が＋で金属が－，(b) 半導体が－で金属が＋，(c) 電圧と電流の関係．

導帯に存在する電子は，よりエネルギー準位の低い半導体内部へと移動する．一方，金属の電子はE_Fの準位まで存在しており，これが半導体側に移動するためには，半導体電極表面における伝導帯下端と金属のE_Fとのエネルギー障壁を越えなければならない．この障壁が大きければ電子は移動できず，結果として，この方向に電圧を印加した場合には電流は流れない．逆に，n型半導体に−，金属に＋の電圧を印加すると，半導体の伝導帯に電子が供給され，空間電荷層の幅は小さくなる．そして，図9.5(b)に示すように空間電荷層が消失すると，伝導帯の電子は接合面に移動して金属側へ移ることができるようになり，電流が流れる．このとき，空間電荷層が消失するときの半導体のE_Fの値を**フラットバンド電位**(flat band potential, E_{fb})という．この一連の現象を印加電圧と電流のグラフで示すと図9.5(c)のようになり，これが**整流作用**(rectification)と呼ばれる現象である．そして，このような作用を示す素子が**ダイオード**(diode)*である．なお，p型半導体と，そのE_Fよりも高いエネルギー準位のE_Fをもつ金属とを接合したときには，上記と逆方向の整流作用をもったダイオードとなる．

＊ 金属と半導体を接合して作製したダイオードを，ショットキーダイオードと呼ぶ．ダイオードは，n型半導体とp型半導体とを接合しても作製できる(章末問題9.2を参照)．

9.2 半導体光電極

9.2.1 エネルギー準位と電位

前節で，分子の軌道，固体のバンドモデルを説明するのにエネルギー準位という言葉を使った．エネルギー準位とは，電子が存在する場所での電子の位置エネルギーであり，真空中の静止電子のエネルギーが基準となる．たとえば，金属や半導体のフェルミ準位から電子を無限遠に取り去るエネルギーが仕事関数($W>0$)であり，$-W$が真空中の静止電子を基準としたときのE_Fのエネルギー準位である．一方，標準酸化還元電位の異なる二種のレドックス種 (S1, S2) を考えてみる．レドックス反応を行うということは，そのレドックス種が酸化還元反応を行うエネルギー準位に電子を入れたり，抜き

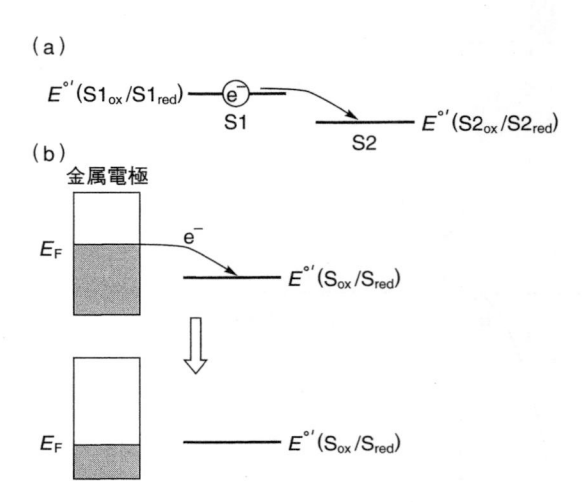

図9.6 (a) 二種類のレドックス種における電子移動および (b) レドックス種が存在する溶液に金属電極を浸けたときの電子移動

去ったりすることである．いま，二種類の溶液があり，それぞれの溶液にはS1またはS2の酸化体（$S1_{ox}$, $S2_{ox}$）および還元体（$S1_{red}$, $S2_{red}$）が同じ濃度で含まれているものとする．この場合，前者に電子が出入りするエネルギー準位は式量電位である$E°'(S1_{ox}/S1_{red})$であり，後者は$E°'(S2_{ox}/S2_{red})$である．ここで，図9.6(a)に示すように前者のエネルギー準位が後者より高い位置にあるとして，両溶液を混合した場合，S1は酸化，S2は還元されることになるが，これはよりエネルギー準位の高い電子がより低いエネルギー準位に移動するという見方をすることができる．

つぎに，金属の小片をあるレドックス種の酸化体（S_{ox}）と還元体（S_{red}）が同濃度存在する溶液中に浸けた場合を考える．図9.6(b)に示すように金属の本来のE_Fと$E°'(S_{ox}/S_{red})$とが異なっている場合，両者の間に電子のやり取りがあり，両者のエネルギー準位が一致したところで平衡に達する．金属小片のE_Fを変化させるのに必要な電子数が溶液中に存在するレドックス種の総モル数に比べると無視できる程度であれば，金属小片の電位は平衡電位（この場合は$E°'$）になる．一方，電極にポテンシオスタットによって電位を印加するということは，その金属のE_Fを相対的に変化させることを意味する．このように，エネルギーレベルは電位によって表すことができるので，半導体の基本的なエネルギー準位の位置も電位として表すことができる．図9.7に水溶液中（pH 0）における種々の半導体のE_CとE_Vのエネルギー準位をSHEを基準とした電位で示した．不純物半導体の場合もE_CとE_Vのエネルギー準位は図9.7に示したものと同じである．

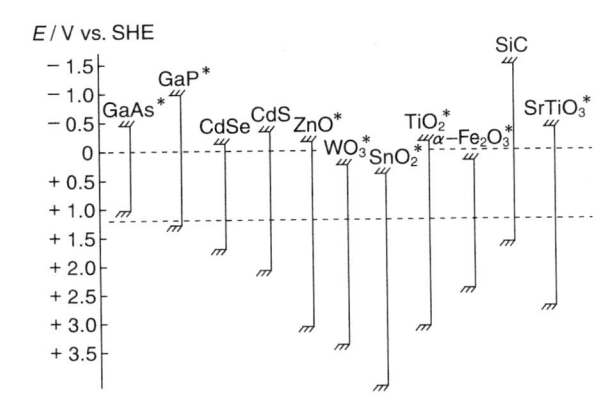

図9.7 種々の半導体の伝導帯下端と価電子帯上端のpH＝0における電位図

＊印のついた半導体のフラットバンド電位は－0.059 V／pHの変化を示す．

9.2.2 電解液中の半導体

半導体を電解液中に浸けたときの状況は，半導体を金属と接触させたときのE_Fの変化（図9.4）と，金属を電解液に浸けたときのE_Fの変化（図9.6）を組み合わせて考えればよい．図9.8(a)にn型半導体の場合のモデルを示す．電解液中にレドックス種（S_{ox}/S_{red}）の$E°'$が半導体のE_Fよりも正側に存在し

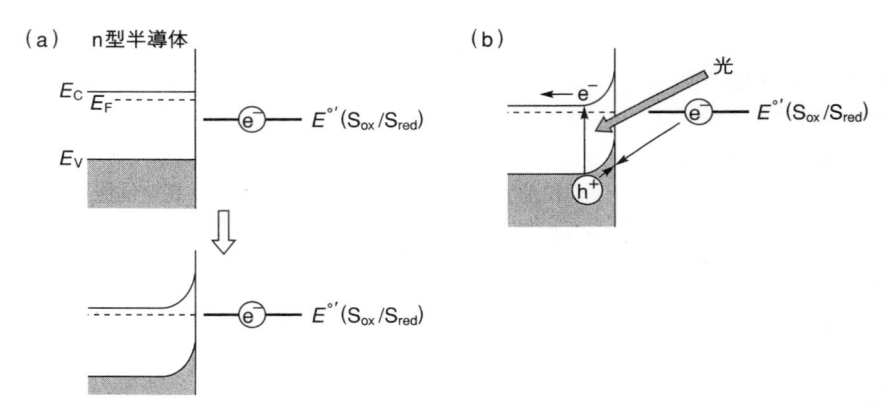

図 9.8　(a) レドックス種が存在する溶液に n 型半導体電極を浸けたときのモデル，(b) (a) の状態で半導体電極に光照射したときのモデル

ているならば，平衡状態に達したときには E_F と $E°'$ は一致し，半導体には空間電荷層が生じる．裏面にオーミック接合を施し，n 型半導体を電極として用いた場合，図 9.5 の金属とのショットキー接合と同様な考え方ができる．すなわち，電極を正側に分極しても酸化反応は起こらず，負に分極して電極電位が E_{fb} よりも負側になると還元反応が起こり，図 9.9 に示す暗時の電流-電位曲線のような特性となる．

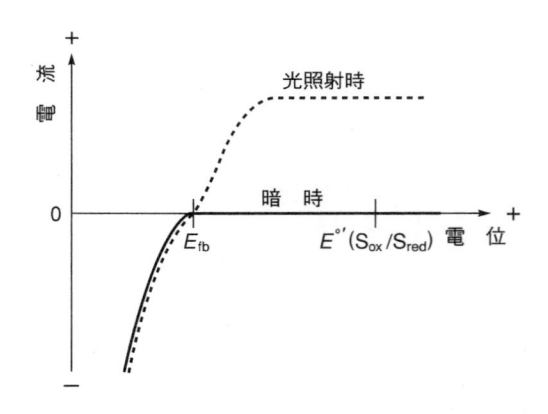

図 9.9　n 型半導体電極の暗時（実線）および光照射時（破線）の電流-電位曲線

　半導体電極においても，金属電極と同様に電極の化学反応を考慮する必要がある．たとえば CdS や ZnO などの半導体の場合，光照射によって生じる正孔で半導体自身の酸化溶解反応が起こるため，これらを電極として用いる場合には正孔を効率よく消費するドナー分子を電解液中に存在させる必要がある．また，酸化物半導体や Ga 化合物の半導体の表面は，水溶液中でつぎのような平衡状態にある．

$$-\mathrm{M-OH} \rightleftarrows -\mathrm{M-O^-} + \mathrm{H^+} \tag{9.2}$$

したがって，水溶液のpHが高くなると平衡は右側に偏り，電極表面は負電荷を帯びて半導体電極全体のエネルギー準位は電解液に対して相対的に高くなる．図9.7で＊を付記した半導体の場合，E_{fb} が -0.059 V/pH の割合で変化するが，それはこのような半導体表面の化学反応に由来するものである．

9.2.3 光電極効果

半導体電極に，半導体の禁制帯の幅である E_g より大きなエネルギーを有する光を照射すると，半導体表面において価電子帯の電子は伝導帯に励起し，価電子帯に正孔が生じる．電子は空間電荷層のエネルギー準位の曲がりに沿って半導体内部へ移動するが，電子と反対の性質を有する正孔は，よりエネルギー準位の高い電極表面へ移動する．溶液中に存在するレドックス種の酸化還元電位が価電子帯のエネルギー準位よりも高ければ，電子は正孔と結合してレドックス種の還元体の酸化反応が起こることになる．このような過程による光酸化反応が，n型半導体電極の場合，電極電位が E_{fb} よりも正の電位で起こることは図9.8(b)より推察できるであろう．逆に，電位が E_{fb} よりも負側であれば，上述のようにドーパントによって存在する伝導帯電子によるレドックス種の還元反応が起こる．そのような挙動を電流－電位曲線で示したのが図9.9の光照射時の曲線である．

光照射時の電流－電位曲線には二つの特徴がある．まず一つ目は，図9.8のような場合，光酸化反応が E_{fb} よりも正側の電位で起こるが，その電位が通常の電極で同じ反応を行うときの電位(つまりレドックス種の酸化還元電位)よりも負側になることである．すなわち，光照射によって印加電位が見かけ上シフトしており，光エネルギーの助けを借りて電気化学反応が起こっていることになる．このような現象は**光増感電解酸化**（photoassisted electrooxidation）と呼ばれる．同様に，p型半導体電極では，レドックス種の酸化還元電位よりも正の電位で還元反応が進行する**光増感電解還元**（photoassisted electroreduction）を行うことができる．

二つ目の特徴は，電位を E_{fb} からある程度正側にシフトすると飽和電流が現れることである．これは，レドックス種の濃度を十分高くしても現れ，レドックス種の拡散限界電流とは異なるものである．図9.9の場合，酸化反応は光照射によって生じた正孔によって進行するが，光照射によって単位時間当たりに生じる正孔の数は照射光の強度に依存する．したがって，その数が酸化反応の反応速度の上限を決定する．一方，電流が飽和電流に達していない場合にも同数の正孔が生じるが，その場合，電流として取りだされなかった正孔は励起電子と**再結合**（recombination）して失活する．

電気化学的に利用できる電子や正孔の割合を示すパラメータとして，**量子効率**（quantum efficiency, ϕ）があり，つぎのように定義されている．

$$\phi(\%) = \frac{光電流の電子数}{入射光の光子数} \times 100 \tag{9.3}$$

半導体に波長が λ (m) で強度が W_{ph} (W) の単波長の光を照射したときに I_{ph} (A) の光電流が得られた場合, ϕ は

$$\phi(\%) = \frac{(I_{ph}/e)}{W_{ph}/(hc/\lambda)} \times 100 \tag{9.4}$$

で与えられる (e：電気素量, h：プランク定数, c：光速). 後述する半導体光触媒のように, 励起電子あるいは正孔を電流として取りだせない場合には, 生成物の生成速度から単位時間当たりに消費される電子数を見積もり, 量子効率を求めることができる.

9.2.4 光電気化学電池

半導体電極と対極の金属電極をうまく組み合わせることによって, 電気分解と発電の両方を同時に行うことのできる**光電気化学電池** (photoelectrochemical cell または photogalvanic cell) をつくることができる. 図 9.10 に示すように E_c のエネルギー準位が $E^{\circ\prime}(H^+/H_2)$ よりも高く, E_V のエ

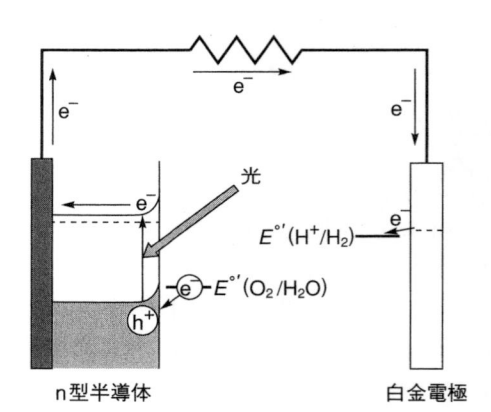

図 9.10　n 型半導体と白金対極を用いた光電気化学電池

ネルギー準位が $E^{\circ\prime}(O_2/H_2O)$ よりも低い n 型半導体と白金電極を水溶液に浸し, 半導体電極に E_g 以上のエネルギーの光を照射する. すると, 光による電子の励起によって価電子帯に正孔が生じ, 半導体表面でこの正孔による酸素発生が起こる. 一方, 励起電子は半導体表面から半導体内部へと移動し, 外部回路を通して対極側に移動する. そこで水素発生が起こることになる. このような光エネルギーによって水の電気分解と発電とが同時に起こる現象は, 本多と藤嶋が n 型 TiO_2 を用いて実証した (この半導体電極への光照射の効果は本多・藤嶋効果と呼ばれている). 光電気化学電池の場合, 半導体電極と対極との間の抵抗値を変化させると, 図 9.11 のような電流-電圧曲線が得られ, これが電池特性となる. 抵抗値を大きくすると, 電子は対極へ移動しにくくなり, 半導体内の励起電子は半導体内部に蓄積する. これは, 半導体電極に負の電位を印加した場合と同じ状態であり, E_F が上昇して空間電荷層が減少する. したがって対極の E_F と差が生じ, それが出力電圧 (V_{ph}) となる. 一方,

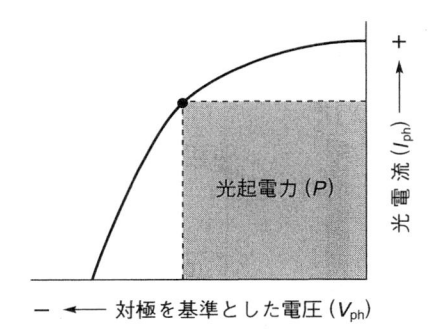

図 9.11 前図の光電気化学電池の電流 – 電圧曲線と光起電力

抵抗値を減少すると，励起電子による光電流（I_{ph}）は大きくなるが，半導体と対極の E_F の差は減少し，出力電圧の低下をもたらす．電池の光起電力（P）は出力電圧と光電流の積であり，図 9.11 中に示した四角形の面積で表される．そして，最大起電力（P_{max}）はその面積が最大になる点になる．なお，電池の光起電力と半導体に照射した光のエネルギーとの比が光エネルギーの**変換効率**（η）であり，次式で与えられる．

$$\eta\,(\%) = \frac{光電気化学電池の起電力}{半導体への入射光エネルギー} \times 100 \qquad (9.5)$$

9.2.5 色素増感光電流

上述のように，半導体電極の光電極効果は，バンドギャップよりも大きなエネルギーをもつ光を照射したときに現れ，バンドギャップより小さなエネルギーの光はまったく吸収されない．しかし，光励起する適当な色素分子を電解液中に存在させると，色素で励起した電子による光電流が得られる．この電流は**色素増感光電流**（dye-sensitized photocurrent）と呼ばれている．n 型半導体電極を用いた場合の色素増感光電流の発現の原理を図 9.12 に示す．光励起する色素の励起電子が存在する軌道のエネルギー準位が，半導体表面の E_c のエネルギー準位より高い場合，励起電子は伝導帯に注入され，ドナー分子（還元剤）から色素へ電子が供給される．

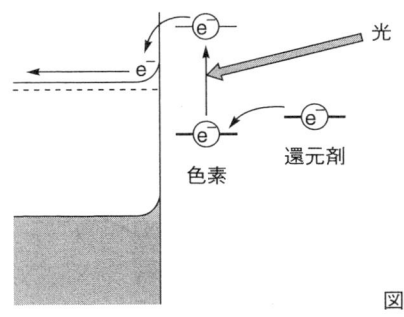

図 9.12 色素増感光電流の発生のモデル図

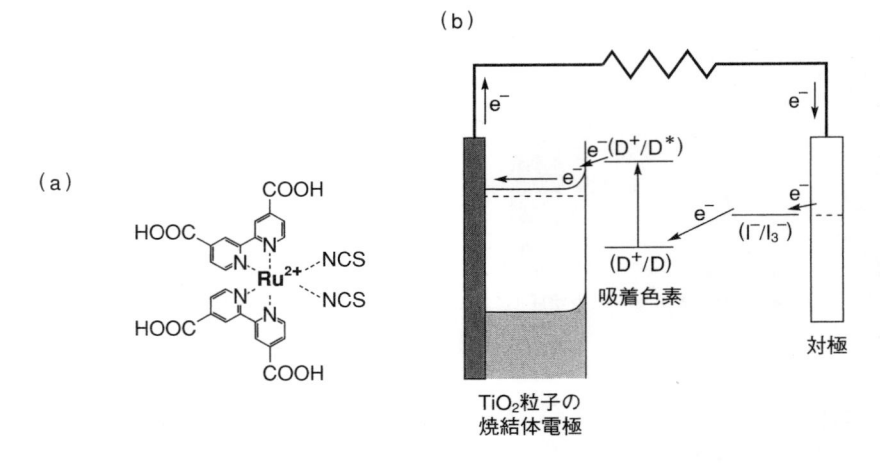

図 9.13 色素を吸着させた n 型 TiO₂ 粒子の焼結体電極による色素増感光電流の原理
(a) に示す色素はカルボキシル基によって TiO₂ 表面に吸着しており，一方，電解液には I^- と I_3^- が含まれている．光照射により (b) に示すように電子が流れる．

このように色素増感光電流は，半導体を励起しなくても適当な色素を励起することによって可視光のような低いエネルギーを電気エネルギーに変換できる方法として期待されたが，電解液中の色素から半導体への電子注入の効率があまり高くなく，量子効率が半導体の電子を励起した場合よりも劣るという欠点があった．しかし，ナノスケールの粒径を有する TiO₂ 粒子を焼結して作製した電極に，図 9.13 (a) に示す色素を吸着させ，同図 (b) に示す反応系を構成することにより，最大の量子効率が 90 % 以上，光エネルギーの最大変換効率が 7-8 % に達する優れた光電気化学電池を作製できることが見いだされ，再び脚光をあびるようになった．

9.3 半導体光触媒

半導体電極と対極を用いて，光によって酸化還元反応を行えることを述べたが，対極を接続せず，孤立した半導体だけを溶液に浸けても光電気化学反応を起こすことができる．図 9.14 にその反応様式を示した．半導体を溶液に浸けると半導体表面に空間電荷層ができるが，光照射すると正孔による酸化

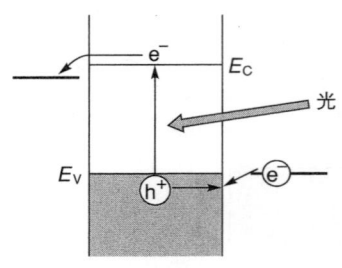

図 9.14 孤立した TiO₂ 単結晶による光触媒反応

反応あるいは励起電子による還元反応が起こる．前者の場合は励起電子が，後者の場合は正孔が半導体内に蓄積し，やがて空間電荷層はほとんど消失する．すると，正孔による酸化反応と励起電子による還元反応は光照射をしている間，連続して進行するようになる．この様子は，8章の鉄の腐食で説明した局部電池機構に類似しており，半導体の場合は光がその駆動力となる．n型TiO_2では，酸化反応はおもに光照射面で起こり，還元反応はおもに暗面および半導体表面に存在する傷の部分で起こることが確かめられている．孤立した半導体に光照射することによって進行する電気化学反応は，半導体の大きさに関わらず起こるので，たとえばTiO_2，CdS，ZnSなどの微粉末を溶液に分散させて，撹拌しながら光照射することによって簡単に光電気化学反応を行うことができる．このような半導体微粉末は**半導体光触媒**（semiconductor photocatalyst）と呼ばれている．粉末の粒径が小さいと，酸化反応と還元反応が接近した場所で同時に起こり，溶液の伝導性があまり重要とはならないので，支持電解質を加えなくても電気化学反応が行えるという利点がある．

半導体光触媒の場合，伝導帯に光励起した電子と価電子帯で生成した正孔によって，それぞれ還元反応と酸化反応が起こる．たとえば，非常に安定な半導体であるTiO_2粒子では，図9.7からわかるように，価電子帯に存在する正孔は，約3 V vs. SHEの電位にあり，非常に高い酸化力を有している．それゆえ，ほとんどの有機物をCO_2にまで分解することができる．この特性を利用して，有毒物質を光分解する環境浄化のための触媒としてTiO_2を応用することが検討されている．

章末問題

9.1 p型半導体と金属とのショットキー接合を考え，それによって，図9.5のn型半導体の場合と極性の異なるダイオードが作製できることを示しなさい．

9.2 p型およびn型のSi半導体を接合した場合のバンドモデルを描き，両者に電圧を印加したときの電流-電圧曲線のかたちを予想しなさい．

9.3 レドックス種が存在する電解液にp型半導体電極を浸けたときの，暗時および光照射時の電流-電位曲線を予想しなさい．

9.4 半導体光触媒を用いて水溶液中で光電気化学反応を行ったところ，還元生成物として水素のみが得られ，光照射時間に比例して生成量は増加した．同じ反応を，1 mW，$\lambda = 310$ nmの単色光を10時間照射して行ったところ，2.8 μmolの水素が発生した．このときの量子効率ϕを求めなさい．

9.5 TiO_2の光触媒の光電気化学反応では，3.2 eV（$= 388$ nm）のエネルギーの光子により反応が進行する．もし，気体分子がこの光子と同じエネルギーをもつとするならば，その気体の温度はいくらになるか，理想気体の分子の運動エネルギー〔$= (3/2)kT$〕を用いて見積りなさい．

10

生物電気化学

1章でも述べたように,電気化学の発祥はガルバニの動物電気説と密接な関係がある.その後の電気化学と生化学の著しい発展により,生体中のエネルギー変換や神経伝達(4.3節)において,電気化学過程はきわめて重要な役割を果たしていることが明らかになってきた.

そこで,こうした生体反応や機能を電気化学理論に立脚して解明する試みと生体物質を電気化学的に評価する試みがなされてきた.一方,近年では生体酸化還元触媒機能と電極過程を結びつけた応用的研究も展開されている.これら生物機能と電気化学の双方を視野に入れた研究領域は**生物電気化学**(bioelectrochemistry)と呼ばれる.以下,それらの一部について紹介する.

10.1 生体エネルギー

生命活動の動力源ならびに生体内秩序の形成に寄与するのはATP (adenosine 5´-triphosphate)の加水分解エネルギーである.

$$\text{ATP} + H_2O \rightleftharpoons \text{ADP} + H_2PO_4^- \tag{10.1a}$$

$$\Delta G = \Delta G^{\circ\prime} + RT \ln \frac{[\text{ADP}][\text{P}_i]}{[\text{ATP}]} \tag{10.1b}$$

*1 細胞外酵素によって多糖・タンパク質・脂質から生成する単糖（グルコースなど）・アミノ酸・脂肪酸およびグリセロールを指す．

*2 還元型基質（S）と電子受容体（A）が酵素反応によって酸化型生成物（P）とAの還元型（D）になる反応（S+A→P+D）において，一般的にはAがO_2（D=H_2O_2 または H_2O）の場合を酸化酵素（oxidase）反応；AがH_2O_2（D=H_2O）の場合をペルオキシダーゼ（peroxidase）反応；それ以外のものを脱水素酵素（dehydrogenase）反応と呼ぶ．酸化酵素の多くは脱水素酵素活性も有する．

この反応の $\Delta G°'$（pH 7）はATPのリン酸基の負電荷の反発により $-30\,\text{kJ mol}^{-1}$ と大きい（高エネルギーリン酸結合）．そのうえ，細胞内では[ATP]/[ADP]比は非常に大きな値に保たれているため（通常，[ATP]（≈[P_i]）≈10 mM, [ADP]≈0.1 mM），ΔGは$-55\,\text{kJ mol}^{-1}$にも達する．なお，非光合成生物におけるATP生成のためのエネルギー源は，還元剤である食物*1の酸化によって得られる．

グルコースを例にあげると，動植物細胞の場合，その代謝は図10.1のようになる．細胞外加水分解酵素により多糖類から生成したグルコースは，まず細胞質内の解糖系酵素によりピルビン酸になる．この過程では初めに2分子のATPでグルコースを活性化した後，糖アルデヒドの酸化反応（厳密には脱水素反応*2）過程に共役して2分子のNADH（reduced nicotinamide‐adenine dinucleotide）と4分子のATPを生成する．このATP生成過程では高エネルギー反応中間体が基質として存在するため，**基質レベルのリン酸化**と呼ばれる．

解糖反応には酸化剤としてのNAD$^+$が必須である．好気条件では後述の呼

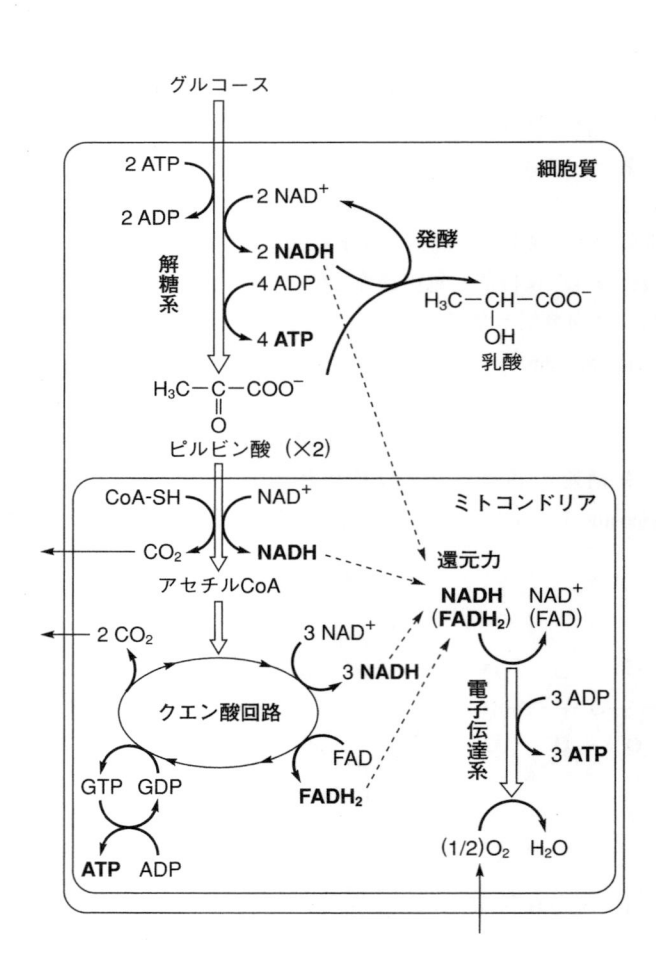

図10.1 好気性生物におけるグルコース代謝とATP生成

吸鎖でNAD⁺の再生が行われるが，嫌気的条件では発酵過程でNAD⁺の再生が進行する．たとえば瞬発運動時の筋肉中ではピルビン酸の乳酸への還元反応によりNAD⁺を再生する．解糖系の反応は，途中に非可逆的酵素過程が含まれているため，全体としては非可逆である．しかし，解糖系末端の発酵過程は可逆反応であり，その速度は系の酸化還元電位が関与し，生成物阻害(乳酸の蓄積による反応阻害)を受けやすい．

解糖系で生成したピルビン酸はミトコンドリア (mitochondria) に入り，アセチル CoA (coenzyme A) となってクエン酸回路で CO_2 にまで酸化される．この過程でピルビン酸1分子当たり1分子のGTPを生成する*．これと同時に，ここで得た還元力は4分子のNADH，1分子の $FADH_2$ という高エネルギー電子状態で蓄えられる．これらの高エネルギー還元物質は，次節で述べるミトコンドリア内膜の**呼吸鎖電子伝達系** (respiratory electron transport chain system) によって，最終的に O_2 により酸化される．この過程で生じるエネルギーの大半は高エネルギーリン酸結合の生成に使われ，ATPができる．これを**酸化的リン酸化** (oxidative phosphorylation) と呼んでいる．

* クエン酸回路におけるGDP (guanosine 5´-diphosphate) の生成も基質レベルのリン酸化であり，これは GTP + ADP ⇌ GDP + ATP の交換反応でATPに変換される．

グルコースが最終的に CO_2 まで酸化されると，$-2870\ \text{kJ mol}^{-1}$ という非常に大きなエネルギーを生じるが，それは 1 mol の ATP 生成には大き過ぎる．もし一段階で酸化反応が進行するとするならば，たとえ ATP 生成と共役したとしても，大半のエネルギーは熱として放出され，宇宙のエントロピーは生命活動によって急激に増大してしまうであろう．生体はこの酸化過程を数多くの酵素反応によって分断し，効率よい ATP 生成を行っている．

10.2　呼吸鎖電子伝達系

表10.1に見られるように，NADH/NAD^+ の $E^{\circ\prime}$ は H_2/H^+ と同程度である．したがって，呼吸鎖での正味の反応

$$\text{NADH} + (1/2)\,O_2 + H^+ \rightleftharpoons NAD^+ + H_2O \tag{10.2}$$

から生まれるエネルギーを電気エネルギーに変換できれば，酸素-水素燃料電池（3.5.4項参照）に匹敵する優れた電池が得られる．しかし，電気エネルギーを直接的に用いることのない生体反応では，このエネルギーを10.1節で述べたように ATP という高エネルギー物質に変換して蓄え，有効に利用している．

⋙コラム⋘　　ミトコンドリアと葉緑体

　下図はミトコンドリアと葉緑体の模式図である．酸化的リン酸化はクリステと呼ばれる層状になったミトコンドリア内膜で進行する．一方，光合成のエネルギー生産はすべて小胞状のチラコイド膜で行われる．大部分のイオンはミトコンドリア内膜あるいはチラコイド膜を通過できない．これは電気化学ポテンシャルを生みだすうえで重要な特性である．これら小器官はいずれも15億年ほど前に原始的な真核細胞に取り込まれた原核細胞が進化したものと考えられている．そしてその小器官は，核 DNA とは別に独自の DNA を有し，器官内タンパク質のいくつかをコードしている．なお，ミトコンドリア DNA は，雌のものだけが次世代に継承される．

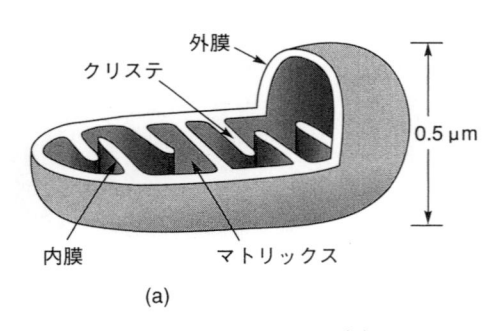

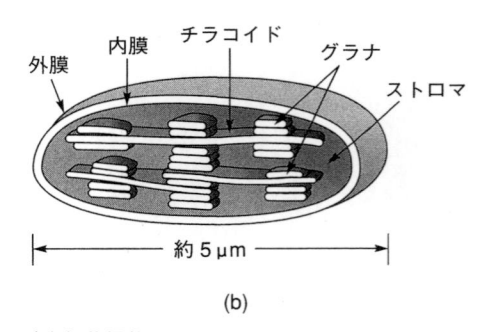

(a) ミトコンドリアおよび (b) 葉緑体

表 10.1　生体関連物質の酸化還元電位[a]

半反応（還元反応）	$E°'(pH7)/V$ vs. SHE
グルコン酸 + 2H$^+$ + 2e$^-$ ⟶ グルコース + H$_2$O	−0.44
Fd(ox) + e$^-$ ⟶ Fd(red) （ホウレンソウ）	−0.432
H$^+$ + e$^-$ ⟶ (1/2)H$_2$	−0.414
NADP$^+$ + H$^+$ + 2e$^-$ ⟶ NADPH	−0.324
NAD$^+$ + H$^+$ + 2e$^-$ ⟶ NADH	−0.320
FAD (FMN) + 2H$^+$ + 2e$^-$ ⟶ FADH$_2$ (FMNH$_2$)	−0.219
ピルビン酸 + 2H$^+$ + 2e$^-$ ⟶ 乳酸	−0.185
Cyt b_6(ox) + e$^-$ ⟶ Cyt b_6(red)	−0.06
Cyt b(ox) + e$^-$ ⟶ Cyt b(red)	0.077
UQ + 2H$^+$ + 2e$^-$ ⟶ UQH$_2$	0.10
Cyt c_1(ox) + e$^-$ ⟶ Cyt c_1(red)	0.22
Cyt c(ox) + e$^-$ ⟶ Cyt c(red)	0.254
Cyt a(ox) + e$^-$ ⟶ Cyt a(red)	0.29
O$_2$ + 2H$^+$ + 2e$^-$ ⟶ H$_2$O$_2$	0.295
Cyt f(ox) + e$^-$ ⟶ Cyt f(red)	0.365
(1/2)O$_2$ + 2H$^+$ + 2e$^-$ ⟶ H$_2$O	0.816

[a] P. A. Loach,"Handbook of Biochemistry and Molecular Biology, 3rd Ed.," Physical and Chemical Data, Vol.I, ed. by G. D. Fasman, CRC Press (1976), pp.123-130 より抜粋．

　NADHの電子は，呼吸鎖において三つの大きな膜酵素複合体および二つの可動性電子伝達物質〔ユビキノン（UQ）とシトクロム c（Cyt c）〕を経て O$_2$ に渡される（図10.2）．酵素複合体にもいくつかの電子伝達物質が含まれており，それらの酸化還元電位は電子移動する順，すなわち図10.2の左上から右下の

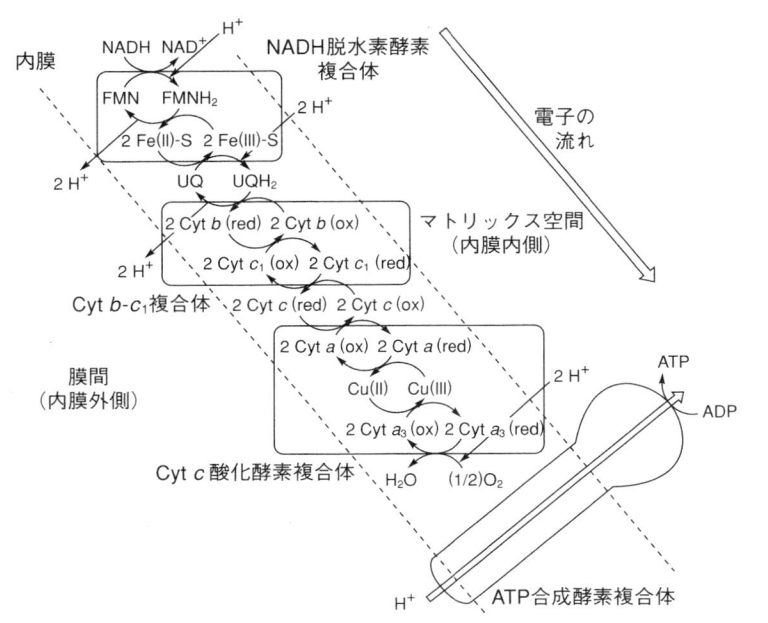

図 10.2　好気性生物の呼吸鎖電子伝達系と酸化的リン酸化

ミッチェル（P. D. Mitchell, イギリス, 1920〜1992）．生体膜におけるエネルギー転換の研究により，ノーベル化学賞（1978年）受賞．（© The Nobel Foundation）

ユビキノン(UQ)

フラビンモノヌクレオチド (FMN)

Cyt c のヘム基

2Fe 2S型Fe-Sクラスター

4Fe 4S型Fe-Sクラスター

順に，より正になる．この電子移動過程でミトコンドリア内膜に電気化学ポテンシャルが生みだされ，ATP生成に利用される．このリン酸化過程では，基質レベルのリン酸化過程で見られるような反応中間体は存在せず，その変換機構は，ミッチェル（P.D.Mitchell）により提唱された**化学浸透圧説**（chemiosmotic theory）によって説明されている．

ミトコンドリアのマトリックス内にあるNADHの電子はNADH脱水素酵素複合体（complex I）により，内膜内にある脂溶性UQに渡される．1分子のNADHがcomplex I 中のフラビンモノヌクレオチド（FMN）を還元する際，マトリックス側の1分子のH^+を消費する．一方，complex I 中でFMNH$_2$から鉄-硫黄クラスター（Fe-S）に電子を渡す際，Fe-Sの酸化還元にはH^+が関与しないので2分子のH^+を膜間に放出する．引き続きFe-SからUQに電子を渡す際，マトリックス内の2分子のH^+を消費する．還元型UQ（UQH$_2$）の電子はCyt b-c_1複合体からCyt c を経て，Cyt c 酸化酵素複合体によりO$_2$に渡る．このとき，さらにマトリックス側の2分子のH^+を消費する．

このようにH^+の放出場所と取り込み場所が異なるのは，酵素複合体がミトコンドリア内膜の内外に対して決まった方向性をもって配置されているからであり，均一溶液中では起こりえないことである．この位置特異的なH^+移動を伴う電子移動によって，H^+がマトリックス内部から外部へ汲みだされる．こうして，マトリックス内のH^+濃度は減少し[*1]，ミトコンドリア内膜を介してpH勾配（ΔpH）が形成される．また，内膜の内外には電位勾配（ΔE）[*2]も

[*1] ミトコンドリアのマトリックス部分は体積が非常に小さく，また内膜はH^+を自由には透過しないので，マトリックス内のpHは高くなる．一方，外膜はH^+を自由に透過するので膜間部分のpHは細胞質と同じであると考えられる．

[*2] H^+だけが汲みだされた結果，微小空間であるマトリックス内で過剰となった負電荷は内膜内側に局在する．またこの電荷を補償するため，内膜外側に正電荷がたまる．結果として，ミトコンドリア内膜の内側が負，外側が正となるようなΔEが発生する．

形成される．これらの勾配によるポテンシャルは，次式で示すようなプロトン（H^+）の電気化学ポテンシャル差（$\Delta \tilde{\mu}_{H^+}$），あるいは生化学的用語ではプロトン駆動力（proton‐motive force，Δp）[*1]として，以下で述べる ATP 合成に使われる．

$$\frac{\Delta \tilde{\mu}_{H^+}}{F} \equiv \Delta p = \Delta E - 2.3\frac{RT}{F}(\Delta pH) \quad (10.3)$$

ミトコンドリア内膜には複合体タンパク質である **ATP 合成酵素**〔ATP synthase，または逆方向の活性（加水分解）に対する呼び方としてATPase〕が存在し，内膜にできたプロトンの電気化学的ポテンシャルをATPの化学結合エネルギーに変える．すなわち，H^+のマトリックス側への逆流入と共役し，ADPとP_iからATPを合成する[*2]．このエネルギー変換過程は二次電池の充電過程（3.5.3 項を参照）と類似している．

呼吸鎖電子伝達系ではNADH 1 分子当たり最大 3 分子のATPが生成する．そして，そのエネルギー効率は70％以上にも達する．グルコースからの生物的酸化過程全体でもATP 合成へのエネルギー変換効率は 50％ 以上で，通常のモーターなどのエネルギー変換装置の効率（〜 20％）に比べてきわめて高い．

またミトコンドリア内膜の離れた場所で，かつ別の時間に，酸化還元反応と化学的結合反応が共役できるのは電気化学過程の大きな特色である．これは工業レベルの電気化学過程も同じである．これに対して基質レベルのリン酸化のように，同一媒体中での共役反応ではそれら二つの反応が局在化し，同一の中間体が必要である．ただし，この酸化的リン酸化の反応機構については電気化学的に完全に解明されたわけではない．

10.3 光合成電子伝達系

植物における光合成の明反応[*3]においても，呼吸鎖電子伝達系と類似のATP生成過程がある．

光合成電子伝達系（photosynthetic electron transport system）では，図 10.3 に示すように，クロロフィル（Chl）の分子軌道電子が太陽光のエネルギー（$h\nu$）によって励起される（Chl^*）．Chl^*が基底状態にもどるとき，隣接のChlを励起することによってエネルギーが移動し（誘導共鳴），これにより光合成系 II の反応中心である P680 の分子軌道電子が励起される（P680→$P680^*$）．このように Chl はアンテナ的役割を担う．

$P680^*$の励起電子は，下で述べるように隣接の電子受容体に渡り，強力な還元剤を生み出すが，一方，励起電子を失ったP680は強力な酸化剤（$P680^+$）となる．この過程を電荷分離といい，半導体光電気化学電池（9.2.4 項参照）の原理と類似している．

[*1] 呼吸しているミトコンドリア内膜では通常 $\Delta p \approx 220\,mV$ で，電気的な寄与（$\Delta E \approx 160\,mV$）が，浸透圧的寄与（$\Delta pH \approx -1$）より大きい．

[*2] ATP 合成酵素は，逆反応も触媒する．すなわち，ATPの加水分解エネルギーを使って，特定の分子やイオンを電気化学勾配に逆らって能動輸送することもできる．

[*3] 植物などの光合成は大きく分けて，光合成電子伝達反応（明反応）と炭酸固定反応（暗反応）がある．ここでは前者について述べる．後者は，ATPとNADPHをそれぞれエネルギー源と還元力として，CO_2を炭水化物に還元固定する．この反応の一部は解糖系の逆反応である．

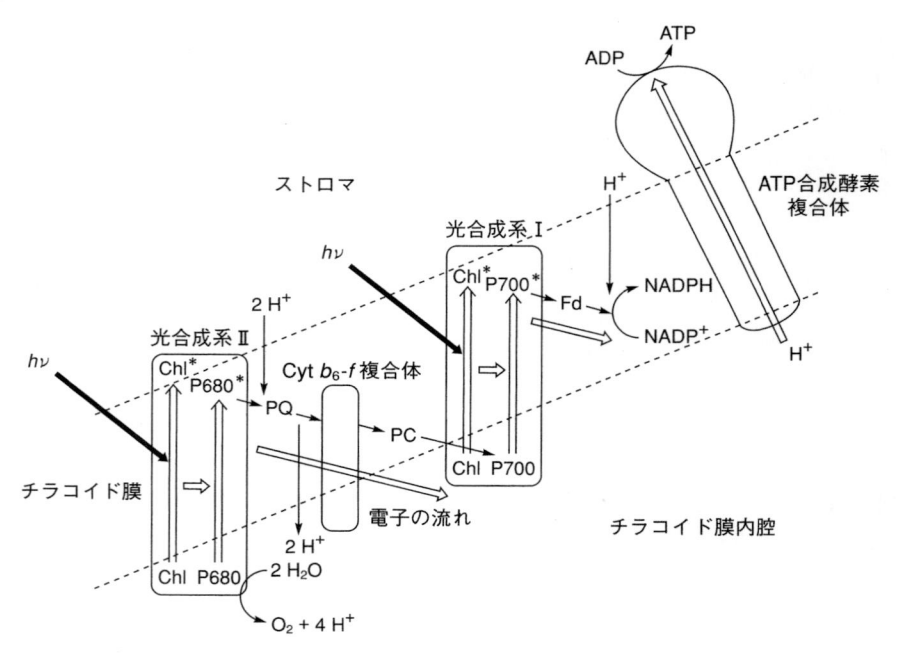

図10.3 植物の光合成電子伝達系と光リン酸化反応

P680$^+$は非常に弱い還元剤であるH_2OをO_2に酸化し，基底状態（P680）にもどる．一方，還元力のある電子はチラコイド膜中のプラストキノン（PQ），ヘム鉄系のCytb_6-f複合体および銅タンパクのプラストシアニン（PC）といった電子伝達物質からなる電子伝達鎖をつぎつぎと移動する．PQの酸化還元にはH^+移動を伴い，この電子伝達過程でミトコンドリアの呼吸鎖と同様にして，チラコイド膜を介してプロトンの汲み入れが起こる．ATP合成酵素は，このようにしてチラコイド膜に蓄えられたプロトン駆動力を利用して，ストロマ内でATPを合成する．

さらにアンテナ分子であるChlは光合成系Iの反応中心P700にも光エネルギーを渡し，P700の電荷分離でできた酸化力で電子伝達過程の還元型PCを再酸化し，還元力，すなわち高エネルギー電子はフェレドキシン（Fd）を還元する．還元型FdはさらにNADP$^+$を還元し，NADPHを生成する．

光合成電子伝達反応を呼吸鎖電子伝達反応と比べた場合，その大きな違いは，前者の電子移動の駆動力は光エネルギーであり，電子伝達に伴うH^+の移動は，チラコイド膜の外側（ストロマ側）から内側に向いていることである．また膜の内側ではH_2Oの酸化によってもH^+が生成する．結果として微小空間であるチラコイド内部のpHが下がる．このため，チラコイド膜の両端にはミトコンドリア内膜とは反対の方向にΔp^*が形成され，ATP合成酵素は，膜の外側（ストロマ側）でATPを合成する．この過程を**光リン酸化**（photophosphorylation）とよぶ．このように生体エネルギー生成は，電気化学と密接な関係がある．

* この場合，Δpは200〜250 mVで，おもに浸透圧項（$\Delta pH \approx 3.5 \sim 4$）に起因する．

クロロフィル*a*　　　プラストキノン(PQ)

10.4　酸素電極

　細胞の呼吸活性や酸化酵素活性，あるいは光合成活性の測定には酸素濃度の変化を測定することが多い．酸素電極法はこのような目的に対して非常に優れた手法である．汎用されている**クラーク型酸素電極**（Clark‐style oxygen electrode）の構造を図 10.4 に示す．通常，セル系は二電極で，作用電極（Pt）と対極（Ag/AgCl）が一体化されており，かつ作用電極の表面がテフロンやポリエチレンといったガス透過膜で覆われているのが特徴である．測定原理は，O_2 の H_2O_2 への還元限界電流（印加電圧：約 -0.6 V）を測定する定電位アンペロメトリーである．なお，膜外側での O_2 の濃度分極が起こらないように測定液は撹拌する．したがって膜外側の O_2 濃度に比例した定常電流が観測できる*．

＊　印加電圧を $+0.6$ V にすると H_2 濃度を測定することもできる．

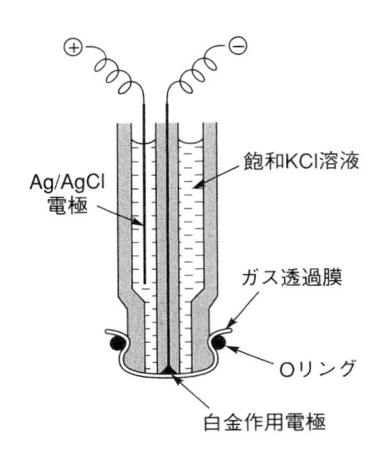

図 10.4　クラーク型酸素電極
〔日本化学会編，「新実験化学講座　20」，丸善（1978），p.320 より一部改変〕

クラーク型酸素電極では，電極と電解質を含めた電気化学系が一体化され，それを測定系とガス透過膜で隔離することにより，非常に安定な酸素濃度の測定ができるうえ，溶存酸素濃度のみならず，気体の酸素分圧測定もできる利点が生まれた．また，ガス透過膜表面に適当な酸化酵素素子[*1]の固定化膜を張りつければ，**酵素電極**（enzyme electrode）あるいは**微生物電極**（microbial electrode）を容易に作製できる．測定液内に酸化酵素系の基質が存在すれば，酸化酵素素子固定化膜内で酸素消費が起こり，ガス透過膜表面の酸素濃度が減少する．したがってO_2の限界電流も減少し，その減少量から基質濃度が測定できる．ただし，このタイプの酵素電極では，電極反応と酵素反応が互いにO_2還元反応という点で競合しており，酵素反応を電気化学的に制御することはできない[*2]．

10.5　酸化還元タンパク質の電気化学的特性評価

生体内では数多くの酸化還元反応があり，それに関与する酸化還元物質の特性評価（たとえば酸化還元電位の決定）は生体酸化還元反応を理解するうえできわめて重要である．こうした酸化還元特性の評価では7章で述べたような電気化学手法に頼らざるをえない．低分子のフラビン類やキノン類の電気化学測定は比較的容易であるが，タンパク質に組み込まれたコファクター（補酵素）としての酸化還元特性評価は，タンパク質（P）と電極との電子移動速度が非常に遅いため，測定が困難な場合が多い[*3]．このような場合は，通常，電子伝達メディエーター（M）を用い，反応速度を向上させる手法が用いられる．この反応はタンパク質とメディエーターの酸化還元電子数（n）が同じ場合にはつぎのように表される

$$M_{ox} + ne^- \rightleftarrows M_{red} \quad （電極） \tag{10.4a}$$

$$P_{ox} + M_{red} \rightleftarrows P_{red} + M_{ox} \quad （溶液中） \tag{10.4b}$$

平衡状態（添え字のeで示す）では，

$$E = E_M^{\circ\prime} + \frac{RT}{nF}\ln\frac{[M_{ox}]_e}{[M_{red}]_e} = E_P^{\circ\prime} + \frac{RT}{nF}\ln\frac{[P_{ox}]_e}{[P_{red}]_e} \tag{10.5}$$

と表される．ここで$E_M^{\circ\prime}$と$E_P^{\circ\prime}$はメディエーターとタンパク質の式量電位〔式(6.19)〕である．7.9節で述べたバルク電解法を用いると，このような平衡化を比較的短時間に達成できる．また$[P_{ox}]/[P_{red}]$の比は分光法で決定できる．したがって式(10.5)をもとに，容易に$E_P^{\circ\prime}$を評価できる．より一般的には，メディエーターを電極で酸化還元する代わりに，酸化還元試薬で滴定する方法が用いられる．この場合には溶液電位（E）をポテンシオメトリーで測定する．いずれの場合も$E_M^{\circ\prime}$と$E_P^{\circ\prime}$が近接しており，また式(10.4b)の反応速度が大きいメディエーターを選択することが最も重要なポイントとなる．ただし，平衡

[*1] 酸化酵素単独の場合のみならず，細胞の呼吸鎖末端に酸化酵素系〔好気性生物の場合にはCyt c 酸化酵素複合体(10.2節)〕があるので，このような細胞系も酸化酵素素子に含まれる．

[*2] 酸化酵素素子固定化膜内ではO_2の濃度分極が起こるうえ，基質濃度が高くなると膜内のO_2分圧が酸化酵素のミカエリス定数近傍あるいはそれ以下となるため（章末問題7.8を参照），膜内酵素反応速度が増加すると，基質濃度と電流減少量との関係は直線からずれてくる．

[*3] タンパク質，とくに金属タンパクのなかには，電極で直接電解できるものや，電極を適当に修飾することによりメディエーターなしに可逆応答できるものもある．

化の達成を確認する明確な指標がなく，メディエーターとタンパク質の吸収スペクトルが重なるような場合にはスペクトル解析が困難になること（とくにメディエーター濃度が高いとき）に注意しなければならない．

10.6 メディエーター型酵素触媒機能電極

酵素反応における電子受容体を，10.5節で述べたようなメディエーターとすると，図10.5に示すように酵素反応と電極反応を共役させることができる．このようなメディエーター型酵素触媒機能電極の反応様式は，基本的に7.7.5項で述べた触媒型（E_rC_i'型）電極反応であり，還元型基質（S）の電子は最終的に電極に渡る．また，酵素反応速度は電気化学的に制御できる[*1]．ここでメディエーターとしては電気化学的に可逆性の良いものを用いる必要がある．O_2やH_2O_2の電極反応の可逆性は低いので，ほとんどのメディエーター型酵素触媒機能電極では脱水素酵素活性を酵素素子として利用する[*2]．ただし，NAD(P)依存性脱水素酵素は酸化還元酵素のなかで最も種類が多いが，NAD(P)の電極反応の可逆性が非常に悪いので，これを直接にはメディエーターとして利用できない．したがって，ジアホラーゼ反応[*3]と電極反応を共役し，NAD(P)を触媒的に酸化還元して，生成するNAD(P)(H)でNAD(P)依存性酵素反応と共役させる様式が利用できる（図10.5）．このように酵素機能電極系は，ほとんどの酸化還元酵素反応を電極反応と共役することができ，多種多様な**バイオセンサー**（biosensor）や**バイオリアクター**（bioreactor）あるいは**生物燃料電池**（biofuel cell）として利用できる．

メディエーター型酵素触媒機能電極を基質のセンサーへ応用する場合，酵素とメディエーターは電極表面に固定する場合が多い．固定化法については種々検討されているが，ここではその詳細については触れない．メディエーターが十分量固定されている場合には酵素反応速度，すなわち電流はメディエーター濃度に依存しない（章末問題7.8を参照）．また，固定化膜の外側での基質濃度の分極が起こらないように，通常溶液は撹拌する．このような条

[*1] このような点は，10.4節で述べた酸素電極を利用した競合型酵素電極と大きく異なる．

[*2] 酸化酵素の多くは脱水素酵素活性を有するので，この反応系に利用できる．またペルオキシダーゼはH_2O_2に対する電子供与体をメディエーターとすれば共役系を構築でき，これはH_2O_2の高感度センサーとなる．

[*3] ここでいうジアホラーゼ反応とは，NAD(P)を基質として適当な電子受容体あるいは供与体との間の電子移動を触媒する酵素反応を意味する．このような酵素としてはジアホラーゼのほか，ジヒドロリポアミドデヒドロゲナーゼやフェレドキシン-NADP$^+$リダクターゼ（FNR）が含まれる．

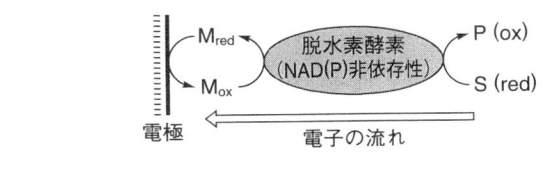

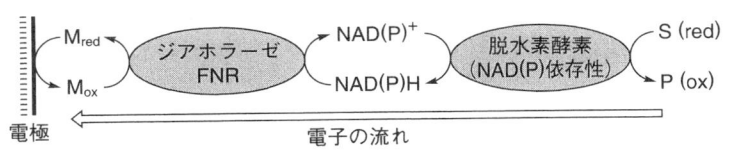

図10.5 メディエーター型酵素触媒機能電極の反応機構（基質Sの酸化反応）
（上）NAD(P)非依存性脱水素酵素反応系，（下）NAD(P)依存性脱水素酵素反応系．

件では定常電流 (I_s) が得られ，近似的には溶液の基質濃度 (c_s) に対してミカエリス・メンテン (Michaelis‐Menten) 型の応答を示す．

$$I_s = \frac{I_{max}}{1 + K_s'/c_s} \tag{10.6}$$

ここで，I_{max}/nFA と K_s' はそれぞれ見かけの最大速度およびミカエリス定数であり，真の酵素パラメータのみならず，固定化膜の特性も反映した値である[*1]．

メディエーター型酵素触媒機能電極は，メディエーターの増幅検出器としても利用できる．酵素・基質・メディエーターともに溶存条件で，基質が過剰の場合，静止溶液中で定常電流 I_s が観測できる（章末問題7.8を参照）．この場合，溶液中のメディエーター濃度 c_M に対する I_s の依存性は，よい近似で次式で表される[*2]．

$$I_s = nFAc_M\sqrt{\frac{2D_M k_{cat} c_E}{2K_M + c_M}} \tag{10.7}$$

ここで $k_{cat}(\text{s}^{-1})$，$c_E(\text{M})$，$K_M(\text{M})$ はそれぞれ触媒定数，酵素濃度，メディエーターに対するミカエリス定数である．$c_M \ll K_M$ の場合の I_s をメディエーター

[*1] 基質が大過剰に存在するときの I_s の固定化メディエーター濃度に対する依存性も，同様にミカエリス・メンテン型応答で近似できる．

[*2] 酵素とメディエーターを固定化した条件でのミカエリス・メンテン型の応答〔式(10.6)〕とは異なる．$c_M \ll K_M$ の条件では，章末問題7.8の場合と同じになる．また，$c_s < K_s$ の条件では，通常は基質の濃度分極が現れるので定常電流は得られない．

コラム　パッチクランプ法

生物的電気化学測定の重要な手法の一つにパッチクランプ法 (patch clamp method) がある．その一例として，セル接触法をあげ，その概念図を示した．チップ状の微小ガラス管でできた電極（パッチ電極）を，細胞膜に押しあてて吸引固定することによりほかの部分から隔絶し，膜の微小領域で進行するイオンの膜透過による微小電流を測定する．細胞膜にはイオンチャンネル (ion channel) と呼ばれる特定のイオンだけを選択的に透過するタンパク質が存在する．パッチクランプ法によりこのイオンチャンネル（理想的には一つ）のイオン移動を検出すると，図中に示したように，チャンネルの開閉に伴った矩形波状の信号が得られる．このような電気化学測定技術は生体膜の電気生理学に革命的な進歩をもたらした．

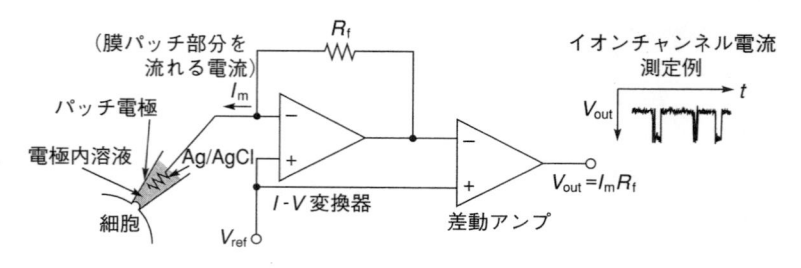

パッチクランプ法の概念図とそのシグナルの例
〔竹中敏文，平本幸男　編，「実験生物学講座　9：神経生物学」，丸善 (1986)，p.24 より，一部改変〕

の平面拡散限界電流 I_d〔式 (7.5)〕と比較すると，増幅率はつぎのように表される．

$$\frac{I_s}{I_d} = \sqrt{\frac{\pi k_{cat} c_E t}{K_M}} \qquad (10.8)$$

通常の酵素機能電極反応で $t = 60\,\mathrm{s}$ くらいに設定すれば，電流を100倍程度まで増幅することは容易であり，この特性を用いてメディエーターを高感度検出することができる．

生体分子はこのような特異的酸化還元触媒機能のみならず，ほかの触媒機能，あるいは抗体・DNA・糖鎖などに見られるように，優れた分子認識機能も有している．こうした触媒機能や分子認識機能を電極反応と組み合わせることによって，広範なセンサーの開発が活発に行われている．ただし，このような酸化還元以外の触媒機能や分子認識機能は電極反応と直接共役することは難しい．

──── 章末問題 ────

10.1 グルコースやNADHの O_2 による酸化反応の $\Delta G°$ は大きな負の値である．もしこれらの反応が非酵素的に自発的に進むとどのようなことになるか．また褐色脂肪細胞と呼ばれる特殊な脂肪細胞では，NADHの O_2 酸化反応とATP合成が共役していない．これは動物が冬眠から覚めるときに機能するが，その意味について考えなさい．

10.2 動物のATP生成過程について二つあげ，それらの特徴について述べなさい．また，呼吸鎖電子伝達系と光合成電子伝達系について，それらの類似点と相違点をあげなさい．

10.3 式 (10.4b) の反応において，右向きの反応速度定数を k_f，逆向きを k_b とするとき，k_f/k_b を $E_P^{°\prime}$ と $E_M^{°\prime}$ で表しなさい．また，10.5節および10.6節で用いるメディエーターには，それぞれ $E_M^{°\prime}$ と $E_P^{°\prime}$ がどのような値を有するものを選択すべきかを示しなさい．

10.4 ペルオキシダーゼ（POD）はフェロセン（Fc）を電子供与体として H_2O_2 を還元する．この反応を利用して，PODとFcを用いたメディエーター型酵素触媒機能電極を構築し，H_2O_2 を還元検出できる．この電極反応式を書きなさい．
また，グルコースオキシダーゼ（GOD）はつぎの反応を触媒する．

　　　グルコース ＋ O_2 ＋ H_2O ⟶ グルコン酸 ＋ H_2O_2

この反応で生成する H_2O_2 を上のFc・POD電極で検出した場合，還元性基質であるグルコースを還元的に検出できる．このとき，GOD反応は O_2 の代わりにフェロセンの酸化体（フェリシニウムイオン，Fc^+）を利用できる性質（脱水素酵素活性）があるので，GODとPODを電極に共存固定すると，不都合が起こる．この点について考察しなさい．

参　考　図　書

本書を書くにあたり，下記の本を参考にさせていただいた．

● 電気化学のテキスト
玉虫伶太 著，「電気化学　第2版」，東京化学同人(1991)．
喜多英明，魚崎浩平 著，「電気化学の基礎」，技報堂出版(1983)．
松田好晴，岩倉千秋 著，「電気化学概論」，丸善(1994)．
渡辺 正，中林誠一郎 著，「電子移動の化学——電気化学入門」，朝倉書店(1996)．

● 溶液化学の参考書
藤代亮一，和田悟朗，玉虫伶太 著，「溶液の性質 II」，東京化学同人(1968)．
大瀧仁志 著，「溶液化学——溶質と溶媒の微視的相互作用」，裳華房(1985)．
V. Gutmann 著，大瀧仁志，岡田 勲 訳，「ドナーとアクセプター」，学会出版センター(1983)．
戸倉仁一郎 著，「溶媒和」，化学同人(1972)．
岡崎 敏，坂本一光 著，「溶媒とイオン」，谷口印刷出版部(1990)．

● 電池の参考書
電気化学協会 編，「電気化学便覧」，丸善(1990)．

● 電気化学測定法の参考書
逢坂哲彌，小山 昇，大坂武男 著，「電気化学法——基礎測定マニュアル」，講談社サイエンティフィク(1989)．
A. J. Bard, L. R. Faulkner, "Electrochemical Methods - Fundamentals and Applications," John Wiley & Sons Inc. (1980)．

● 生化学の参考書
B. Alberts, D. Bray, J. Lewis, M. Raff, K. Roberts, J. D. Watson 著，中村桂子，藤山秋佐夫，松原謙一 監訳，「細胞の分子生物学　第3版」，ニュートンプレス(1995)．
D. A. Harris, "Bioenergetics at a Glance," Blackwell Science, Oxford(1995)．

● その他
鈴木周一 編，「イオン電極と酵素電極」，講談社サイエンティフィク(1981)．
花井哲也 著，「膜とイオン」，化学同人(1978)．
千田 貢，相澤益男，小山 昇 編，「高分子機能電極」(高分子錯体研究会 編，「高分子錯体——機能と応用」，8)，学会出版センター(1983)．
伊豆津公佑 著，「非水溶液の電気化学」，培風館(1995)．

基礎物理定数

記号	定数	数値
c	光速度(真空中)	2.9979×10^8 m s^{-1}
e	電気素量	1.6022×10^{-19} C
F	ファラデー定数	9.6485×10^4 C mol^{-1} ($= eN_A$)
h	プランク定数	6.6261×10^{-34} J s
k	ボルツマン定数	1.3807×10^{-23} J K^{-1}
N_A	アボガドロ数	6.0221×10^{23} mol^{-1}
R	気体定数	8.3145 J mol^{-1} K^{-1} ($= kN_A$)
ε_0	真空の誘電率	8.8542×10^{-12} F m^{-1}

誘導物理定数 (25℃)

RT/F	0.02569 V
2.303 RT/F	0.05916 V
$kT = RT/N_A$	4.12×10^{-21} J $= 0.0257$ eV

SI 基本単位

物理量	単位の名称	記号
長さ	メートル	m
質量	キログラム	kg
時間	秒	s
電流	アンペア	A
熱力学温度	ケルビン	K
物質量	モル	mol

SI 誘導単位

物理量	単位の名称	記号
力	ニュートン	N = kg m s^{-2} ($=$ J m^{-1})
圧力	パスカル	Pa = kg m^{-1} s^{-2} ($=$ N m^{-2})
エネルギー	ジュール	J = kg m^2 s^{-2} ($=$ N m $=$ Pa m^3)
仕事率	ワット	W = kg m^2 s^{-3} ($=$ J s^{-1})
電荷	クーロン	C = A s
電位差	ボルト	V = kg m^2 s^{-3}A^{-1} ($=$ J C^{-1})
電気抵抗	オーム	Ω = kg m^2 s^{-3}A^{-2} ($=$ V A^{-1})
コンダクタンス	ジーメンス	S = A^2 s^3 kg^{-1} m^{-2} ($= \Omega^{-1}$)
静電容量	ファラッド	F = A^2 s^4 kg^{-1} m^{-2} ($=$ C V^{-1})
周波数	ヘルツ	Hz = s^{-1}

その他の単位の換算

1 cal = 4.184 J

1 eV = 1 V $\times e$ = 1.6022×10^{-19} J

$$E \text{ (eV)} = \frac{hc}{1.6022 \times 10^{-19} \lambda} = \frac{1239.8}{\lambda \text{ (nm)}} \quad (\lambda: 波長)$$

0 ℃ = 273.15 K

水系および非水系における電位窓

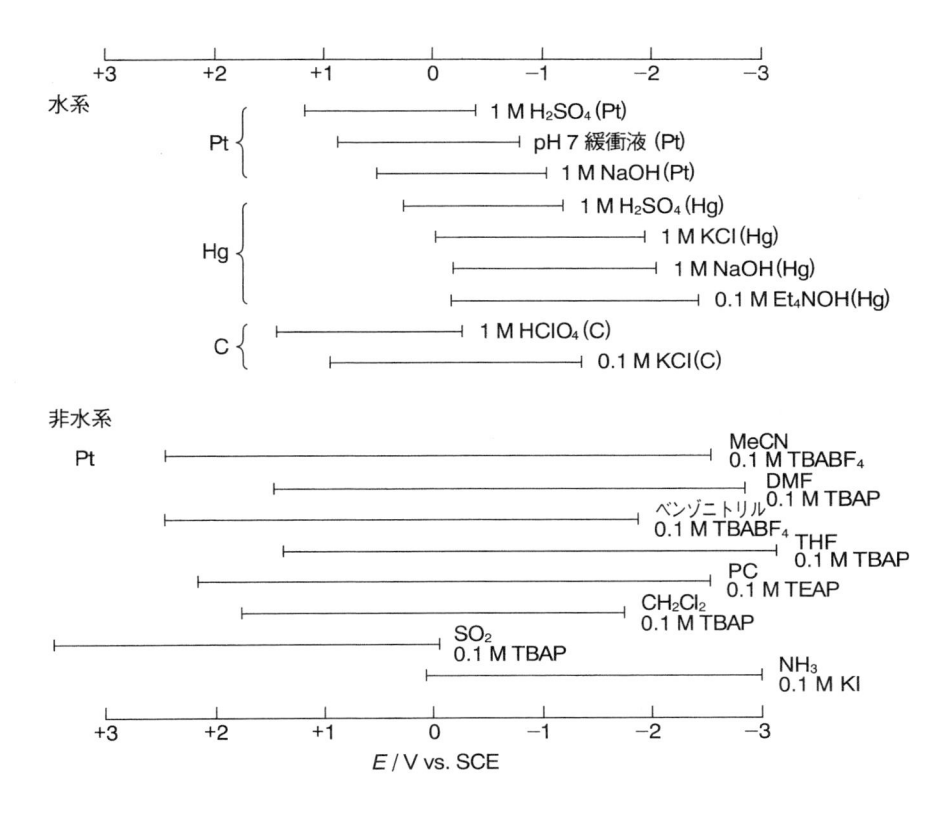

水系

Pt:
- 1 M H$_2$SO$_4$ (Pt)
- pH 7 緩衝液 (Pt)
- 1 M NaOH (Pt)

Hg:
- 1 M H$_2$SO$_4$ (Hg)
- 1 M KCl (Hg)
- 1 M NaOH (Hg)
- 0.1 M Et$_4$NOH (Hg)

C:
- 1 M HClO$_4$ (C)
- 0.1 M KCl (C)

非水系

Pt:
- MeCN 0.1 M TBABF$_4$
- DMF 0.1 M TBAP
- ベンゾニトリル 0.1 M TBABF$_4$
- THF 0.1 M TBAP
- PC 0.1 M TEAP
- CH$_2$Cl$_2$ 0.1 M TBAP
- SO$_2$ 0.1 M TBAP
- NH$_3$ 0.1 M KI

E / V vs. SCE

A. J. Bard, L. R. Faulkner, "Electrochemical Methods – Fundamentals and Applications," John Wiley & Sons, Inc. (1980), Fig. E. 2 より.

ギリシャ文字

A, α	アルファ		N, ν	ニュー
B, β	ベータ		Ξ, ξ	グザイ
Γ, γ	ガンマ		O, o	オミクロン
Δ, δ	デルタ		Π, π	パイ
E, ε	イプシロン		P, ρ	ロウ
Z, ζ	ゼータ		Σ, σ	シグマ
H, η	イータ		T, τ	タウ
Θ, θ	シータ		Υ, υ	ウプシロン
I, ι	イオタ		Φ, ϕ	ファイ
K, κ	カッパ		X, χ	カイ
Λ, λ	ラムダ		Ψ, ψ	プサイ
M, μ	ミュー		Ω, ω	オメガ

SI 接頭語

大きさ	接頭語	記号	大きさ	接頭語	記号
10^{-1}	デシ	d	10	デカ	da
10^{-2}	センチ	c	10^{2}	ヘクト	h
10^{-3}	ミリ	m	10^{3}	キロ	k
10^{-6}	マイクロ	μ	10^{6}	メガ	M
10^{-9}	ナノ	n	10^{9}	ギガ	G
10^{-12}	ピコ	p	10^{12}	テラ	T
10^{-15}	フェムト	f	10^{15}	ペタ	P
10^{-18}	アト	a	10^{18}	エクサ	E
10^{-21}	ゼプト	z	10^{21}	ゼタ	Z
10^{-24}	ヨクト	y	10^{24}	ヨタ	Y

ラプラス変換

関数 $F(t)$ のラプラス変換 (Laplace transform) は，つぎのように定義される．

$$L\{F(t)\} \equiv \int_0^\infty F(t) \exp(-st)\,\mathrm{d}t$$

$L\{F(t)\}$ の代わりに $f(s)$ または $\overline{F}(s)$ の表現も用いられる．

ラプラス変換においては，以下の定理が成り立つ．

定理1： $L\{aF(t) + bG(t)\} = af(s) + bg(s)$

定理2： $L\left\{\dfrac{\mathrm{d}F(t)}{\mathrm{d}t}\right\} = sf(s) - F(0)$

定理3： $L\left\{\displaystyle\int_0^t F(x)\,\mathrm{d}x\right\} = \dfrac{f(s)}{s}$

定理4： $L\{e^{at}F(t)\} = f(s-a)$

定理5： $L^{-1}\{f(s)\,g(s)\} = F(t) * G(t) = \displaystyle\int_0^t F(t-\tau)\,G(\tau)\,\mathrm{d}\tau$

$F(t) * G(t)$ は単なる積を表すのではなく，コンボリューション積分 (convolution integral) と呼ばれ，変換表を用いても逆変換できない場合にしばしば用いられる．

ラプラス変換表

$F(t)$	$f(s)$
A（定数）	A/s
e^{-at}	$1/(s+a)$
$\sin at$	$a/(s^2+a^2)$
$\cos at$	$s/(s^2+a^2)$
$\sinh at$	$a/(s^2-a^2)$
$\cosh at$	$s/(s^2-a^2)$
t	$1/s^2$
$t^{(n-1)}/(n-1)!$	$1/s^n$
$(\pi t)^{-1/2}$	$1/s^{1/2}$
$2\left(\dfrac{t}{\pi}\right)^{1/2}$	$1/s^{3/2}$
$\dfrac{x}{2(\pi k t^3)^{1/2}}\left[\exp\left(-\dfrac{x^2}{4kt}\right)\right]$	$e^{-\beta x},\ \beta=(s/k)^{1/2}$
$\left(\dfrac{k}{\pi t}\right)^{1/2}\left[\exp\left(-\dfrac{x^2}{4kt}\right)\right]$	$e^{-\beta x}/\beta$
$\mathrm{erfc}\left[\dfrac{x}{2(kt)^{1/2}}\right]$	$e^{-\beta x}/s$
$2\left(\dfrac{kt}{\pi}\right)^{1/2}\exp\left(-\dfrac{x^2}{4kt}\right)-x\,\mathrm{erfc}\left[\dfrac{x}{2(kt)^{1/2}}\right]$	$e^{-\beta x}/s\beta$
$\exp(a^2 t)\,\mathrm{erfc}(at^{1/2})$	$\dfrac{1}{s^{1/2}(s^{1/2}+a)}$

$\mathrm{erfc}(x) = 1 - \mathrm{erf}(x)$

$\mathrm{erf}(x)$ は誤差関数 (error function) と呼ばれ, 次式で定義される.

$$\mathrm{erf}(x) \equiv \frac{2}{\sqrt{\pi}} \int_0^x e^{-y^2} dy$$

付表 1 各種溶媒の諸物性

化合物	分子量 M.W.	沸点 b.p. (℃)	融点 m.p. (℃)	密度 d g cm^{-3} (25 ℃)	粘性率 η milli-poise (25 ℃)	比誘電率 ε_r (25 ℃)	双極子モーメント μ (10^{-30} Cm)	ドナー数 D_N	アクセプター数 A_N	自己プロトン解離定数 pK_1
酢酸	60.05	117.8	16.64	1.0492[a]	12.2[a]	6.15	5.67	—	52.9	14.5
アセトン	58.08	56.2	−95.4	0.7845	3.02	20.7	9.76	17.0	12.5	—
アセトニトリル (AN)	41.05	81.6	−45.7	0.7766	3.39	35.95	13.06	14.1	18.9	28.5
ベンゼン	78.12	80.122	5.493	0.87903	6.49	2.28	0.00	0.1	8.2	—
四塩化炭素	153.82	76.7	−22.6	1.595[a]	9.75[a]	2.23	0.00	—	8.6	—
クロロホルム	119.38	61.27	−63.49	1.4891[a]	5.55[b]	4.724	3.40	—	23.1	—
N,N-ジメチルアセトアミド (DMA)	87.12	165.0	20	0.9366	9.19	37.78	—	27.8	13.6	—
N,N-ジメチルホルムアミド (DMF)	73.10	158	−61	0.9443	7.96	36.71	12.86	26.6	16.0	—
N,N-ジメチルスルホキシド (DMSO)	78.14	189.0(分解)	18.55	1.096	19.6	46.6	—	29.8	19.3	~32
エタノール	46.07	78.32	−114.15	0.7851	10.78	24.3	5.63	20	37.1	18.9
ホルムアミド (FA)	45.04	210.5	2.55	1.12918	33.02	111.0	11.2	24	39.8	—
ヘキサメチルホスホルアミド (HMPA)	179.20	235	7.20	1.024[c]	—	29.6	38.8	38.8	10.6	—
n-ヘキサン	86.18	68.7	−94.3	0.6594[a]	3.258[a]	1.90	0.00	—	0.0	—
メタノール	32.04	64.75	−97.68	0.7866	5.42	32.6	5.63	19.0	41.3	16.7
N-メチルホルムアミド (NMF)	59.07	180-185	−3.8	0.9988	16.5	182.4	12.9	—	—	—
ニトロベンゼン (NB)	123.11	210.80	5.76	1.1986	18.11	34.82	14.03	4.4	14.8	—
ニトロメタン (NM)	61.04	101.2	−28.6	1.1312	6.27	35.94	11.53	2.7	20.5	19.5
炭酸プロピレン (PC)	102.09	241	−49	1.19	25.3	64.4	—	15.1	18.3	—
ピリジン (Py)	79.10	115	−41.5	0.9779	8.824	12.01	7.17	33.1	14.2	—
テトラヒドロフラン (THF)	72.11	65.0	−108.5	0.880	4.6	7.39	5.67	20.0	—	—
水	18.01	100.0	0.00	0.9971	8.903	78.54	6.47	18.0	54.8	14.0

a) 20 ℃, b) 22.8 ℃, c) 30 ℃.

[大瀧仁志著,「溶液化学――溶質と溶媒の微視的相互作用」, 裳華房 (1985), p.33 より, 一部改変]

付表2 標準電位 (25℃)

	電極反応	$E°$/ V vs. SHE
Ag	$Ag^+ + e^- \rightleftharpoons Ag$	+ 0.7994
	$Ag_2O + H_2O + 2e^- \rightleftharpoons 2Ag + 2OH^-$	+ 0.342
	$AgCl + e^- \rightleftharpoons Ag + Cl^-$	+ 0.2222
	$AgBr + e^- \rightleftharpoons Ag + Br^-$	+ 0.071
	$AgI + e^- \rightleftharpoons Ag + I^-$	− 0.151
	$AgCN + e^- \rightleftharpoons Ag + CN^-$	− 0.017
	$Ag(CN)_2^- + e^- \rightleftharpoons Ag + 2CN^-$	− 0.31
	$Ag(NH_3)_2^+ + e^- \rightleftharpoons Ag + 2NH_3$	+ 0.373
	$Ag_2CO_3 + 2e^- \rightleftharpoons 2Ag + CO_3^{2-}$	+ 0.47
	$Ag_2SO_4 + 2e^- \rightleftharpoons 2Ag + SO_4^{2-}$	+ 0.653
	$Ag_2S + 2e^- \rightleftharpoons 2Ag + S^{2-}$	− 0.71
	$Ag_2CrO_4 + 2e^- \rightleftharpoons 2Ag + CrO_4^{2-}$	+ 0.446
	$Ag_2C_2O_4 + 2e^- \rightleftharpoons 2Ag + C_2O_4^{2-}$	+ 0.472
	$AgN_3 + e^- \rightleftharpoons Ag + N_3^-$	+ 0.293
	$Ag^{2+} + e^- \rightleftharpoons Ag^+$	+ 1.98
	$2AgO + H_2O + 2e^- \rightleftharpoons Ag_2O + 2OH^-$	+ 0.57
Al	$Al^{3+} + 3e^- \rightleftharpoons Al$	− 1.66
	$AlF_6^{3-} + 3e^- \rightleftharpoons Al + 6F^-$	− 2.07
	$Al(OH)_3 + 3e^- \rightleftharpoons Al + 3OH^-$	− 2.31
	$H_2AlO_3^- + H_2O + 3e^- \rightleftharpoons Al + 4OH^-$	− 2.35
As	$As + 3H^+ + 3e^- \rightleftharpoons AsH_3(g)$	− 0.60
	$As_2O_3 + 6H^+ + 6e^- \rightleftharpoons 2As + 3H_2O$	+ 0.234
	$H_3AsO_4(aq) + 2H^+ + 2e^- \rightleftharpoons H_3AsO_3 + H_2O$	+ 0.560
Au	$Au^{3+} + 3e^- \rightleftharpoons Au$	+ 1.50
	$Au(OH)_3 + 3H^+ + 3e^- \rightleftharpoons Au + 3H_2O$	+ 1.45
	$AuCl_4^- + 3e^- \rightleftharpoons Au + 4Cl^-$	+ 1.00
	$AuCl_2^- + e^- \rightleftharpoons Au + 2Cl^-$	+ 1.11
B	$H_3BO_3(aq) + 3H^+ + 3e^- \rightleftharpoons B + 3H_2O$	− 0.87
	$H_2BO_3^- + H_2O + 3e^- \rightleftharpoons B + 4OH^-$	− 1.79
	$BF_4^- + 3e^- \rightleftharpoons B + 4F^-$	− 1.04
Ba	$Ba^{2+} + 2e^- \rightleftharpoons Ba$	− 2.90
	$Ba(OH)_2 + 2e^- \rightleftharpoons Ba + 2OH^-$	− 2.81
Be	$Be^{2+} + 2e^- \rightleftharpoons Be$	− 1.85
Bi	$BiO + 2H^+ + 2e^- \rightleftharpoons Bi + H_2O$	+ 0.285
	$Bi_2O_3 + 3H_2O + 6e^- \rightleftharpoons 2Bi + 6OH^-$	− 0.46
	$BiO^+ + 2H^+ + 3e^- \rightleftharpoons Bi + H_2O$	+ 0.32
	$BiOCl + 2H^+ + 3e^- \rightleftharpoons Bi + H_2O + Cl^-$	+ 0.16
	$BiCl_4^- + 3e^- \rightleftharpoons Bi + 4Cl^-$	+ 0.16
Br	$Br_2(liq) + 2e^- \rightleftharpoons 2Br^-$	+ 1.0652
	$Br_2(aq) + 2e^- \rightleftharpoons 2Br^-$	+ 1.087
	$BrCl(g) + 2e^- \rightleftharpoons Br^- + Cl^-$	+ 1.2

	$2BrO_3^- + 12H^+ + 10e^- \rightleftharpoons Br_2(aq) + 6H_2O$	$+1.52$
	$BrO_3^- + 3H_2O + 6e^- \rightleftharpoons Br^- + 6OH^-$	$+0.61$
C	$(CN)_2(g) + 2H^+ + 2e^- \rightleftharpoons 2HCN(aq)$	$+0.37$
	$CO_2(g) + 2H^+ + 2e^- \rightleftharpoons CO(g) + H_2O$	-0.12
	$CO_2(g) + 2H^+ + 2e^- \rightleftharpoons HCOOH(aq)$	-0.196
	$2CO_2(g) + 2H^+ + 2e^- \rightleftharpoons H_2C_2O_4$	-0.49
	$2HCNO + 2H^+ + 2e^- \rightleftharpoons (CN)_2(g) + 2H_2O$	$+0.33$
	$CNO^- + H_2O + 2e^- \rightleftharpoons CN^- + 2OH^-$	-0.970
	$C + 4H^+ + 4e^- \rightleftharpoons CH_4(g)$	$+0.1316$
Ca	$Ca^{2+} + 2e^- \rightleftharpoons Ca$	-2.87
	$Ca(OH)_2 + 2e^- \rightleftharpoons Ca + 2OH^-$	-3.03
Cd	$Cd^{2+} + 2e^- \rightleftharpoons Cd$	-0.402
	$Cd(OH)_2 + 2e^- \rightleftharpoons Cd + 2OH^-$	-0.809
	$CdS + 2e^- \rightleftharpoons Cd + S^{2-}$	-1.175
	$CdCO_3 + 2e^- \rightleftharpoons Cd + CO_3^{2-}$	-0.74
Ce	$Ce^{3+} + 3e^- \rightleftharpoons Ce$	-2.483
	$Ce^{4+} + e^- \rightleftharpoons Ce^{3+}$	$+1.61$
Cl	$Cl_2(g) + 2e^- \rightleftharpoons 2Cl^-$	$+1.3595$
	$2HClO(aq) + 2H^+ + 2e^- \rightleftharpoons Cl_2(g) + 2H_2O$	$+1.63$
	$ClO^- + H_2O + 2e^- \rightleftharpoons Cl^- + 2OH^-$	$+0.89$
	$HClO_2(aq) + 2H^+ + 2e^- \rightleftharpoons HClO(aq) + H_2O$	$+1.64$
	$ClO_2^- + H_2O + 2e^- \rightleftharpoons ClO^- + 2OH^-$	$+0.66$
	$ClO_2(g) + H^+ + e^- \rightleftharpoons HClO_2$	$+1.275$
	$ClO_2(g) + e^- \rightleftharpoons ClO_2^-$	$+1.16$
	$ClO_3^- + 2H^+ + e^- \rightleftharpoons ClO_2(g) + H_2O$	$+1.15$
	$ClO_3^- + H_2O + 2e^- \rightleftharpoons ClO_2^- + 2OH^-$	$+0.33$
	$ClO_3^- + 3H^+ + 2e^- \rightleftharpoons HClO_2 + H_2O$	$+1.21$
	$ClO_4^- + 2H^+ + 2e^- \rightleftharpoons ClO_3^- + H_2O$	$+1.19$
	$ClO_4^- + H_2O + 2e^- \rightleftharpoons ClO_3^- + 2OH^-$	$+0.36$
Co	$Co^{2+} + 2e^- \rightleftharpoons Co$	-0.277
	$Co(OH)_2 + 2e^- \rightleftharpoons Co + 2OH^-$	-0.73
	$Co^{3+} + e^- \rightleftharpoons Co^{2+}$	$+1.82$
	$Co(NH_3)_6^{3+} + e^- \rightleftharpoons Co(NH_3)_6^{2+}$	$+0.1$
Cr	$Cr^{3+} + 3e^- \rightleftharpoons Cr$	-0.74
	$Cr^{3+} + e^- \rightleftharpoons Cr^{2+}$	-0.408
	$Cr(OH)_3(hydrous) + 3e^- \rightleftharpoons Cr + 3OH^-$	-1.34
	$Cr_2O_7^{2-} + 14H^+ + 6e^- \rightleftharpoons 2Cr^{3+} + 7H_2O$	$+1.33$
	$HCrO_4^- + 7H^+ + 3e^- \rightleftharpoons Cr^{3+} + 4H_2O$	$+1.2$
	$CrO_4^{2-} + 4H_2O + 3e^- \rightleftharpoons Cr(OH)_3(hydrous) + 5OH^-$	-0.13
Cu	$Cu^+ + e^- \rightleftharpoons Cu$	$+0.521$
	$Cu_2O + H_2O + 2e^- \rightleftharpoons 2Cu + 2OH^-$	-0.358
	$CuCl + e^- \rightleftharpoons Cu + Cl^-$	$+0.137$
	$CuBr + e^- \rightleftharpoons Cu + Br^-$	$+0.033$
	$CuI + e^- \rightleftharpoons Cu + I^-$	-0.185

	$Cu_2S + 2e^- \rightleftharpoons 2Cu + S^{2-}$	-0.89
	$CuN_3 + e^- \rightleftharpoons Cu + N_3^-$	$+0.031$
	$Cu^{2+} + 2e^- \rightleftharpoons Cu$	$+0.337$
	$Cu^{2+} + e^- \rightleftharpoons Cu^+$	$+0.153$
	$2Cu(OH)_2 + 2e^- \rightleftharpoons Cu_2O + 2OH^- + H_2O$	-0.080
	$Cu^{2+} + Cl^- + e^- \rightleftharpoons CuCl$	$+0.538$
	$Cu^{2+} + Br^- + e^- \rightleftharpoons CuBr$	$+0.640$
	$Cu^{2+} + I^- + e^- \rightleftharpoons CuI$	$+0.86$
F	$F_2(g) + 2e^- \rightleftharpoons 2F^-$	$+2.87$
	$F_2(g) + 2H^+ + 2e^- \rightleftharpoons 2HF(aq)$	$+3.06$
	$F_2O(g) + 2H^+ + 4e^- \rightleftharpoons 2F^- + H_2O$	$+2.15$
Fe	$Fe^{2+} + 2e^- \rightleftharpoons Fe$	-0.440
	$Fe(OH)_2 + 2e^- \rightleftharpoons Fe + 2OH^-$	-0.877
	$FeS(\alpha) + 2e^- \rightleftharpoons Fe + S^{2-}$	-0.95
	$FeCO_3 + 2e^- \rightleftharpoons Fe + CO_3^{2-}$	-0.756
	$Fe^{3+} + e^- \rightleftharpoons Fe^{2+}$	$+0.771$
	$Fe(CN)_6^{3-} + e^- \rightleftharpoons Fe(CN)_6^{4-}$	$+0.356$
	$Fe(OH)_3 + e^- \rightleftharpoons Fe(OH)_2 + OH^-$	-0.56
	$FeO_4^{2-} + 8H^+ + 3e^- \rightleftharpoons Fe^{3+} + 4H_2O$	$+2.20$
	$FeO_4^{2-} + 4H_2O + 3e^- \rightleftharpoons Fe(OH)_3 + 5OH^-$	$+0.72$
H	$2H^+ + 2e^- \rightleftharpoons H_2$	0.0
	$2H_2O + 2e^- \rightleftharpoons H_2 + 2OH^-$	-0.82806
Hg	$Hg_2^{2+} + 2e^- \rightleftharpoons 2Hg$	$+0.789$
	$Hg_2Cl_2 + 2e^- \rightleftharpoons 2Hg + 2Cl^-$	$+0.2680$
	$Hg_2Br_2 + 2e^- \rightleftharpoons 2Hg + 2Br^-$	$+0.1397$
	$Hg_2I_2 + 2e^- \rightleftharpoons 2Hg + 2I^-$	-0.0405
	$Hg_2C_2O_4 + 2e^- \rightleftharpoons 2Hg + C_2O_4^{2-}$	$+0.415$
	$Hg_2(IO_3)_2 + 2e^- \rightleftharpoons 2Hg + 2IO_3^-$	$+0.394$
	$Hg_2(N_3)_2 + 2e^- \rightleftharpoons 2Hg + 2N_3^-$	-0.257
	$HgO(red) + H_2O + 2e^- \rightleftharpoons Hg + 2OH^-$	$+0.098$
	$Hg_2SO_4 + 2e^- \rightleftharpoons 2Hg + SO_4^{2-}$	$+0.6151$
	$HgS + 2e^- \rightleftharpoons Hg + S^{2-}$	-0.72
	$HgBr_4^{2-} + 2e^- \rightleftharpoons Hg + 4Br^-$	$+0.223$
	$HgI_4^{2-} + 2e^- \rightleftharpoons Hg + 4I^-$	-0.038
	$Hg(CN)_4^{2-} + 2e^- \rightleftharpoons Hg + 4CN^-$	-0.37
	$2Hg^{2+} + 2e^- \rightleftharpoons Hg_2^{2+}$	$+0.920$
I	$I_2 + 2e^- \rightleftharpoons 2I^-$	$+0.5355$
	$I_2(aq) + 2e^- \rightleftharpoons 2I^-$	$+0.621$
	$I_3^- + 2e^- \rightleftharpoons 3I^-$	$+0.545$
	$HIO + H^+ + 2e^- \rightleftharpoons I^- + H_2O$	$+0.99$
	$2HIO + 2H^+ + 2e^- \rightleftharpoons I_2 + 2H_2O$	$+1.45$
	$2IO_3^- + 12H^+ + 10e^- \rightleftharpoons I_2 + 6H_2O$	$+1.195$
	$IO_3^- + 3H_2O + 6e^- \rightleftharpoons I^- + 6OH^-$	$+0.26$

In	$In^{3+} + 3e^- \rightleftharpoons In(s)$	-0.3382
K	$K^+ + e^- \rightleftharpoons K$	-2.925
Li	$Li^+ + e^- \rightleftharpoons Li$	-3.03
Mg	$Mg^{2+} + 2e^- \rightleftharpoons Mg$	-2.37
	$Mg(OH)_2 + 2e^- \rightleftharpoons Mg + 2OH^-$	-2.69
Mn	$Mn^{2+} + 2e^- \rightleftharpoons Mn$	-1.190
	$Mn(OH)_2 + 2e^- \rightleftharpoons Mn + 2OH^-$	-1.55
	$MnCO_3 + 2e^- \rightleftharpoons Mn + CO_3^{2-}$	-1.50
	$Mn(CN)_6^{4-} + e^- \rightleftharpoons Mn(CN)_6^{5-}$	-1.05
	$Mn^{3+} + e^- \rightleftharpoons Mn^{2+}$	$+1.51$
	$Mn(OH)_3 + e^- \rightleftharpoons Mn(OH)_2 + OH^-$	$+0.15$
	$MnO_2(\text{pyrolusite}) + 4H^+ + 2e^- \rightleftharpoons Mn^{2+} + 2H_2O$	$+1.23$
	$MnO_2(\text{pyrolusite}) + 2H_2O + 2e^- \rightleftharpoons Mn(OH)_2 + 2OH^-$	-0.05
	$MnO_4^- + 8H^+ + 5e^- \rightleftharpoons Mn^{2+} + 4H_2O$	$+1.51$
	$MnO_4^- + 4H^+ + 3e^- \rightleftharpoons MnO_2 + 2H_2O$	$+1.695$
	$MnO_4^- + 2H_2O + 3e^- \rightleftharpoons MnO_2 + 4OH^-$	$+0.588$
	$MnO_4^- + e^- \rightleftharpoons MnO_4^{2-}$	$+0.564$
Mo	$Mo^{3+} + 3e^- \rightleftharpoons Mo$	-0.2
	$Mo(CN)_8^{3-} + e^- \rightleftharpoons Mo(CN)_8^{4-}$	$+0.73$
	$H_2MoO_4(aq) + 6H^+ + 6e^- \rightleftharpoons Mo + 4H_2O$	0.0
	$MoO_4^{2-} + 4H_2O + 6e^- \rightleftharpoons Mo + 8OH^-$	-1.05
N	$H_2N_2O_2 + 2H^+ + 2e^- \rightleftharpoons N_2(g) + 2H_2O$	$+2.65$
	$H_2N_2O_2 + 6H^+ + 4e^- \rightleftharpoons 2NH_3OH^+$	$+0.387$
	$2NO(g) + 2H^+ + 2e^- \rightleftharpoons H_2N_2O_2$	$+0.71$
	$HNO_2(aq) + H^+ + e^- \rightleftharpoons NO(g) + H_2O$	$+0.99$
	$2HNO_2(aq) + 4H^+ + 4e^- \rightleftharpoons N_2O(g) + 3H_2O$	$+1.29$
	$N_2O_4(g) + 2H^+ + 2e^- \rightleftharpoons 2HNO_2(aq)$	$+1.07$
	$N_2O_4(g) + 4H^+ + 4e^- \rightleftharpoons 2NO + 2H_2O$	$+1.03$
	$NO_3^- + 4H^+ + 3e^- \rightleftharpoons NO + 2H_2O$	$+0.96$
	$NO_3^- + 3H^+ + 2e^- \rightleftharpoons HNO_2 + H_2O$	$+0.94$
	$NO_3^- + H_2O + 2e^- \rightleftharpoons NO_2^- + 2OH^-$	$+0.01$
	$NH_3OH^+ + 2H^+ + 2e^- \rightleftharpoons NH_4^+ + H_2O$	$+1.35$
	$NO_3^- + NO(g) + e^- \rightleftharpoons 2NO_2^-$	$+0.49$
	$2NO_3^- + 4H^+ + 2e^- \rightleftharpoons N_2O_4(g) + 2H_2O$	$+0.80$
	$3N_2(g) + 2H^+ + 2e^- \rightleftharpoons 2HN_3(aq)$	-3.1
	$3N_2(g) + 2H^+ + 2e^- \rightleftharpoons 2HN_3(g)$	-3.40
	$N_2(g) + 2H_2O + 4H^+ + 2e^- \rightleftharpoons 2NH_3OH^+$	-1.87
	$2NH_3OH^+ + H^+ + 2e^- \rightleftharpoons N_2H_5^+ + 2H_2O$	$+1.42$
	$N_2H_5^+ + 3H^+ + 2e^- \rightleftharpoons 2NH_4^+$	$+1.275$
Na	$Na^+ + e^- \rightleftharpoons Na$	-2.713
Ni	$Ni^{2+} + 2e^- \rightleftharpoons Ni$	-0.23
	$Ni(OH)_2 + 2e^- \rightleftharpoons Ni + 2OH^-$	-0.72
	$NiCO_3 + 2e^- \rightleftharpoons Ni + CO_3^{2-}$	-0.45
	$NiO_2 + 4H^+ + 2e^- \rightleftharpoons Ni^{2+} + 2H_2O$	$+1.68$

O	$O_2\,(g) + 2H^+ + 2e^- \rightleftharpoons H_2O_2\,(aq)$		$+0.682$
	$O_2\,(g) + 4H^+ + 4e^- \rightleftharpoons 2H_2O$		$+1.229$
	$O_2\,(g) + 2H_2O + 4e^- \rightleftharpoons 4OH^-$		$+0.401$
	$H_2O_2\,(aq) + 2H^+ + 2e^- \rightleftharpoons 2H_2O$		$+1.77$
	$2H_2O + 2e^- \rightleftharpoons H_2 + 2OH^-$		-0.8281
	$O_3\,(g) + 2H^+ + 2e^- \rightleftharpoons O_2\,(g) + H_2O$		$+2.07$
	$O_3\,(g) + H_2O + 2e^- \rightleftharpoons O_2\,(g) + 2OH^-$		$+1.24$
P	$H_3PO_2\,(aq) + H^+ + e^- \rightleftharpoons P\,(white) + 2H_2O$		-0.51
	$H_3PO_3\,(aq) + 2H^+ + 2e^- \rightleftharpoons H_3PO_2\,(aq) + H_2O$		-0.50
	$H_3PO_4\,(aq) + 2H^+ + 2e^- \rightleftharpoons H_3PO_3\,(aq) + H_2O$		-0.276
	$PO_4^{3-} + 2H_2O + 2e^- \rightleftharpoons HPO_3^{2-} + 3OH^-$		-1.12
	$P\,(white) + 3H^+ + 3e^- \rightleftharpoons PH_3\,(g)$		$+0.06$
	$P\,(white) + 3H_2O + 3e^- \rightleftharpoons PH_3 + 3OH^-$		-0.89
Pb	$Pb^{2+} + 2e^- \rightleftharpoons Pb$		-0.126
	$PbF_2 + 2e^- \rightleftharpoons Pb + 2F^-$		-0.350
	$PbCl_2 + 2e^- \rightleftharpoons Pb + 2Cl^-$		-0.266
	$PbSO_4 + 2e^- \rightleftharpoons Pb + SO_4^{2-}$		-0.356
	$PbCO_3 + 2e^- \rightleftharpoons Pb + CO_3^{2-}$		-0.506
	$Pb\,(N_3)_2 + 2e^- \rightleftharpoons Pb + 2N_3^-$		-0.380
	$PbO_2 + H_2O + 2e^- \rightleftharpoons PbO\,(red) + 2OH^-$		$+0.28$
	$PbO_2 + 4H^+ + 2e^- \rightleftharpoons Pb^{2+} + 2H_2O$		$+1.455$
	$PbO_2 + SO_4^{2-} + 4H^+ + 2e^- \rightleftharpoons PbSO_4 + 2H_2O$		$+1.685$
Pd	$Pd^{2+} + 2e^- \rightleftharpoons Pd$		$+0.987$
	$PdCl_4^{2-} + 2e^- \rightleftharpoons Pd + 4Cl^-$		$+0.62$
	$PdBr_4^{2-} + 2e^- \rightleftharpoons Pd + 4Br^-$		$+0.60$
	$Pd\,(OH)_2 + 2e^- \rightleftharpoons Pd + 2OH^-$		$+0.07$
	$PdCl_6^{2-} + 2e^- \rightleftharpoons PdCl_4^{2-} + 2Cl^-$		$+1.288$
Pt	$Pt^{2+} + 2e^- \rightleftharpoons Pt$		$+1.2$
	$Pt\,(OH)_2 + 2H^+ + 2e^- \rightleftharpoons Pt + 2H_2O$		$+0.98$
	$PtCl_6^{2-} + 2e^- \rightleftharpoons PtCl_4^{2-} + 2Cl^-$		$+0.68$
	$PtCl_4^{2-} + 2e^- \rightleftharpoons Pt + 4Cl^-$		$+0.73$
Rb	$Rb^+ + e^- \rightleftharpoons Rb$		-2.925
S	$S + 2H^+ + 2e^- \rightleftharpoons H_2S\,(aq)$		$+0.141$
	$S\,(rhombic) + 2e^- \rightleftharpoons S^{2-}$		-0.48
	$5S + 2e^- \rightleftharpoons S_5^{2-}$		-0.34
	$S_2Cl_2 + 2e^- \rightleftharpoons 2S + 2Cl^-$		$+1.23$
	$S_2O_3^{2-} + 6H^+ + 4e^- \rightleftharpoons 2S + 3H_2O$		$+0.5$
	$H_2SO_3 + 4H^+ + 4e^- \rightleftharpoons S + 3H_2O$		$+0.450$
	$2H_2SO_3 + 2H^+ + 4e^- \rightleftharpoons S_2O_3^{2-} + 3H_2O$		$+0.40$
	$2SO_3^{2-} + 3H_2O + 4e^- \rightleftharpoons S_2O_3^{2-} + 6OH^-$		-0.58
	$2H_2SO_3 + H^+ + 2e^- \rightleftharpoons HS_2O_4^- + 2H_2O$		-0.08
	$2SO_3^{2-} + 2H_2O + 2e^- \rightleftharpoons S_2O_4^{2-} + 4OH^-$		-1.12
	$4H_2SO_3 + 4H^+ + 6e^- \rightleftharpoons S_4O_6^{2-} + 6H_2O$		$+0.51$
	$SO_4^{2-} + H_2O + 2e^- \rightleftharpoons SO_3^{2-} + 2OH^-$		-0.93

	$2SO_4^{2-} + 4H^+ + 2e^-$	$\rightleftharpoons$ $S_2O_6^{2-} + 2H_2O$	-0.22
	$S_4O_6^{2-} + 2e^-$	$\rightleftharpoons$ $2S_2O_3^{2-}$	$+0.08$
	$S_2O_8^{2-} + 2e^-$	$\rightleftharpoons$ $2SO_4^{2-}$	$+2.01$
	$(CNS)_2 + 2e^-$	$\rightleftharpoons$ $2CNS^-$	$+0.77$
Si	$SiO_2\,(quartz) + 4H^+ + 4e^-$	$\rightleftharpoons$ $Si + 2H_2O$	-0.86
	$SiF_6^{2-} + 4e^-$	$\rightleftharpoons$ $Si + 6F^-$	-1.24
	$Si + 4H^+ + 4e^-$	$\rightleftharpoons$ $SiH_4\,(g)$	$+0.102$
Sn	$Sn^{2+} + 2e^-$	$\rightleftharpoons$ $Sn\,(white)$	-0.140
	$SnS + 2e^-$	$\rightleftharpoons$ $Sn + S^{2-}$	-0.87
	$Sn^{4+} + 2e^-$	$\rightleftharpoons$ Sn^{2+}	$+0.15$
	$SnF_6^{2-} + 4e^-$	$\rightleftharpoons$ $Sn + 6F^-$	-0.25
Sr	$Sr^{2+} + 2e^-$	$\rightleftharpoons$ Sr	-2.888
Te	$TeO_2 + 4H^+ + 4e^-$	$\rightleftharpoons$ $Te + 2H_2O$	$+0.529$
Ti	$TiO_2\,(hydrated) + 4H^+ + 4e^-$	$\rightleftharpoons$ $Ti + 2H_2O$	-0.86
	$TiF_6^{2-} + 4e^-$	$\rightleftharpoons$ $Ti + 6F^-$	-1.19
	$Ti^{2+} + 2e^-$	$\rightleftharpoons$ Ti	-1.63
	$Ti^{3+} + e^-$	$\rightleftharpoons$ Ti^{2+}	-0.369
U	$U^{3+} + 3e^-$	$\rightleftharpoons$ U	-1.80
	$U(OH)_3 + 3e^-$	$\rightleftharpoons$ $U + 3OH^-$	-2.17
	$U^{4+} + e^-$	$\rightleftharpoons$ U^{3+}	-0.61
	$UO_2 + 2H_2O + 4e^-$	$\rightleftharpoons$ $U + 4OH^-$	-2.39
	$UO_2^+ + 4H^+ + e^-$	$\rightleftharpoons$ $U^{4+} + 2H_2O$	$+0.62$
	$UO_2^{2+} + 4H^+ + 2e^-$	$\rightleftharpoons$ $U^{4+} + 2H_2O$	$+0.334$
	$UO_2^{2+} + e^-$	$\rightleftharpoons$ UO_2^+	$+0.05$
	$U(OH)_4 + e^-$	$\rightleftharpoons$ $U(OH)_3 + OH^-$	-2.14
V	$V^{2+} + 2e^-$	$\rightleftharpoons$ V	-1.186
	$V^{3+} + e^-$	$\rightleftharpoons$ V^{2+}	-0.256
W	$WO_2 + 4H^+ + 4e^-$	$\rightleftharpoons$ $W + 2H_2O$	-0.12
	$W(CN)_8^{3-} + e^-$	$\rightleftharpoons$ $W(CN)_8^{4-}$	$+0.457$
	$W_2O_5 + 2H^+ + 2e^-$	$\rightleftharpoons$ $2WO_2 + H_2O$	-0.043
	$WO_3 + 6H^+ + 6e^-$	$\rightleftharpoons$ $W + 3H_2O$	-0.09
	$2WO_3 + 2H^+ + 2e^-$	$\rightleftharpoons$ $W_2O_5 + H_2O$	-0.03
Zn	$Zn^{2+} + 2e^-$	$\rightleftharpoons$ Zn	-0.7628
	$ZnS\,(wurzite) + 2e^-$	$\rightleftharpoons$ $Zn + S^{2-}$	-1.405
	$ZnCO_3 + 2e^-$	$\rightleftharpoons$ $Zn + CO_3^{2-}$	-1.06
	$Zn(OH)_2 + 2e^-$	$\rightleftharpoons$ $Zn + 2OH^-$	-1.245
	$Zn(CN)_4^{2-} + 2e^-$	$\rightleftharpoons$ $Zn + 4CN^-$	-1.26

〔喜多英明，魚崎浩平著，「電気化学の基礎」，技報堂（1983），pp.254-259 より転載・一部改正〕

付表 3　有機物の酸化還元電位 (V vs. SHE, pH = 7)

化合物名	$E^{o'}$	化合物名	$E^{o'}$
chloramine-T	0.90	methyl capri blue	−0.061
o-tolidine	0.55	indigo-trisulphonate	−0.081
2,5-dihydroxy-1,4-benzoquinone	0.38	indigo-disulphonate	−0.125
p-amino-dimethylaniline	0.38	2-hydroxy-1,4-naphthoquinone	−0.139
o-quinone / 1,2-diphenol	0.35	2-amino-N-methyl phenazine methosulfate	−0.145
p-aminophenol	0.314	indigo-monosulphonate	−0.157
1,4-benzoquinone	0.293	brilliant alizarin blue	−0.173
2,6,2′-trichloroindophenol	0.254	2-methyl-3-hydroxy-1,4-naphthoquinone	−0.180
indophenol	0.228	9-methyl-isoalloxazine	−0.183
phenol blue	0.224	anthraquinone-2,6-disulphate	−0.184
2,6-dichlorophenol indophenol (DCPIP)	0.217	neutral blue	−0.19
2,6-dibromo-2′-methoxy-indophenol	0.161	riboflavin	−0.208
1,2-naphthoquinone	0.143	anthraquinone-1-sulphate	−0.218
1-naphthol-2-sulfonate indophenol	0.123	phenosafranine	−0.252
toluylene blue	0.115	sufranine T	−0.289
dehydroascorbic acid / ascorbic acid	0.058	lipoic acid	−0.29
N-methylphenazinium methosulfate (PMS)	0.08	acridine	−0.313
thionine	0.064	neutral red	−0.325
phenazine ethosulphate (PES)	0.055	cystine / cysteine	−0.340
1,4-naphthoquinone	0.036	benzyl biologen	−0.36
toluidine blue	0.034	1-aminoacridine	−0.394
thioindigo disulfonate	0.014	methyl viologen	−0.44
methylene blue	0.011	2-aminoacridine	−0.486
2-methyl-1,4-naphthoquinone (vitamin K$_3$)	0.009	2,8-diaminoacridine	−0.731
indigo-tetrasulphonate	−0.046	5-aminoacridine	−0.916

注) P.A. Loach, "Handbook of Biochemistry and Molecular Biology," ed. by G. D. Fasman, 3rd ed., Physical and Chemical Data, Vol. I, CRC Press (1976), pp.123 – 130 より抜粋.

章末問題の解答

1章
1.1 〜 1.3　略
1.4　124 A

2章
2.1　略
2.2　順に 7.62, 6.17, 7.913, 8.29（単位は 10^{-8} m^2 V^{-1} s^{-1}）

2.3

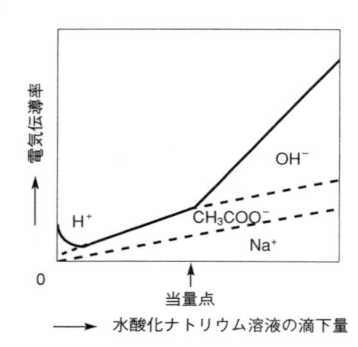

電気伝導率 — 縦軸
水酸化ナトリウム溶液の滴下量 — 横軸
曲線: H$^+$, OH$^-$, CH$_3$COO$^-$, Na$^+$, 当量点

2.4

電気伝導率 — 縦軸
水酸化ナトリウム溶液の滴下量 — 横軸

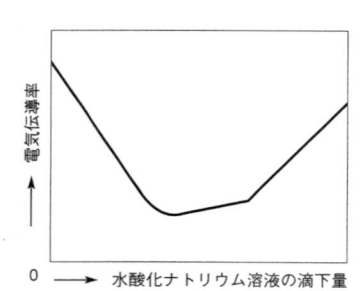

2.5　表 2.3 から $\Lambda^\infty = 390.72 \times 10^{-4}$ S m^2 mol^{-1}．式 (2.14) より $\alpha = 0.0417$．式 (2.2) に代入して，$K_a = 1.81 \times 10^{-5}$ M

2.6　(ヒント) 相平衡の条件は $\mu^{\mathrm{I}} = \mu^{\mathrm{II}}$
$K = \exp[-(\mu^{\circ,\mathrm{II}} - \mu^{\circ,\mathrm{I}})/RT]$

2.7　式 (2.47) より，$1/\sqrt{10} = 0.316$ 倍になる．

2.8　(a) 式 (2.60) より $\log \gamma_\pm = -0.0161$
∴ $\gamma_\pm = 0.964$　(b) 式 (2.61) より $\log \gamma_\pm = -0.0879$
∴ $\gamma_\pm = 0.817$

2.9　デバイ・ヒュッケルの理論およびボルン式（説明省略）

2.10　イオンを真空から有機溶媒へ移すエネルギーと真空から水に移すエネルギーの差をとれば，

$$\Delta G_{\mathrm{tr}}^{\circ,\mathrm{O}\to\mathrm{W}} = -\frac{N_A z^2 e^2}{8\pi\varepsilon_0 r}\left(\frac{1}{\varepsilon_{\mathrm{r,O}}} - \frac{1}{\varepsilon_{\mathrm{r,W}}}\right)$$

2.11　プロトン (H$^+$) として放出される $-$OH, $-$NH$_2$ などの水素原子をもつプロトン性溶媒 (protic solvent) は比較的大きな A_N 値をもつ．なお，このような水素原子をもたない溶媒を非プロトン性溶媒 (aprotic solvent) という．

3章
3.1　$\tilde{\mu}_i^{\mathrm{I}} = \tilde{\mu}_i^{\mathrm{II}}$ より，$\Delta_{\mathrm{I}}^{\mathrm{II}}\phi = \Delta_{\mathrm{I}}^{\mathrm{II}}\phi_i^\circ + \dfrac{RT}{z_i F}\ln\dfrac{a_i^{\mathrm{I}}}{a_i^{\mathrm{II}}}$　$\Delta_{\mathrm{I}}^{\mathrm{II}}\phi_i^\circ$ は標準イオン移動電位 (standard ion-transfer potential) と呼ばれ，
$\Delta_{\mathrm{I}}^{\mathrm{II}}\phi_i^\circ = -(\mu_i^{\circ,\mathrm{II}} - \mu_i^{\circ,\mathrm{I}})/z_i F = -\Delta G_{\mathrm{tr},i}^{\circ,\mathrm{I}\to\mathrm{II}}/z_i F$ で与えられる．

3.2　$(RT/F)\ln 10 = 2.303(RT/F) = 59$ mV

3.3　(a) の電位は $E(\mathrm{a}) = E^\circ_{\mathrm{Ag}^+} + \dfrac{RT}{F}\ln c_{\mathrm{AgNO}_3}$

(b) の場合，$K = \dfrac{[\mathrm{AgEDTA}]}{[\mathrm{Ag}^+][\mathrm{EDTA}]}$，$c_{\mathrm{AgNO}_3} = [\mathrm{Ag}^+] + [\mathrm{AgEDTA}]$，$c_{\mathrm{EDTA}} = [\mathrm{EDTA}] + [\mathrm{AgEDTA}] \cong [\mathrm{EDTA}]$ より，$[\mathrm{Ag}^+] = c_{\mathrm{AgNO}_3}/(1+Kc_{\mathrm{EDTA}})$ であるから，電位は
$E(\mathrm{b}) = E^\circ_{\mathrm{Ag}^+} + \dfrac{RT}{F}\ln[\mathrm{Ag}^+] = E^\circ_{\mathrm{Ag}^+} + \dfrac{RT}{F}\ln c_{\mathrm{AgNO}_3} - \dfrac{RT}{F}\ln(1+Kc_{\mathrm{EDTA}})$ となる．したがって，$\Delta E = E(\mathrm{a}) - E(\mathrm{b}) = \dfrac{RT}{F}\ln(1+Kc_{\mathrm{EDTA}})$　∴ $K = \dfrac{\exp\left(\dfrac{F\Delta E}{RT}\right) - 1}{c_{\mathrm{EDTA}}}$

3.4　$[\mathrm{Fe}^{3+}] = \dfrac{[\mathrm{Fe(CN)}_6^{3-}]}{K_{\mathrm{Fe(III)}}[\mathrm{CN}^-]^6}$ および $[\mathrm{Fe}^{2+}] = \dfrac{[\mathrm{Fe(CN)}_6^{4-}]}{K_{\mathrm{Fe(II)}}[\mathrm{CN}^-]^6}$
を，$E = E^\circ_{\mathrm{Fe}^{3+}/\mathrm{Fe}^{2+}} + \dfrac{RT}{F}\ln\dfrac{[\mathrm{Fe}^{3+}]}{[\mathrm{Fe}^{2+}]}$ に代入すると，
$E = E^\circ_{\mathrm{Fe}^{3+}/\mathrm{Fe}^{2+}} + \dfrac{RT}{F}\ln\dfrac{K_{\mathrm{Fe(II)}}}{K_{\mathrm{Fe(III)}}} + \dfrac{RT}{F}\ln\dfrac{[\mathrm{Fe(CN)}_6^{3-}]}{[\mathrm{Fe(CN)}_6^{4-}]} \equiv E^\circ_{\mathrm{Fe(CN)}_6^{3-}/\mathrm{Fe(CN)}_6^{4-}} + \dfrac{RT}{F}\ln\dfrac{[\mathrm{Fe(CN)}_6^{3-}]}{[\mathrm{Fe(CN)}_6^{4-}]}$ したがって，
$E^\circ_{\mathrm{Fe}^{3+}/\mathrm{Fe}^{2+}} - E^\circ_{\mathrm{Fe(CN)}_6^{3-}/\mathrm{Fe(CN)}_6^{4-}} = \dfrac{RT}{F}\ln\dfrac{K_{\mathrm{Fe(III)}}}{K_{\mathrm{Fe(II)}}} = 0.05916 \times (31-24) = 0.414$ V (25 ℃)．付表 2 からは，
$E^\circ_{\mathrm{Fe}^{3+}/\mathrm{Fe}^{2+}} - E^\circ_{\mathrm{Fe(CN)}_6^{3-}/\mathrm{Fe(CN)}_6^{4-}} = 0.771 - 0.356 = 0.415$ V

3.5　E° vs. pH 曲線で，傾きが負に大きくなる場合は，その折れ曲がり点の pH が酸化体の pK_a であり，その逆が還元体の pK_a である〔式 (3.24) を参

照〕．

Ru(Ⅲ)-LH$_2$-Ru(Ⅲ)：pK_a = 1.0, 3.0
Ru(Ⅱ)-LH$_2$-Ru(Ⅲ)：pK_a = 2.0, 7.0
Ru(Ⅱ)-LH$_2$-Ru(Ⅱ)：pK_a = 6.0, 8.0

還元が進行するにつれてLH$_2$の酸性度が減少するのは，Ruの電子求引性が弱まるためである．二電子酸化還元電位$E°$は$E° = (E_1° + E_2°)/2$であるから，下図の点線のようになる．$E°$からは中間体Ru(Ⅱ)-LH$_2$-Ru(Ⅲ)のpK_aは得られない．

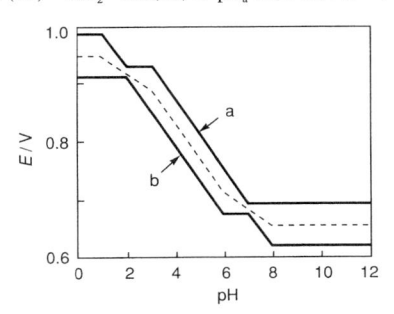

3.6 金属TおよびT′中の電子の電気化学ポテンシャルはそれぞれ，$\tilde{\mu}_e^T = \mu_e^T - F\phi^T$ および $\tilde{\mu}_e^{T'} = \mu_e^{T'} - F\phi^{T'}$で表される．金属TとT′の種類が同じであれば$\mu_e^T = \mu_e^{T'}$ゆえ，起電力は$E = \phi^{T'} - \phi^T = (\tilde{\mu}_e^T - \tilde{\mu}_e^{T'})/F$となる．また，T|M1間およびT′|M2間において電子の電気化学ポテンシャルは等しいので，$E = (\tilde{\mu}_e^{M1} - \tilde{\mu}_e^{M2})/F$となり，$E$は金属Tに依存しない．

3.7 （ヒント）水素ガスの化学ポテンシャルは，$\mu_{H_2}^G = \mu_{H_2}^{\circ,G} + RT \ln p_{H_2}$．平衡条件は，$2\tilde{\mu}_{H^+}^L + 2\tilde{\mu}_e^M = \mu_{H_2}^G$．

3.8 $E°$が低い順に，K$^+$(−2.925)，Ca^{2+}(−2.87)，Na$^+$(−2.713)，Mg^{2+}(−2.37)，Al^{3+}(−1.66)，Zn^{2+}(−0.7628)，Fe^{2+}(−0.440)，Ni^{2+}(−0.23)，Sn^{2+}(−0.140)，Pb^{2+}(−0.126)，H$^+$(0)，Cu^{2+}(+0.337)，Hg$_2^{2+}$(+0.789)，Ag$^+$(+0.7994)，Pt^{2+}(+1.2)，Au^{3+}(+1.50)〔括弧内の数値は$E°$(V)〕．この順にイオン化しやすいことを示しているが，付表2からもわかるように，溶液中にCl$^-$，I$^-$，S^{2-}などの金属イオンと錯形成するイオンなどが存在すると，この序列は大きく入れ替わることがある．

3.9 30 Ah kg^{-1}, 45 Wh kg^{-1}

3.10 274 Ah kg^{-1}, 1041 Ah dm^{-3}

3.11 負極：Mg → Mg^{2+} + 2 e$^-$，正極：AgCl + e$^-$ → Ag + Cl$^-$，全反応：Mg + 2 AgCl → Mg^{2+} + 2 Ag + 2 Cl$^-$．予想開路電圧 = 約 2.6 V

3.12 94.5 %

3.13 高いエネルギー密度，高い作動電圧，放電電圧の安定性，自己放電の少なさ（保存性），高いエネルギー変換効率，取り扱いの容易さ（メンテナンスフリー），安全性・信頼性（電解液の漏えいがないなど），無公害，経済性，二次電池の場合は長い充放電サイクル寿命など．

3.14 最も普及している複合型電極では，Ag|AgCl|内部液‖試料液|ガラス膜|内部液|AgCl|Ag．‖は多孔質セラミックなどによる液絡．両側の内部液は通常 3.33 M の KCl 溶液．

4章

4.1 $\Delta\phi$ = + 4.6 mV (25 ℃)．各イオンのu_iの値には，表2.3の$\lambda_i^\infty/|z_i|$の値（u_iに比例する）を用いればよい．

4.2 $\Delta\phi = -\dfrac{RT}{F} \ln \dfrac{u_{M^+} + u_{Cl^-}}{u_{M'^+} + u_{Cl^-}}$となり，$c$に依存しない．

4.3 OH$^-$の移動度がCl$^-$の移動度よりも大きいので，液間電位はOH$^-$の移動を妨げ，Cl$^-$の移動を促進するように発生する．したがって負になる．

4.4 （ヒント）$\tilde{\mu}_{K^+}$(out) = $\tilde{\mu}_{K^+}$(in)

5章

5.1 略

5.2

5.3 $I_{ch} = dq^M/dt = AC\,(dE/dt) = ACv$ (7.7.2項のコラムも参照)

5.4 式(5.41)より，$\gamma = \gamma_{pzc} - \dfrac{1}{2} C (E - E_{pzc})^2$（放物線になる）

5.5 コラムを参照．

6章

6.1 大きな溶液抵抗（R_s）により，電極間の電圧Eのほとんどが電極界面ではなく，溶液に印加されてしまう．したがって，$I = E/R_s$の非常に小さな電流しか流れない．

6.2 （ヒント）$I = 0$

6.3

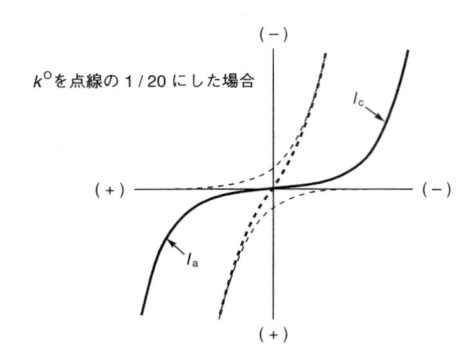

k° を点線の 1/20 にした場合

6.4 η が負に大きい場合, $\eta = \dfrac{RT}{\alpha nF}\ln i_0 - \dfrac{RT}{\alpha nF}\ln |i|$

η が正に大きい場合, $\eta = -\dfrac{RT}{(1-\alpha)nF}\ln i_0 + \dfrac{RT}{(1-\alpha)nF}\ln i$

6.5 コラムを参照.

7 章

7.1 略

7.2 付表 2 と表 7.2 より, -0.643 V

7.3 式 (6.32) に式 (6.40) および (6.44) を代入し変形すると,

$$-\left\{\dfrac{\exp[nF(E-E^{\circ\prime})/RT]}{nFA\sqrt{\pi D_R}} + \dfrac{1}{nFA\sqrt{\pi D_O}}\right\} \times \int_0^t \dfrac{I(\tau)}{\sqrt{t-\tau}}d\tau = c_O^*$$

ラプラス変換して (定理 5 を用いる),

$$-\left\{\dfrac{\exp[nF(E-E^{\circ\prime})/RT]}{nFA\sqrt{D_R}} + \dfrac{1}{nFA\sqrt{D_O}}\right\} \times \dfrac{\bar{I}(s)}{\sqrt{s}} = \dfrac{c_O^*}{s}$$

$$\therefore \bar{I}(s) = -\dfrac{nFA\, c_O^*}{\left\{\dfrac{\exp[nF(E-E^{\circ\prime})/RT]}{\sqrt{D_R}} + \dfrac{1}{\sqrt{D_O}}\right\}\sqrt{s}}$$

これをラプラス逆変換すればよい.

7.4 式 (6.9) に式 (6.40) と (6.44) を代入し変形すると,

$$I(t) = -nFAk_f c_O^* - \dfrac{k_f}{\sqrt{\pi D_O}}\int_0^t \dfrac{I(\tau)}{\sqrt{t-\tau}}d\tau - \dfrac{k_b}{\sqrt{\pi D_R}}\int_0^t \dfrac{I(\tau)}{\sqrt{t-\tau}}d\tau$$

ラプラス変換して,

$$\bar{I}(s) = -nFAk_f \dfrac{c_O^*}{s} - \dfrac{k_f \bar{I}(s)}{\sqrt{D_O s}} - \dfrac{k_b \bar{I}(s)}{\sqrt{D_R s}}$$

$$\therefore \bar{I}(s) = -\dfrac{nFAk_f\, c_O^*}{s + \sqrt{s}\,\lambda}$$

これをラプラス逆変換すればよい.

7.5 プロットが傾き $(59\,\mathrm{mV}/n)^{-1}$ の直線を示したら, 可逆波であることがわかる. この場合, $\log\{[(I_s)_{\lim}-I_s]/I_s\}=0$ の電位より $E_{1/2}^r$ が求まる.

7.6

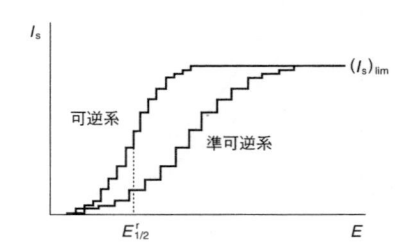

7.7 (A) ピーク以後における電流は完全に拡散律速であるから.

(B) 電極表面ではネルンスト式にしたがった比率で O と R が存在しようとするため, R が消滅すれば O の減少 (すなわち還元) が促進される.

7.8 (A) $\dfrac{\partial c_O(x,t)}{\partial x} = \alpha_1\beta\exp(\beta x) - \alpha_2\beta\exp(-\beta x)$

$\dfrac{\partial^2 c_O(x,t)}{\partial x^2} = \alpha_1\beta^2\exp(\beta x) + \alpha_2\beta^2\exp(-\beta x)$
$= \beta^2(c_O(x,t) - c_O^*)$

式 (7.29) より,

$\dfrac{\partial^2 c_O(x,t)}{\partial x^2} = -\dfrac{kc_Z^*}{D_O}C_R(x,t) = \dfrac{kc_Z^*}{D_O}[c_O(x,t)-c_O^*]$

係数比較により, $\beta = \sqrt{\dfrac{kc_Z^*}{D_O}}$.

式 (6.36) より $\alpha_1 = 0$, $c_O(0,t) = 0$ より $\alpha_2 = -c_O^*$

$\therefore c_O(x,t) = c_O^*\left[1 - \exp\left(-\sqrt{\dfrac{kc_Z^* x}{D_O}}\right)\right]$

式 (6.37) に代入して式 (7.30) が得られる.

(B) 題意より, $v(x) = \dfrac{k_{\text{cat}} c_E}{K_R}c_R(x,t)$. これを式 (7.29) の $kc_R(x,t)c_Z^*$ と置き換えれば,

$I_s = -nFAc_O^*\sqrt{\dfrac{D_O k_{\text{cat}} c_E}{K_R}}$ が得られる.

7.9 電極電位変化に対して表面濃度比の変化が追随できなくなるので, ピークセパレーションが観測される. ただし拡散の影響がないので, ピーク

後の電流の減衰は溶存系に比べてシャープになる．また，準可逆でもピーク面積は可逆系と同じである．

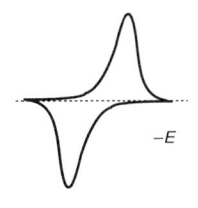

(CV図: 可逆系のサイクリックボルタモグラム, 横軸 $-E$)

7.10（ヒント）式(7.36)と式(7.37)を式(6.32)に代入し，式(7.38)の関係を考慮して整理．

7.11 $c_O = \theta_1 c_S,\ c_S = \theta_2 c_R$
$c_t = c_O + c_S + c_R = c_R(\theta_1\theta_2 + \theta_2 + 1)$
$A = (\varepsilon_O c_O + \varepsilon_S c_S + \varepsilon_R c_R) l = \dfrac{\varepsilon_O \theta_1\theta_2 + \varepsilon_S \theta_2 + \varepsilon_R}{\theta_1\theta_2 + \theta_2 + 1} c_t l$

7.12 $Z = \dfrac{1}{Y} = \dfrac{1}{(1/R) + \omega Cj}$ 分母，分子に $(1/R) - \omega Cj$ をかけて整理すると，式(7.49)を得る．
$Z_{Re} = \dfrac{R}{1+(\omega CR)^2}$ より，$\omega^2 C^2 = \dfrac{1}{Z_{Re} R} - \dfrac{1}{R^2}$
一方，$-Z_{Im} = \dfrac{\omega CR^2}{1+(\omega CR)^2}$ と Z_{Re} より，$Z_{Im}^2 = R^2 Z_{Re}^2 \omega^2 C^2$
これに先の式の $\omega^2 C^2$ を代入して整理し，式(7.50)を得る．

7.13 (a) 高周波側で抵抗とコンデンサーの並列回路の半円となり，低周波側で両者の直列回路のプロットになっているので，下図のような回路が考えられる．$C_1 \ll C_2$ であれば，高周波側で C_2 のインピーダンスは〜0となり並列回路の特性が現れ，低周波側では C_1 のインピーダンスは∞に近づくので R と C_2 の直列回路の特性が現れる．

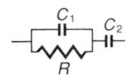

(回路図: C_1, C_2, R)

(b) 二つの抵抗とコンデンサーの並列回路が直列に接続された下図のような回路になる．$C_1 \ll C_2$ あるいはその逆のときに二つの半円が現れる．

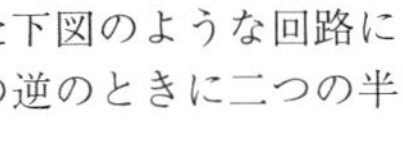

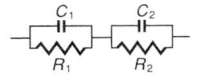

(回路図: C_1, R_1 と C_2, R_2 の並列回路の直列接続)

7.14 溶液抵抗は 0.8 Ω である．円の直径より，$R_{ct} = 2.6$ Ω が求まり，式(7.51)より $I_0 (= A i_0) = 4.9$ mA．4 kHz のときに半円の頂点のプロットが得られているので，$(8\pi \times 10^3 \times C_d \times 2.6) = 1$ ∴ $C_d = 1.5 \times 10^{-5}$ F

7.15 この場合，式(7.55)と(7.56)は，それぞれ $Z_{Re} = R_{ct} + \sigma\omega^{-1/2}$，$-Z_{Im} = \sigma\omega^{-1/2}$ となり，各成分の $\omega^{-1/2}$ に対するプロットは同じ傾き σ をもつ平行な直線になる．また，Z_{Re} を $\omega^{-1/2} \to 0$ に外挿した y 切片より R_{ct} が求まる．

7.16 見かけの標準イオン移動電位を
$$E = \Delta_O^W \phi_{M,app}^\circ + \dfrac{RT}{zF}\ln\dfrac{a_M^O + a_{ML}^O}{a_M^W} + \Delta E_{ref}$$
のように定義すると，$K_c = a_{ML}^O / (a_M^O a_L^O)$ の関係から，
$$E = \Delta_O^W \phi_{M,app}^\circ + \dfrac{RT}{zF}\ln(1 + K_c a_L^O) + \dfrac{RT}{zF}\ln\dfrac{a_M^O}{a_M^W} + \Delta E_{ref}$$
式(7.66)と比較して，
$$\Delta_O^W \phi_{M,app}^\circ = \Delta_O^W \phi_M^\circ - \dfrac{RT}{zF}\ln(1 + K_c a_L^O)$$
$$\approx \Delta_O^W \phi_M^\circ - \dfrac{RT}{zF}\ln(K_c a_L^O)\quad (K_c a_L^O \gg 1 \text{ の場合})$$

8章

8.1 酸性水溶液中では，鉄と同様に $Zn \to Zn^{2+} + 2e^-$ の溶解反応が起こり，水素が発生する．中性〜アルカリ溶液中では，酸化反応によって水に不溶な $Zn(OH)_2$ が生成し，電極表面に析出する〔この場合，$Zn(OH)_2$ が少量生成した段階で水素発生が起こりにくくなるため，主として酸素の還元反応が起こると考えられている〕．

8.2 pH 1 では，水素発生の電位（@の波線）は $Fe \to Fe^{2+}$ の電位よりも十分正であり，水素発生を伴う鉄の溶解反応が起こることを示唆している．pH が高くなると，水素発生の電位は負側にシフトし，鉄の酸化電位に近づく．pH 7 の溶液に鉄を浸けた直後は，溶液中に Fe^{2+} はほとんど存在しないので，$a_{Fe^{2+}} = 10^{-6}$ の線から判断すると，酸素の還元を伴った $Fe \to Fe^{2+}$ の反応が起こる可能性がある．しかし，それによって Fe^{2+} 濃度が高くなり，10^{-2} 以上になると，$3Fe + 4H_2O \to Fe_3O_4 + 8H^+$，さらには $2Fe_3O_4 + H_2O \to 3Fe_2O_3 + 2H^+$ の反応が起こる．

8.3

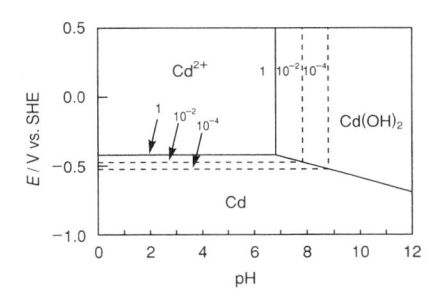

(電位-pH図: Cd系，縦軸 E/V vs. SHE，横軸 pH，領域 Cd^{2+}, $Cd(OH)_2$, Cd)

8.4 船体と離して電極棒（または電極板）を海水に浸け、その電極が正極に、船体が負極になるように電圧を印加する。正極で塩素発生、船体では水素発生が起こり、船体の腐食を防げる〔実際に小型船舶で用いられており、正極には炭素や DSA（p.153 の欄外参照）が使用される〕．

8.5 二電子還元反応では、O_2 の二重結合のうち一つの結合を解離すればよいのに対し、四電子還元反応では、二つの結合ともに解離しなければならない．したがって、前者の反応では O_2 の片方の酸素原子を固定する電極触媒を用いることによって反応は進行するが、後者の反応では二つの酸素原子ともに固定する電極触媒を用いることが必要となる．しかし、二つの酸素原子を固定する電極触媒を用いても、四電子還元反応が必ずしも進行するとはかぎらず、二電子反応のみが起こるときもある．

二電子還元反応

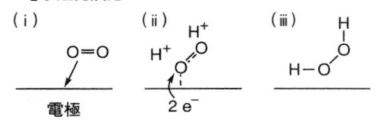

四電子還元反応

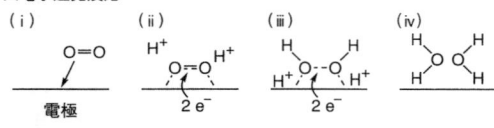

9 章

9.1 図に示すように、p 型半導体に＋、金属に－を印加したときに空間電荷層が減少し、半導体の価電子帯に存在する正孔が接合面に移動することができるようになり、電流が流れる．

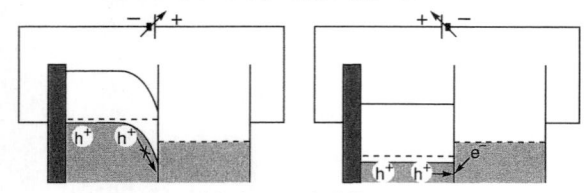

9.2 p 型、n 型ともに Si 半導体なので、E_V と E_C は同じ準位である．接合すると両者に空間電荷層が形成され、p 型半導体に＋、n 型半導体に－を印加したときに電流が流れる．

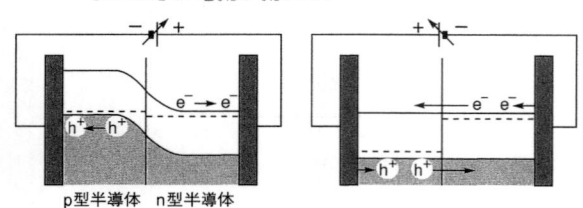

9.3 p 型半導体の電極に光を照射したときのエネルギー図を下に示す．これより、電流－電位曲線は図 9.9 と正・負が完全に逆になる．

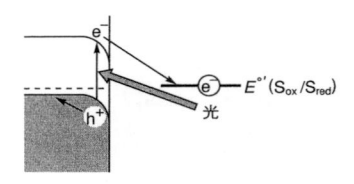

9.4 入射した光エネルギーは $1 \times 10^{-3} \times 3600 \times 10 = 36$ (J)．光子一つのエネルギーは 4 eV なので、入射した光子の総数は $36/(4e) = 5.63 \times 10^{19}$ 個．一方、水素発生は二電子還元反応なので、2.8 μmol の水素の発生に要した電子数は $2.8 \times 10^{-6} \times 2 \times 6.02 \times 10^{23} = 3.37 \times 10^{18}$ 個　∴　$\phi = 3.37 \times 10^{18}/(5.63 \times 10^{19}) \times 100 = 5.99$ %

9.5 3.2 (eV) = 5.12×10^{-19} (J) なので、$(3/2)kT = 5.12 \times 10^{-19}$ より、$T = 24700$ (K) = 24400 (℃) このように、光がいかに高いエネルギーを有しており、常温で用いることのできる優れたエネルギー源であることが理解できよう．

10 章

10.1 単純な燃焼と同様、発熱とエントロピーの増大だけを招き、ATP 合成といったほかのエネルギー形態への変換ができなくなる．また、光合成により得たエネルギーもグルコースなどとして蓄積できなくなる．褐色脂肪細胞では NADH の燃焼エネルギーを体温上昇に用いる．

10.2 略

10.3 $k_f/k_b = \exp[(nF/RT)(E_P^{\circ\prime} - E_M^{\circ\prime})]$
10.5 節では P と M の間の平衡をできるだけ迅速に達成する必要がある．そのため、k_f/k_b が 1 に近くなるように $E_M^{\circ\prime}$ が $E_P^{\circ\prime}$ に近いメディエーターを選択する．一方、10.6 節では、酸化あるいは還元の一方向だけの速度を十分速くしたいので、図 10.5 のように基質の酸化反応〔式 (10.4b) では左向きの反応〕を考えるならば、$E_M^{\circ\prime}$ が $E_P^{\circ\prime}$ より正のメディエーターを選択する．

10.4 $2Fc + H_2O_2 + 2H^+ \rightarrow Fc^+ + 2H_2O$、$Fc^+ + e^- \rightarrow Fc$ POD 反応で生成する Fc^+ は、電極および GOD の脱水素酵素反応の双方で還元されることになり、両反応が競合する．このため、電流値の減少が起こり、定量性が低下する．

索　引

【あ】

アクセプター数	27
アドミッタンス	133
アノーディックストリッピングボルタンメトリー	115
Abraham-Liszi の一層モデル	26
アルカリ乾電池	47
アレニウス	4, 9
──の式	89
──の電離説	9
アンダーポテンシャル析出	151
イオン移動度	14, 61
イオン移動ボルタンメトリー	136
イオン化傾向	58
イオン強度	24
イオンセンサー	55
イオン（選択性）電極	55
イオンチャンネル	180
イオンの結晶半径	15
イオンの独立移動の法則	13
イオン雰囲気	21
一次電池	42, 46
移動係数	90, 92
イルコビッチ式	115
陰極	39
陰極電流	95
インピーダンス	131
泳動	61
液々界面	41
液間電位	42, 59, 61
液体膜電極	55
SCE	106
ATP	169
──合成酵素	175
SHE	37
NAD(H)	170, 172, 176
n 型半導体	157, 164
エネルギー密度	44
FAD(H_2)	171
塩橋	42
オストワルド	5, 17
OP アンプ	106
オーミック接合	159
オーム降下	103
オンサガー	13

【か】

回転（リング）ディスク電極	112
外部電位	31
外部ヘルムホルツ層（面）	82
界面過剰量	70
界面張力	70
界面動電現象	83
化学浸透圧説	174
化学ポテンシャル	18
可逆系	96
可逆半波電位	112
拡散	60
拡散係数	61
拡散層	98
──の厚さ	109, 114
拡散電位	42, 59
拡散電流	109
拡散二重層	78
拡散方程式	96
拡散律速	109
ガス透過膜	55, 177
カチオン交換膜	54
活動電位	66
活量	18
活量係数	19
過電圧	44, 93
価電子帯	156
過不働態	148
カーボンファイバー電極	105
カーボンペースト電極	104
ガラス電極	55
カラム電解セル	128
ガルバニ	2
──電位差	32
──電池	37
ガルバノスタット	44, 101
カロメル（甘コウ）電極	105
基質レベルのリン酸化	170
希釈律	5, 17
犠牲アノード	147

起電力	39	再結合	163
希薄（理想）溶液	18	最高被占軌道	155
ギブズの吸着等温式	71	最低空軌道	155
キャピラリーゲル電気泳動法	84	再配向エネルギー	92
キャピラリーゾーン電気泳動法	84	錯形成	34
キャピラリー電気泳動法	84	さび	144
球形拡散	122	作用電極	103, 104
吸着カソーディックストリッピングボルタンメトリー	115, 123	酸化還元電位	173, 195
		酸化銀電池	47
吸着系のボルタモグラム	123	酸化酵素	170, 179
局部アノード・カソード	142	酸化的リン酸化	171
局部電池機構	142	参照電極	103, 105
銀-塩化銀電極	36, 106	酸素-水素燃料電池	51
禁制帯	156	酸素電極	177
金電極	104	酸素の還元反応	144
グイ・チャップマンの電気二重層モデル	78	三電極式電解セル	103
空間電荷層	159	残余電流	114
空気電池	47	ジアホラーゼ	179
クラーク型酸素電極	177	色素増感光電流	165
グラッシーカーボン電極	104	式量電位	91
グルコースオキシダーゼ（GOD）	181	支持電解質	42
グルコース代謝	170	シトクロム c（Cyt c）	173
グレアムの電気二重層モデル	82	四分波電位	125
クロノポテンシオグラム	125	充電電流	85, 87, 108, 119
クロノポテンシオメトリー	124	シュテルンの電気二重層モデル	81
クーロメトリー	128	準可逆系	96
クロロフィル	175	重量容量密度	44
結合軌道	155	触媒反応	122
限界電流	109	ショットキー接合	159
交換電流（密度）	93, 134	真性半導体	156
光合成電子伝達系	175	浸透圧	5, 10
後続化学反応	121	水銀滴下電極	114
酵素電極	178	水銀電池	47
高分子膜電極	55	水素（経済）	7, 8
交流インピーダンス法	130	水素発生	152
呼吸鎖電子伝達系	171, 172	水和	26
固体高分子型燃料電池	54	ステンレス鋼	148, 150
固体膜電極	55	ストークス半径	16
コットレル式	109	ストリッピングボルタンメトリー	115
ゴールドマンの式	63	すべり面	83
コールラウシュの平方根則	12	正帰還回路	107
コールラウシュブリッジ	11	正極	39
混成電位	144	正孔	156
		静止電位	66
【さ】		生体膜電位	66
		静電容量	76
最近接面	81	生物電気化学	169
サイクリックボルタモグラム	115	生物燃料電池	179
サイクリックボルタンメトリー	115	整流作用	160

ゼータ電位	83
ゼロ電荷点	75
遷移時間	125
選択係数	56
相対表面過剰量	73, 76
促進イオン移動	139
速度論的パラメータ	90

【た】

第一種の電極	106
ダイオード	160
対極	103
対数解析	138
体積容量密度	44
第二種の電極	106
太陽エネルギー	6
太陽電池	6
対流ボルタンメトリー	112
脱水素酵素	170, 179
多電子移動	120
ダニエル電池	41
ターフェル	5
——式	94
——線	143
——プロット	143
炭素電極	104
中点電位	118
チラコイド膜	172, 176
つり下げ水銀滴電極	115
定常電流	123, 180
滴下水銀電極	74, 104
デジタルシミュレーション	126
鉄-硫黄クラスター(Fe-S)	174
鉄電極	142
鉄の溶解反応	142
デバイの長さ	22
デバイ・ヒュッケルの極限法則	24
デバイ・ヒュッケルの理論	20
デービー	3
電位規制電解法	101
電位窓	104, 185
電位走査法	115
電解質溶液	9
電解セル	103
電荷移動過程	87, 88
電荷移動抵抗	134
電荷分離	69
電気泳動	83

電気化学	1
——系列	58
——測定法	101
——ポテンシャル	32, 33
電気自動車	50
電気浸透(流)	83
電気伝導率	10
電気二重層	69
——効果	94
——容量	134
電気分解の法則	3
電気毛管曲線	74
電気毛管極大	75
電極触媒	152
電極反応	87
電極反応速度	88
——定数	89
電気量	4
電池	39
伝導体	156
伝導度滴定	16
電離説	5, 9
電流規制電解法	101
電流検出型イオン選択性電極	138
電流密度	89
動電クロマトグラフィー	84
特異吸着	82
ドナー数	27
ドーピング	157

【な】

内部電位	32
内部ヘルムホルツ層(面)	82
鉛蓄電池	49
ニコルスキー・アイゼンマン式	56
二次電池	6, 43, 49
ニッケル・カドミウム蓄電池	49
ニッケル・水素蓄電池	49
ネルンスト	5, 34
——応答	56
——式	34, 41, 90
——の拡散層	109
——の分配の法則	29
——・プランクの式	60
燃料電池	7, 43, 51
ノーマルパルスボルタモグラム	111
ノーマルパルスボルタンメトリー	111

【は】

バイオセンサー	179
バイオリアクター	179
パイロリティックグラファイト電極	104
薄層電解法	129
バグダッド電池	2
白金電極	104
——のサイクリックボルタモグラム	151
パッチクランプ法	180
バトラー・ボルマー式	91
バルク電解法	128
反結合軌道	155
半導体	155
——光触媒	166
——光電極	160
バンドギャップ	156
ハーンド電池	38
バンドモデル	156
バンド理論	155
pH-電位図	145
PFC電極	104
非可逆系	96
p型半導体	157
光増感電解酸化・還元	163
光電気化学	155
——電池	164
光透過性薄層電極	129
光リン酸化	176
ピーク電位	117
ピーク電流	117
微小電極	122
微生物電極	178
比抵抗	10
比伝導率	10
非プロトン性溶媒	196
微分パルスボルタモグラム	113
微分パルスボルタンメトリー	112
微分容量	76, 81
標準イオン移動電位	137, 196
標準化学ポテンシャル	18
標準起電力	40
標準酸化還元電位	34
標準水素電極	37
標準速度定数	91
標準電位	34, 189
表面過剰量	70
表面張力	70
表面電位	32
表面電荷密度	74
ファラデー	3, 4
——定数	4
——電流	87
ファントホッフ	5
——の係数	10
フィックの第一法則	95
フィックの第二法則	95
フェルミ準位	157
負極	39
複素インピーダンスプロット	133
複素平面プロット	131
不純物半導体	157
腐食	141
——電位	143
——電流	143
物質移動過程	87, 95
不働態	148
プラストキノン (PQ)	176
フラックス	60
フラットバンド電位	160
プールベイ図	145
フルムキン補正	94
プロトン駆動力	175
プロトンジャンプ機構	15
プロトン性溶媒	196
非——	196
分極領域	104
分光電気化学	128
平均活量(係数)	20
平衡電極電位	33
ヘイロフスキー	5, 114
ペルオキシダーゼ	170, 179, 181
Helmholtz-Smoluchowskiの式	85
ヘルムホルツの電気二重層モデル	78
ヘルムホルツ面	81
変換効率	165
ヘンダーソンの式	65
防食	147
放電曲線	44
飽和カロメル電極	106
ホジキン・カッツの式	66
ポテンシオスタット	101, 107
ポテンシオメトリー	55
ポテンシャルステップ・クロノアンペロメトリー	108
HOMO	155
ポーラログラフィー	5, 114
ポーラログラム	114

ボルタ	1
――電位差	32
――の電堆（電池）	2
ボルタンメトリー	5
ボルツマン分布則	21
ボルン式	26
本多・藤嶋効果	164

【ま】

マーカス理論	92
マンガン乾電池	46
ミカエリス・メンテン型応答	180
ミトコンドリア	171, 172
無関係電解質	42
無限希釈におけるイオンのモル電気伝導率	12～14
無電解めっき	149
めっき	149
――浴	149, 150
メディエーター	178
――型酵素触媒機能電極	179
モル移動度	60
モル電気伝導率	11

【や】

油水界面	136
ユビキノン（UQ）	173
輸率	16

溶液	26
溶解	141
陽極	39
――電流	95
溶質	26
溶媒	26, 188
溶媒間移行（ギブズ）エネルギー	28, 29, 137
溶媒パラメータ	27
溶媒和	26
――エネルギー	26
溶融炭酸塩型燃料電池	54
葉緑体	172

【ら】,【わ】

ラプラス変換	98, 186
理想（非）分極性電極	69
リチウムイオン電池	51
リチウム電池	48
リップマン式	75
流動電位	83
量子効率	163
リン酸型燃料電池	53
ルギン細管	103
LUMO	155
レビッチ式	112
ロックインアンプ	130
ワールブルグ・インピーダンス	134

● 著者紹介

大 堺 利 行
おお さかい とし ゆき

1956 年　東京都生まれ
1985 年　京都大学大学院農学研究科修了
現　在　神戸大学大学院理学研究科研究員
専　攻　電気分析化学・溶液化学
農学博士

加 納 健 司
か のう けん じ

1954 年　岐阜県生まれ
1982 年　京都大学大学院農学研究科修了
現　在　京都大学名誉教授
専　攻　生物電気化学・電気分析化学
農学博士

桑 畑 進
くわ ばた すすむ

1958 年　兵庫県生まれ
1986 年　大阪大学大学院工学研究科修了
現　在　大阪大学名誉教授
専　攻　応用電気化学
工学博士

ベーシック電気化学

第 1 版　第 1 刷　2000 年 9 月 20 日	著　者　大　堺　利　行
第24刷　2024 年 9 月 10 日	加　納　健　司
	桑　畑　　　進
検印廃止	発行者　曽　根　良　介
	発行所　㈱化学同人

〒600-8074　京都市下京区仏光寺通柳馬場西入ル
編 集 部　Tel 075-352-3711　Fax 075-352-0371
企画販売部　Tel 075-352-3373　Fax 075-351-8301
振替　01010-7-5702
e-mail　webmaster @ kagakudojin.co.jp
URL　https://www.kagakudojin.co.jp

印　刷　　創栄図書印刷㈱
製　本

JCOPY　〈出版者著作権管理機構委託出版物〉
本書の無断複写は著作権法上での例外を除き禁じられています．複写される場合は，そのつど事前に，出版者著作権管理機構（電話 03-5244-5088, FAX 03-5244-5089, e-mail: info@jcopy.or.jp）の許諾を得てください．

本書のコピー，スキャン，デジタル化などの無断複製は著作権法上での例外を除き禁じられています．本書を代行業者などの第三者に依頼してスキャンやデジタル化することは，たとえ個人や家庭内の利用でも著作権法違反です．
乱丁・落丁本は送料小社負担にてお取りかえします．

Printed in Japan　© T. Osakai et al. 2000　　　　　ISBN978-4-7598-0861-2
無断転載・複製を禁ず

元素の周期表

族番号 → 1（ⅠA）← 旧族番号

原子量 → 1.008

原子番号 → $_{1}$H ← 元素記号

水素 ↑ 元素名

1(ⅠA)	2(ⅡA)	3(ⅢA)	4(ⅣA)	5(ⅤA)	6(ⅥA)	7(ⅦA)	8(Ⅷ)	9(Ⅷ)	10(Ⅷ)	11(ⅠB)	12(ⅡB)	13(ⅢB)	14(ⅣB)	15(ⅤB)	16(ⅥB)	17(ⅦB)	18(0)
1.008 $_{1}$H 水素																	4.003 $_{2}$He ヘリウム
6.941 $_{3}$Li リチウム	9.012 $_{4}$Be ベリリウム											10.81 $_{5}$B ホウ素	12.01 $_{6}$C 炭素	14.01 $_{7}$N 窒素	16.00 $_{8}$O 酸素	19.00 $_{9}$F フッ素	20.18 $_{10}$Ne ネオン
22.99 $_{11}$Na ナトリウム	24.31 $_{12}$Mg マグネシウム											26.98 $_{13}$Al アルミニウム	28.09 $_{14}$Si ケイ素	30.97 $_{15}$P リン	32.07 $_{16}$S 硫黄	35.45 $_{17}$Cl 塩素	39.95 $_{18}$Ar アルゴン
39.10 $_{19}$K カリウム	40.08 $_{20}$Ca カルシウム	44.96 $_{21}$Sc スカンジウム	47.87 $_{22}$Ti チタン	50.94 $_{23}$V バナジウム	52.00 $_{24}$Cr クロム	54.94 $_{25}$Mn マンガン	55.85 $_{26}$Fe 鉄	58.93 $_{27}$Co コバルト	58.69 $_{28}$Ni ニッケル	63.55 $_{29}$Cu 銅	65.38 $_{30}$Zn 亜鉛	69.72 $_{31}$Ga ガリウム	72.63 $_{32}$Ge ゲルマニウム	74.92 $_{33}$As ヒ素	78.97 $_{34}$Se セレン	79.90 $_{35}$Br 臭素	83.80 $_{36}$Kr クリプトン
85.47 $_{37}$Rb ルビジウム	87.62 $_{38}$Sr ストロンチウム	88.91 $_{39}$Y イットリウム	91.22 $_{40}$Zr ジルコニウム	92.91 $_{41}$Nb ニオブ	95.95 $_{42}$Mo モリブデン	(99) $_{43}$Tc テクネチウム	101.1 $_{44}$Ru ルテニウム	102.9 $_{45}$Rh ロジウム	106.4 $_{46}$Pd パラジウム	107.9 $_{47}$Ag 銀	112.4 $_{48}$Cd カドミウム	114.8 $_{49}$In インジウム	118.7 $_{50}$Sn スズ	121.8 $_{51}$Sb アンチモン	127.6 $_{52}$Te テルル	126.9 $_{53}$I ヨウ素	131.3 $_{54}$Xe キセノン
132.9 $_{55}$Cs セシウム	137.3 $_{56}$Ba バリウム	57～71 ランタノイド	178.5 $_{72}$Hf ハフニウム	180.9 $_{73}$Ta タンタル	183.8 $_{74}$W タングステン	186.2 $_{75}$Re レニウム	190.2 $_{76}$Os オスミウム	192.2 $_{77}$Ir イリジウム	195.1 $_{78}$Pt 白金	197.0 $_{79}$Au 金	200.6 $_{80}$Hg 水銀	204.4 $_{81}$Tl タリウム	207.2 $_{82}$Pb 鉛	209.0 $_{83}$Bi ビスマス	(210) $_{84}$Po ポロニウム	(210) $_{85}$At アスタチン	(222) $_{86}$Rn ラドン
(223) $_{87}$Fr フランシウム	(226) $_{88}$Ra ラジウム	89～103 アクチノイド	(267) $_{104}$Rf ラザホージウム	(268) $_{105}$Db ドブニウム	(271) $_{106}$Sg シーボーギウム	(272) $_{107}$Bh ボーリウム	(277) $_{108}$Hs ハッシウム	(276) $_{109}$Mt マイトネリウム	(281) $_{110}$Ds ダームスタチウム	(280) $_{111}$Rg レントゲニウム	(285) $_{112}$Cn コペルニシウム	(278) $_{113}$Nh ニホニウム	(289) $_{114}$Fl フレロビウム	(289) $_{115}$Mc モスコビウム	(293) $_{116}$Lv リバモリウム	(293) $_{117}$Ts テネシン	(294) $_{118}$Og オガネソン

ランタノイド	138.9 $_{57}$La ランタン	140.1 $_{58}$Ce セリウム	140.9 $_{59}$Pr プラセオジム	144.2 $_{60}$Nd ネオジム	(145) $_{61}$Pm プロメチウム	150.4 $_{62}$Sm サマリウム	152.0 $_{63}$Eu ユウロピウム	157.3 $_{64}$Gd ガドリニウム	158.9 $_{65}$Tb テルビウム	162.5 $_{66}$Dy ジスプロシウム	164.9 $_{67}$Ho ホルミウム	167.3 $_{68}$Er エルビウム	168.9 $_{69}$Tm ツリウム	173.0 $_{70}$Yb イッテルビウム	175.0 $_{71}$Lu ルテチウム
アクチノイド	(227) $_{89}$Ac アクチニウム	232.0 $_{90}$Th トリウム	231.0 $_{91}$Pa プロトアクチニウム	238.0 $_{92}$U ウラン	(237) $_{93}$Np ネプツニウム	(239) $_{94}$Pu プルトニウム	(243) $_{95}$Am アメリシウム	(247) $_{96}$Cm キュリウム	(247) $_{97}$Bk バークリウム	(252) $_{98}$Cf カリホルニウム	(252) $_{99}$Es アインスタイニウム	(257) $_{100}$Fm フェルミウム	(258) $_{101}$Md メンデレビウム	(259) $_{102}$No ノーベリウム	(262) $_{103}$Lr ローレンシウム

（原子量は4桁の有効数字で示した）

104~109番の元素記号は，IUPAC評議会の決定した推薦名にもとづいて，
日本化合物命名小委員会が推薦している日本語名を示した．
＊現在，118番元素まで発見されている．